山東大學中文專刊

曾繁仁学术文集

第十卷

生生美学

人民出版社

2019年秋，在山东大学文美学研究中心为博士生上课

地址：中国苏州滚绣坊20号
电话：(86) 512—68017888 68015000
传真：(86) 512—68015818 68015828
邮编：215006 网址：www.nanlin.cn

南林饭店
NANLIN HOTEL

一、问题的提出：

1、教弛内系。

△ 由天的彩名到无人们知道的意义。

△ 南方有毛别在阳光对比的细煤。

√ 发布现细期。「经通时的芸尔从书等超达」，作品、世界、作名穰姿

√ 芸防表：作学、世界、——土味、水名时。

△ 付样 电气。

红花红、巴者、权将、细构。

文心心师的 工及。

五、媛友、多同：由即大佛起对如佛衣

法礼、程程心 阿智机；智意义的智时赤；智书老在从求煋身。「从书

√佛名礼及世纪：传；养；达无 (金)，什然机、手子话礼；纽；由人 小角。

北京极地名 工层底名师。

△即有佛天——乳地、吉祥、里棉、三禄、工棉。

心儿佛天——地北地的 教圣、人宝礼佛天；书智如佛，；老已入礼；礼化雅社

书的根地观……智研礼北友見

三、G地址美异。

△ 他粉名枝；巴 (红叶竹)、约 (釉红竹)、老枝、北氢 百西山光枝、希判礼勃

△ 极礼机、球球礼、细约、墓地沟阳 即 365号——向时名店、智判礼：642心

15屮礼

△ 允枝：它右氐本礼义机 礼机 名者。

△ 阿：智机礼、张礼、约 印天、射礼、细衣 书及、礼机、川意、作仁

pH：的珍武、傣名张机 巴仁礼、智的机礼 研礼

本卷编辑说明

本卷收录《生生美学》一部著作,是作者2020年完成的新著,系首次出版。

《生生美学》把中国传统文化中生态美学资源概括为"生生美学",并且运用生态存在论美学的方法从文化、哲学、美学和艺术审美几个层面对"生生美学"的产生、内涵、范畴及其在中国传统文艺形态上的呈现进行了比较系统、全面的分析、论述,是作者生态美学研究的最新成果。

本书是作者在此前已经发表的相关论著与论述的基础上系统整合而成的。上编的很多重要论断此前在相关论著中曾表述过;下编中,如论《诗经》、书法、绘画、戏曲、园林等大都作为单篇论文发表过。但这些内容在整合到本书中时,都经过相当程度的修订和增补。同时,作者还为本书增写了论述中国古代音乐、唐诗、宋词、《聊斋志异》《护生画集》篇章。"附录"也是作者新近完成的。下编第九章论古琴一章,由作者的博士生赵頔执笔完成。

目　录

下编　生生美学的艺术呈现

自　序

本书是教育部人文社科重点研究基地"山东大学文艺美学研究中心"重大项目"生态文明视野中的中国传统生态美学思想研究"的结项成果。该项目立项的意图,是试图在目前流行于学术界的欧陆现象学生态美学与英美分析哲学之环境美学之外构建一种相对独立的中国自己的生态美学。众所周知,目前世界美学领域内,艺术哲学美学、日常生活美学与自然生态美学并立,呈三足鼎峙之势。自 20 世纪中期以来,人类社会逐渐进入生态文明时代,传统的工业革命时期的工具理性及其人类中心论被逐步扬弃,代之以新的人与自然共生的生态整体论,自然生态美学呈现迅速发展的态势。我国从 20 世纪 90 年代中期开始了生态美学研究,经历了从引进为主到自主创新的阶段。这种自主创新以 2016 年为开端,逐步进入到自觉创建中国特色的生态美学的阶段。因为国家层面明确提出"文化自信"的重要问题,此后又提出"坚守中华文化立场"与"弘扬中华美学精神",以及对中国优秀传统文化"创造性转化与创新性发展"等一系列重要问题,给我们以鼓励与启发。为此,我们力图创建具有中国形态与中国元素的生态美学。

我们在中西生态美学的对话中,根据对中国文化传统的研究,发掘出"生生美学"这样一个重要观念。其要旨是立足于作为中国传统文化与哲思之源头的《周易》的"生生"之学。"生生"之学作为《周易》之第一要义，既是儒家思想的核心，同时渗透于儒释道各种文化理念之中。儒家之"爱生"，道家之"养生"，以及佛家之"护生"等，都是"生生"之学的体现。同时，作为"生生"之重要内涵的"一阴一阳之谓道"更是成为中国哲学与美学的基本规律。"阴阳相生"贯穿于一切中华文学艺术之中，而阴阳相生而成的"言外之意"与"象外之象"之"神韵"，几成中国文化艺术之铁律，以其特有的光辉，彪炳于世。本书试对"生生美学"的提出与内涵作了发掘与阐释。同时，根据中国传统美学的精神主要体现于传统文艺观念与文艺审美形态的基本特征，本书一方面特别重视立足于"生生美学"视野提炼并阐释中国传统文艺美学范畴的"生生美学"意蕴，如"意境""气韵""因借""琴德"等；另一方面，结合中国传统各种艺术门类，如音乐、《诗经》、书法、国画、戏剧、园林、汉画像、敦煌壁画等，对"生生美学"精神的艺术呈现进行梳理和概括。此外，对文言小说《聊斋志异》和现代名著《护生画集》对"生生美学"精神的书写与传承也做了较具体的解析。

我们认为，由于中国传统艺术目前仍然活跃于民众生活之中，因此与它们有关的理论观念仍然是有强大生命活力的。这正是构建新时代中国"生生美学"的深厚土壤和根源。同时，在我们看来，生态文化本来就是中国的原生性文化，因此，对中国传统"生生美学"的探索，在一定程度上就是对中国美学本身的探索。至少这方面探讨对推进中国美学的研究具有重要的价值意义。

由于本书涉及的知识面较为广泛，而个人的学养有限，因而所论难免失当，只能是作为一种探索的开始。对作者来说，这样的探索将是终身的，在有生之年要一直做下去。如果本书的思考能够起到抛砖引玉的作用，或者在国际交流中引起国际同行学者的同情的理解与对话性的回应,那就是我的热切期待。

　　本书内容的整理、编排过程,得益于我的助手祁海文教授。其他有关同学也为此做了大量的工作,在此特别致以谢忱。本书的《古琴:天人之和》一章由我的学生赵頔博士执笔。

曾繁仁

2019 年 6 月 27 日

上 编

生生美学的提出与基本理论

第一章　生生美学的
提出与内涵

一、跨文化研究视野与
中国生态美学

生态美学是 20 世纪初期以来由人类反思环境恶化的思潮而兴起的一种新的美学形态,旨在超越传统工业文明,反对人类中心主义,提倡人与自然共生。因其适应时代之需要而获得迅速发展,逐步成为与艺术哲学美学、日常生活美学鼎立的主要美学形态之一。

中国从 20 世纪 90 年代中期开始出现生态美学研究,最初大多是介绍西方的相关研究动态,特别是西方环境美学。中国到底有没有自己的生态美学呢? 这是 20 世纪 90 年代以来很多中国学者所思考与探索的论题。中国学者认真思考了国际生态美学发展的概况,认为中国应该产生一种适合中国国情的、具有本国特色的生态美学。2005 年夏,在青岛召开的"人与自然:当代生态文明视野中的美学与文学国际学术研讨会"上,我在发言中指出:"实际上,生态美学是中国学者首先提出来的。因为,当代西方只有生态批评、生态文学与环境美学等,并没有生态美学。而生态批评是一种属于文化批评的批评实践形式,生态文学则是从创作的角度说的。至于环境美学，则明显地包含人居环境等人工因素。只有生态美学是一种从哲学本体着眼的美学观念，是中国美学家从中国的现实与历史传统出发提出的一种明显带有中国特色的美学观念。"①2010年，我在《马克思主义美学研究》杂志上发表《生态美学建设的反思与未来发展》一文，明确地提出："我们建设生态美学的中国化之路就是以我国提出的'生态文明建设'的理论为指导，倡导一种综合生态中心主义与人类中心主义的'生态整体论'与'生态人文主义'，以中西对话为平台，中西会通为途径，建设亦中亦西的生态美学话语，建设一种包含中国古代生态智慧、资源与话语的具有某种中国气派与中国作风的生态美学体系。"②

　　中国生态美学的学术发展，受到了同样兴起于20世纪并由中国学者倡导建立的比较文学之跨文化研究的理论启发。长期以来，中国人文学术研究走的基本都是"以西释中"之路，西方学界根据自己的工具理性背景下的学术模式断言中国没有现代性质的人文学术。例如，他们说，中国没有自己的哲学，没有自己的美学等等。确实，中国传统文化中难以找到与西方对应的哲学、美学及其他人文学术话语，也没有出现现代意义上的"生态"的话语。因此，以往我们在生态美学研究中，面对中国传统文化中的生态元素，只能称之为"生态智慧"或"生态审美智慧"。但跨文化研究为我们提供了思考问题的独特视角，启发我们从事生态美学

①曾繁仁：《生态文明时代的美学探索与对话》，山东大学出版社2013年版，
　　第64页。
②曾繁仁：《生态文明时代的美学探索与对话》，山东大学出版社2013年版，
　　第71页。

研究的理论自信。中国比较文学学会第一任会长、著名文学理论家杨周翰1987年6月在日本比较文学学会全国年会上作了题为"中国比较文学的今昔"的演讲,指出:中国比较文学是中国本土的产物,它从源头上就与西方比较文学不同。它不是发源于学院,而是中西文化相接触和中国经济、政治、社会、文化发展的结果。中国比较文学的产生是与振兴国家民族的愿望,更新和发展本民族文学的志向分不开的。总之,中国比较文学的出现是中国文学发展本身的要求。① 中国比较文学研究的重要开拓者乐黛云指出:"它(比较文学)与中国社会,与中国文学由传统向现代的转型密切相关,它首先是一种观念、一种眼光、一种视野,它的产生标志着中国文学封闭状态的终结,意味着中国文学开始自觉地融入世界文学之中,与外国文学开始平等对话。"②"振兴国家民族"与"平等对话"是中国比较文学学者们经常使用的"关键词",跨文化研究则成为他们创立的比较文学研究第三阶段的重要理论成果。乐黛云指出:世界比较文学的发展大致可分为三个阶段,第一阶段以影响研究为主;第二阶段以平行研究为主;第三阶段是对多文化、跨文化的文学研究,这是比较文学正在经历的现阶段。中国在这方面起了重要作用。中国是比较文学发展第三阶段的集中表现者。③ 又说:"更重要的是不同文化对话的话语问题。平等对话的首要条件是要有双方都能理解和接受,可以达

---

① 乐黛云:《学贯中西的博雅名家》,《清溪水慢慢流》,东方出版社2012年版,第254页。

② 乐黛云:《21世纪文学研究与比较文学第三阶段》,《跟踪比较文学学科的复兴之路》,复旦大学出版社2011年版,第118页。

③ 参见乐黛云:《比较文学发展的三个阶段》,《涅槃与再生:在多元重构中复兴》,中央编译出版社2015年版,第194—211页。

成沟通的话语。目前,发展中国家所面临的,正是多年来发达国家以其雄厚的政治经济实力为后盾所形成的,在某种程度上已达成广泛认同的一整套概念体系。……抛弃这种话语,生活将难以继续;然而,只用这套话语及其所构成的模式去诠释和截取本土文化,那么,大量最具本土特色和独创性的、活的文化就会因不能符合这套模式而被摒除在外,果真如此,所谓对话就只能是同一文化的独白,无非补充了一些异域资料而已,并不能形成真正互动的对话。"①"跨文化研究"与"中国话语创造"成为新时期中国比较文学学者给予我们的启示。那么,在生态美学领域,如何进行跨文化研究与中国话语的创造呢?这种创造如何进行呢?我们首先要着眼于对西方现有的生态美学与环境美学之得失进行分析研究。

　　首先,我们考察一下欧陆现象学之生态美学。其实,这种美学形态深富哲学意蕴,但很多理论家自己并未声称他们的理论是"生态美学"。例如,海德格尔的存在论哲学与美学包含着极为深刻的生态美学意蕴,至今仍有其魅力。但海德格尔并未自称为生态理论家。美国学者最早称海德格尔为"形而上的生态理论家",中国学者宋祖良将海氏的《brief weber den humanismus》翻译为《论人类中心论的信》,并认为"在《论人类中心论的信》中,海德格尔已与西方传统的和现代的哲学决裂","这是他后期思想道路上的一个重大变化"。② 宋祖良认为,该文是对人类中心论及其表

---

① 乐黛云:《后现代思潮的转型与文学研究的新平台》,《涅槃与再生:在多元重构中复兴》,中央编译出版社 2015 年版,第 124 页。
② 宋祖良:《拯救地球和人类未来:海德格尔的后期思想》,中国社会科学出版社 1993 年版,第 226—229、251—252 页。

现——科技主义之束缚的突破,成为海氏后期较为彻底的生态世界观的纲领。海氏之存在论哲学观,以其早期的"此在与世界"之关系与后期的"天地神人四方游戏"给我们以深刻启发。早期的"此在与世界"是一种对于传统主客二分之认识论的突破,走向人在世界之中的存在论,其"在之中"之说表达了人与世界须臾难离的亲密关系,是对传统人类中心论与身心二分论的突破。后期的"天地神人四方游戏",借鉴了中国道家的"故道大,天大,地大,人亦大。域中有四大,而人居其一"(《老子·二十五章》)之说,并在现象学的哲学基础上对其加以改造创新,使之西方化。海氏还提出了"家园"与"诗意地栖居"等重要的生态美学范畴。海氏的生态哲学与美学理论是建立在现代阐释学基础之上的,是活生生的人,即"此在"对世界的阐释过程,也是世界的呈现与人融合于自然的过程,"个体性"在此起到了绝对的作用。因此,海氏的存在论尽管与中国道家常说有渊源关系,但仍然从根本上区别于道家之重天之"自然"的根本观点。

再看英美之环境美学。它是分析哲学的一个新发展,是分析哲学发展到现代,对于传统"艺术中心"与"身心二分"的突破。如果说,兴起于 20 世纪初期的分析哲学经历了早期的语言模式分析和中期的符号模式分析两个阶段,那么,到了 20 世纪中期,它即进入到环境模式分析的新阶段。1966 年,英国美学家赫伯恩在著名的《当代美学及其对于自然的遗忘》一文中,批评了传统分析美学对于自然审美的遗忘,他认真地区分了艺术审美与自然审美的界限,认为前者是一种"分离式审美",后者则是一种"融入式审美";前者是一种有框架的审美,后者则是无框架的审美。他认为,后者即自然审美,在过去是被遗忘的,但更加符合审美的特点。这给后来的环境美学开拓了道路。此后,加拿大的卡尔松和美国的伯林特等继承了赫伯恩的思路，并将之发展为影响深远的环境美学。环境美学突破了传统的分离式的景观审美模式，力倡融入式的环境审美模式，明确反对审美中的人类中心论，倡导"自然环境是一种环境"，"它是自然的"①等重要审美原则。环境美学还提出了十分重要的"参与美学"与"地方"等重要环境美学审美范式，都给我们以重要启发。但环境美学以科学认知主义为其理论根基，特别是以生态学知识为其理论根基，因而，它仍然是科学主义的。而且，环境美学以科学认知为准则提出的所谓"恰当的审美与不恰当审美"之区分，也带有独断性的欧洲中心论倾向，基本上排除了包括中国美学在内的非欧美美学形态。此外，加拿大学者约瑟夫·米克在1972年发表了论文《走向生态美学》。表面上看，这似乎是一篇有别于环境美学的"生态美学"论文，其实，文章"试图根据生物学知识重新评审审美理论"，重构审美理论。这表明，它仍是以科学认知主义为指导的研究，并没有超出赫伯恩、卡尔松等人环境美学的理论框架，只能算是环境美学的一种延伸。

生态美学是20世纪90年代后期在中国兴起的一种新的美学形态。2001年10月17—21日，陕西师范大学在西安召开"美学视野中的人与环境——首届全国生态美学研讨会"。我在发言中对生态美学作了以下概括："对于生态美学，目前有狭义与广义两种理解。狭义的生态美学仅仅局限于人与自然环境的生态审美关系，提出特殊的生态审美范畴。而广义的生态美学则包括人与自然、社会及自身的生态审美关系，是一种符合生态规律的存

①［加］艾伦·卡尔松：《环境美学——自然、艺术与建筑的鉴赏》，杨平译，四川人民出版社2006年版，第76页。

在论美学。我个人赞成广义的生态美学,认为它是在后现代语境下,以崭新的生态世界观为指导,以探索人与自然的审美关系为出发点,涉及人与社会、人与宇宙以及人与自身等多重审美关系,最后落脚到改善人类当下的非美的存在状态,建立起一种符合生态规律的审美的存在状态。这是一种人与自然和社会达到动态平衡、和谐一致的处于生态审美状态的崭新的生态存在论审美观。"①这一概括,突出了生态美学产生的"后现代"时代背景,强调了生态美学区别于传统认识论美学的生态存在论的基本品质,指出它是一种符合时代要求的新的美学形态。

二、"生态"与"环境"之辨

我国生态美学的建设不断面临很多重大问题,其中,如何看待"生态"与"环境"的区别与联系就非常重要。这关系到生态美学研究的本体问题,也涉及中西生态美学之间的对话问题。这方面的探讨至今仍在进行,值得充分重视。

2006年,在成都召开的国际美学会议上,我作了论述生态美学问题的发言。之后,参会的国际学者集中和我讨论的,就是生态美学与环境美学的关系问题。2009年,在山东大学召开的国际生态美学会议上,我专门就生态美学与环境美学的关系问题作了专题发言。此后,"生态"与"环境"之辨引起国际美学界的一定关注。参加过山东大学国际生态美学会议的著名美国环境美学家伯林特于2012年在他的新著《超越艺术的美学》中指出,相对于

① 曾繁仁:《生态美学:后现代语境下崭新的生态存在论美学观》,《美学之思》,山东大学出版社2003年版,第684页。

环境美学这个术语，中国学者更加偏爱生态美学。原因在于，在生态美学语境中，"生态"这个词不再局限于一个特别的生物学理论，而是一种相互依赖、相互融合的一般原则。显然，伯林特表现出一种理解的态度。另一位参加过山东大学国际生态美学会议的著名环境美学家——加拿大卡尔松特别就中国学者关注的"生态"与"环境"的关系问题发表了重要意见，仍然坚持他的惯有的科学认知主义的审美立场。这里需要特别提到的是，美国著名生态批评理论家布伊尔在他的生态批评三部曲之一的《环境批评的未来》一书中认为，"生态批评"是一种知识浅薄的卡通形象，已经不再适合，主张以"环境批评"代之。

"生态美学"与"环境美学"本来都是生态文明时代的崭新美学形态，两者是非常重要的同盟军，而中国生态美学的发展又受到西方环境美学与环境批评的诸多滋养，环境美学的许多著名学者是我们尊敬的专家。但"生态"与"环境"之辨关系到生态美学的核心内涵和发展问题，必须辨明是非，坦诚地发表我们的看法。

（一）从词源学的角度看西文的"生态学"（ecology）与"环境"（environment）的根本区别

众所周知，一定的词语是一定时代的产物，其内涵具有特定的时代特性。"生态"由于反映的是人与自然的亲和性关系，是一个关系性概念，不包含实体性内容，所以，只有构词成分"eco"表示"生态"，没有名词形态的"生态"。我们知道，西文中最早出现的是"生态学"（ecology）。它是1866年由德国生物学家海克尔最早提出的。1866年，海克尔在他出版的《普通生物形态学》一书中提出了"生态学"一词，旨在描述"有机体与其无机环境之间相互关系的科学"。这一概念的提出不是偶然的,是对于工业革命时代工具理性与形而上学统治的一种反思与超越。首先,是对于二分对立思维模式与"一元论"哲学观的超越。海克尔后来在谈到他提出"生态学"一词的背景时提到,当时他受到达尔文进化论与一元论哲学思想的启发,认为自己是"提供一种将生命有机综合起来的方法路径"。其次,是对于见物不见人的科学哲学思维的超越,对具有后现代人文特性的"生存""栖居"观念的引进。海克尔在提出"生态学"概念时,即对"ecology"一词的构成进行了词源学的阐释:该词前半部分"eco"来自希腊语"oikos",表示"房子"或者"栖居";后半部分"logy"来自"logos",表示"知识"或"科学"。这样,从词面上说,"生态学"就成为有关人类美好栖居的学问。这就将人的生存问题带入自然科学,是对于见物不见人的工具理性进行突破。再次,是对于"一就是一,二就是二"的二分对立思维的突破与"自然家族"概念的提出。传统工具理性思维是一种僵化的"一就是一,二就是二"的二分对立思维,海克尔在提出"生态学"时引进了"自然家族"这一重要概念,从而使得"联系性""相关性"进入了自然科学领域,意义重大。最后,是呈现了"生态学"这一自然科学概念向人文学科发展的重要态势。海克尔在提出"生态学"概念之初就已经明确指出,"生态学关涉到自然经济学的全部知识",这必然地包含着人类的经济活动,而"生态学"词义中的"栖居"本身就是人类的生存。因此,"生态学"由自然科学发展到人文学科就是一种必然的趋势。诚如马里兰大学罗伯特·考斯坦萨在《生态经济学:复兴有关人类与自然的研究》一文中所说,"无论对生态学的界定如何演变,作为地球上占主导地位的动物人类及其与环境的关系,显然一直被囊括在生态学的视野范围之内"。这就预示着生态哲学、生态伦理学与生态文明的必然产生。

　　"环境"（environment）一词，有环绕、周围、围绕物、四周、外界之意。它来源于动词"envion"，即"环绕"，源于中世纪。Environment 作为名词，于 19 世纪前 30 年被收入《牛津英语辞典》，原指文化环境，后来经常指物理环境，可以指某一个人、某一物种、某一社会，或普遍生命形式的周边等。在这里，"环境"是一个与人相对的实体性概念，具有人类中心主义的内涵。因此，不能将"环境"与"生态"两个词汇相混淆。

　　我国三位相关专业的院士提倡改正"生态环境建设"的提法，认为生态是与生物有关的各种相互关系的总和，不是一个客体，而环境则是一个客体，把环境与生态叠加使用是不妥的。生态环境的准确表达应当是自然环境。① "环境"一词的实际运用，表达了人类中心主义的内涵。诚如布伊尔所言，在历史发展中，"环境有了一定程度的悖论性呈现：它成了一个更加物化和疏离化的环绕物，即使当其稳定性降低时它也还发挥着养育或者约束的功能"。芬兰环境美学家瑟帕玛在论述"环境"一词时说道："环境围绕我们（我们作为观察者位于它的中心），我们在其中用各种感官进行感知。在其中活动和存在。"又说："环境可被视为这样一个场所：观察者在其中活动，选择他的场所和喜好的地点。"② 如此等等，可见，"ecology"（生态学）是一个打破主客对立的关系性词汇，反映了人类对于传统工具理性思维的反思与超越；而"envi-

---

① 钱正英、沈国舫、刘昌明：《建议逐步改正"生态环境建设"一词的提法》，《中国科技术语》2005 年第 2 期。
② ［芬］瑟帕玛：《环境之美》，武小西、张宜译，湖南科学技术出版社 2006 年版，第 23 页。

ronment"(环境)则是一个对象性的实体性词汇,没有反映人与自然的和谐一致。

(二)生态美学研究的生态整体论哲学立场

"生态"与"环境"之辨实际上是人类中心论、生态中心论与生态整体论的哲学立场之辨。上面我们曾经提及,"生态学"的产生与发展实际上是对于传统工业革命以来主客二分、工具理性思维与人类中心论的突破。因此,离开生态学立场,必然走向人类中心论或者生态中心论。正如美国著名环境美学家伯林特所言,"与所有的基本范畴一样,环境的观念,植根于我们对身处世界、经验及自身的本质的哲学思考。"[1]伯林特虽然是环境美学家,但他也是一位现象学理论的信奉者,他所说的"环境"实际是"自然",而且,他力主"自然之外并无一物"[2],这里的"自然"即是"生态"。他主张一种整体性的"自然观",强调"不区分自然与人,而将万事万物看作生命整体的一部分"[3]。这种包含着自然与人、万事万物,并构成整体的"自然"就是"生态",这就是一种"生态整体论"的哲学立场。正是在这样的"自然之外并无一物"的"生态整体论"哲学立场前提下,伯林特提出了著名的"参与美学"的生态美学观。他说:"因为自然之外并无一物,一切都包含其中。在此情形下,一般形成两派截然对立的选择。通常的选择是把环境

---

①[美]阿诺德·伯林特:《环境美学》,张敏、周雨译,湖南科学技术出版社 2006年版,第4页。

②[美]阿诺德·伯林特:《环境美学》,张敏、周雨译,湖南科学技术出版社 2006年版,第9页。

③[美]阿诺德·伯林特:《环境美学》,张敏、周雨译,湖南科学技术出版社 2006年版,第10页。

美学看作与艺术美学不同的另一类鉴赏活动，另一派则主张环境与艺术的审美从根本上一致。前者遵循传统的美学，后者则要求摒弃传统，追求能同等对待环境与艺术的美学。这种新美学，我称之为'结合美学'（aesthetics of engagement），它将会重建美学理论，尤其适应环境美学的发展。人们将全部融合到自然世界中去，而不像从前那样仅仅在远处静观一件美的事物或场景。"①这就是一种从"生态整体论"出发的生态美学形态。但如果从环境主义出发，结果就是"环境围绕我们，观察者在其中心"，必将导致"人类中心论"。布伊尔教授在其《环境批评的未来》一书的术语表对"环境、环境主义、生态运动"做解释时，已经预见到："有人认为环境暗含人类中心之意。"②伯林特也在其《环境美学》一书中表达了同样的担心。他说："诚然，环境是由充满价值评判的有机体、观念和空间构成的浑然整体，但我们几乎无法从英语中找到一个词来精确地表述它。一般常用的语词，如'背景'、'境遇'、'居住的环境'等诸如此类的说法都不合适，不可避免地陷入了二元论。其他的如'母体'、'状态'、'领域'、'内容'和'生活世界'等稍好一些，不过也得时刻警惕它们滑向二元论和客体化的危险，比如将人类理解成被放置在环境之中，而不是一直与其共生。的确，我们现有文化中割裂形而上与形而下的偏见几乎无法完全消除。"③这进一步说明了伯林特为了避免二元论与割裂论已经将

---

① [美]阿诺德·伯林特：《环境美学》，张敏、周雨译，湖南科学技术出版社2006年版，第12页。

② [美]布伊尔：《环境批评的未来——环境危机与文学想象》，刘蓓译，北京大学出版社2010年版，第154页。

③ [美]阿诺德·伯林特：《环境美学》，张敏、周雨译，湖南科学技术出版社2006年版，第11页。

"环境"理解成整体论的"自然"与"生态"。我们注意到,布伊尔其实也是整体论的支持者,他在《环境的想象:梭罗、自然文学与美国文化的形成》一书中,对"环境想象"确立了四条"标志性要素":非人类环境的在场并非仅仅作为一种框架背景的手法;人类利益并不被理解为唯一合法的利益;人类对环境负有的责任是人本伦理取向的组成部分;自然并非一种恒定之物或假定事物。这四条"标志性要素",其实已经包含生态整体论元素。布伊尔在《环境批评的未来》中更加明确地提出生态整体的观点。他对自己的"言说的立场"阐述道:"既对人的最本质需求也对不受这些需求约束的地球及其非人类存在物的状态和命运进行言说,还对两者之平衡(即使达不到和谐)进行言说。严肃的艺术家两者都做。我们批评家也必须如此。"①这里所说的人的需要与地球需要的平衡,就是生态整体说。

卡尔松教授的"科学认知主义审美"特别强调科学知识在审美中的决定性作用,所以,我认为,卡尔松的环境美学所持的哲学立场是知识决定论的人类中心论。他说:"认知立场认为,所有这些环境都必须审美地欣赏为它们实际所是的那样,这就要求欣赏者必须具备相关的知识,懂得它们的独特特性与起源。这种知识是由科学揭示出来的,因此,在分析对于环境的审美欣赏时,认知立场通常被称为'科学认知主义'。"又说:"与环境审美欣赏相关的科学是生态科学,因此,生态知识与恰当的环境审美欣赏最为相关。"②他举了美

①[美]布伊尔:《环境批评的未来——环境危机与文学想象》,刘蓓译,北京
　　大学出版社2010年版,第140页。
②[加]艾伦·卡尔松:《生态美学在环境美学中的位置》,《求是学刊》2015年
　　第1期。

洲落叶松与松树两片森林，它们外形几乎完全相同，都在夕阳下散发出金色的光辉，但美洲落叶松是因为秋天而变成金色，而松树却是由于甲虫的致命感染而变成金色。他说："假如我们具备关于美洲落叶松、季节变化、松树以及松树甲虫的相关生态知识，就会知道我们对这两片树林进行恰当的审美欣赏。美洲落叶松在夕阳下散发光辉，最有可能被体验为一种美的事物；而已经死亡与正在死亡的松树，尽管同样在阳光下散发光辉，但有可能被审美的体验为丑陋的，或者至少不是一种审美愉悦的直接来源。"①很显然，树木的生态知识成为欣赏者判定美丑的最重要根据。这是明显的知识决定论，应该属于人类中心论哲学立场，充分说明了卡尔松教授的科学主义的分析哲学背景，而分析哲学的科学主义具有某种人类中心论是十分明显的。

当然，坚持哪种审美的哲学立场，对于学者来说，均有其各自的道理，我们从生态整体论出发加以必要的辨析，也是学术研究中对于一种立场的坚守与阐明。这里需要说明的是，对于生态整体论哲学立场持批评意见者颇多。有的学者认为，人与自然的对立是永恒的，不可能协调成为整体；有的认为，生态整体论中的人与自然的主体间性关系是不可能的，因为只有人是主体，自然不可能是主体，如此等等。我们认为，必须摆脱传统的认识论立场。在认识论立场看来，人与自然只能是一种二分对立的关系，不可能成为整体。我们必须与之相反，持一种新的立场与视角。首先是持一种深生态学的"生态自我"的立场。这里的"自我"，不是传统的人这个"自我"，而是扩大了的包含人与自然的生态系统的

---

① [加]艾伦·卡尔松:《生态美学在环境美学中的位置》,《求是学刊》2015年第1期。

"生态自我"。这样的"生态自我"就是一个"整体",在这种"生态自我"中,人与自然就是一种主体间性关系。二是持一种存在论的哲学立场。这种哲学立场否弃传统的"主体与客体"对立的在世模式,力主一种"此在与世界"的在世模式。此在与世界是一种休戚相关、须臾难离的关系,构成一种存在论或生存论意义上的"整体"。三是持一种现象学的哲学立场。通过现象学的"悬搁"消解主客二分对立,在意向性之中构成一种人与自然的现象学整体,这是一种关系性与生命性的整体。当然,以上三种立场是有着内在联系的,内中贯穿着统一的生态现象学立场。深生态学的"生态自我"吸收了佛学中"万物一体"的内涵,本身就是一种东方式的现象学;存在论是以现象学为哲学根据的。现象学立场正是走向生态整体的哲学根据。

(三)存在实体性的环境之美吗?

众所周知,"生态"不是一个实体性概念,而是一个关系性概念。因此,不存在一种实体性的"生态之美",只有关系性的生态之美。因此,我们将生态之美称作"家园之美""栖居之美"等。而"环境"首先是指人的环绕物,包括自然环境与人造环境。因此,从这个角度说,"环境"是实体性的。这种实体性的"环境"只在认识活动与科学活动中存在,在现实生活中不存在这种实体性的"环境",只存在与人的生活密切相关的"环境",这种与人的生活密切相关的"环境"即为"生态"。那么,有没有实体性的"环境之美"呢?按照现象学的立场,只有在人的意向性中呈现的"环境"与"环境之美",没有独立的实体性的"环境"与"环境之美"。包括没有人烟的"荒野",也是一种关系性的存在物。只有在知觉的意向中才会产生某种美感,离开了知觉的意向,"荒野"尽管仍然存在,但却不再产生美感。因此,实体性的"环境之美"是不存在的。

现在我们来看看环境批评与环境美学的意见。布伊尔教授将对于环境的人文评价具体落实到"地方"(place)这一具体的人居环境之上。他说:"环境性的重要意义被一种关于存在与其物质语境之间不可避免而又不确定的转变性关系的自觉意识所界定。这一考察是通过集中研究地方的概念进行的。"①地方的研究包括三个方向:"环境的物质性、社会的感知或者建构、个人的影响或者约束。"②可见,在他看来,地方也不是客观的,而是包含着社会建构与个人影响。他进一步更加明确指出,必须做到"空间转变为地方"。这就更加明确地表达了他否定"地方"之中的"空间性"实体性内涵。因为,"空间"是客体的,人似乎可以放置于空间之中,两者是游离的;但"地方"却是人生活于其中的场所,与人息息相关的。存在论哲学认为,"地方"对人来说可以有在手与不在手和称手与不称手之别。宜居的场所(即地方)应该是在手的与称手的,这就将人的感受与体验放到重要位置。所以,布伊尔的"空间转变为地方"的观念,说明他否定了环境之美的客体性。这样,他只能选择宜居的"地方"这种集客观、社会与个人为一体的关系性之美了,而这就是生态之美。

卡尔松教授在他的《环境美学》一书中着力论述了他所认识的环境之美。他首先否定了环境之美就是具有客体性的形式美的看法,他说:"自然环境不能根据形式美来鉴赏和评价,也就是

①[美]布伊尔:《环境批评的未来——环境危机与文学想象》,刘蓓译,北京大学出版社 2010 年版,第 70 页。
②[美]布伊尔:《环境批评的未来——环境危机与文学想象》,刘蓓译,北京大学出版社 2010 年版,第 70 页。

说,诸形式特征的美;更准确地说,它必须根据其他的审美维度来鉴赏和评价。"又说:"自然环境的形式特征相对说来几乎没有地位和重要性。"①他在论述环境之美时,除了强调生态学知识的作用之外,还特别论述了"生命价值"的作用。他首先借鉴普拉尔与霍斯普斯有关审美的"浅层含义"与"深层含义"的区分,认为浅层含义主要指线条、形状和色彩相关的形式特征,而深层含义则指"表现的美"与"生命价值"。他说:"一个对象要表现一种特征或生命价值,而特征或生命价值并不一定由其暗示出来。的确,那种特征必定联系于对象,这样它能感受或感知成为对象本身的一种特征。"②这样,生命价值是对象的特征与欣赏者的感受感知结合的结果,不是一种实体性的美。总之,在卡尔松看来,环境之美也不是客观的实体性之美。由此可见,"环境"一词内涵的实体性决定了它只能是一种实体之美,但现实生活中"环境"的关系性又决定了这种实体之美不可能存在。这就构成一种解构"环境之美"实体性的悖论,结论是"环境之美"不具实体性,而关系性的审美必然导向生态美学。

(四)"生态"一词的东西包容特点

布伊尔教授在论述生态文化的资源时,指出:"有西方思想体系内其他有影响的理论线索,如斯宾诺莎的伦理一元论;更有很多来自非欧洲地区的思想启迪:甘地对奈斯的影响;南亚和东亚

①[加]艾伦·卡尔松:《环境美学——自然、艺术与建筑的鉴赏》,杨平译,四川人民出版社 2006 年版,第 64 页。
②[加]艾伦·卡尔松:《环境美学——自然、艺术与建筑的鉴赏》,杨平译,四川人民出版社 2006 年版,第 208 页。

各种哲学思潮的广泛传播,其中佛教和道教的影响尤深。"①这一概括大体是符合事实的。生态文化发展的历史已经告诉我们,生态文化的思想资源更多来自欧洲之外的东方,东方各种前现代的文化蕴含着丰富的生态文化智慧。就我们中国来说,尽管"生态学"的知识概念是近代以来从西方引进的,但我国古代却包含着极为丰富的生态文化与生态审美智慧。"天人合一"是我国古代哲学与文化的共同诉求,正如司马迁所说,中国古人追求"究天人之际,穷古今之变,成一家之言"(《史记·太史公自序》)。"生生之谓易"(《周易·系辞上》)是我国古代文化哲学的核心,所谓"天地之大德曰生"(《周易·系辞下》)。生命论成为各种文化形态的特点,儒家追求"爱生",道家追求"养生",而佛家则追求"护生"。儒家经典中的"己所不欲,勿施于人"(《论语·颜渊》)与"民吾同胞,物吾与也"(张载《西铭》)已经成为公认的生态"金规则"。而道家的"心斋"与"坐忘",儒家的"养性",佛家的"修行""禅定"等,都是著名的古典现象学的"悬搁",成为当代进行生态文化教育的重要资源和方法。我国古代艺术追求"气韵生动""寄兴于景"等,均包含浓郁的生态意蕴,成为发展当代生态美学与生态艺术的重要借鉴。

　　总之,"环境"一词作为科学主义的概念无法包含东方"天人合一"的生态哲学与审美智慧;而"生态"一词的关系性与生命性内涵则蕴含在东方生态智慧之中。因此,从生态文化与生态美学的长远的健康的发展来看,我们认为,"生态"一词更加恰当。如果继续使用"环境"一词,那就必然会使生态美学建设丧失丰富深

---

① [美]布伊尔:《环境批评的未来——环境危机与文学想象》,刘蓓译,北京大学出版社 2010 年版,第 112 页。

刻的东方生态文化的智慧资源。

"生态"与"环境"之辨,不是简单的词语之辨,而是涉及包括生态美学在内的生态文化如何更好地继续前行的重要问题。我们认为,不应因为受具体发展过程中某些现象的干扰而影响到对于"生态"这一概念的正确理解与使用。

三、"生生美学"的提出

中国到底有没有自己的美学,其形态是什么?这是我国美学界长期探索的论题。由于长期以来"欧洲中心论"与"以西释中"的影响,我国美学研究尚没有完全走出西方的"美是感性认识的完善"与"美是理念的感性显现"等的阐释之路,对于本民族的有关审美理论缺乏必要的自信,一般只以"审美智慧"称之,谈到中国美学时,往往底气不足。但审美是一种生活样式,是一种艺术的生存方式。中华民族有着五千年的文明史,有着繁荣灿烂、光彩照人、足以引以为傲的民族艺术。因此,中国必然有着自己民族的美学。这种美学,我们认为,应该称之为"生生美学"。《周易》是中国"生生美学"的主要来源。《周易》充分反映了中华民族文化起源之际的思维与生存智慧,是民族文化与哲思的集大成与精华所在。《周易》的基本哲学理念就是"生生"。《周易》以乾坤象征天地阴阳,认为天地阴阳之气是万物生命之根源。《周易》的《象传》说,乾是"万物资始",坤是"万物资生";《周易·系辞上》说,乾"大生"万物,坤"广生"万物。生命的创造是天地阴阳的伟大功德,所以,《周易·系辞下》说"天地之大德曰生"。《周易》的所谓"易之道",即是天地万物的"生生"之道,所以,《周易·系辞上》说"生生之谓易"。"生生"一词是动宾结构,前一个"生"是动词,后一个"生"是名词。因此,"生生"就是"生命的创生"。这是中国古代哲思与艺术的核心所在。

我们的前辈学者很早就注意阐发中国文化的"生生"之学及其美学意蕴。早在1921年,梁漱溟就在《东西文化及其哲学》一书中将孔子学术之要旨归结为"生",他说,"这一个'生'字是最重要的观念,知道这个就可以知道所有孔家的话。孔家没有别的,就是要顺着自然道理,顶活泼顶流畅地去生发。他以为宇宙总是向前生发的,万物欲生,即任其生,不加造作,必能与宇宙契合,使全宇宙充满了生意春气。"①方东美指出,"在中国哲学家看来,宇宙乃是普遍生命流行的境界,天为大生,万物资始,地为广生,万物咸亨,合此天地生生之大德,遂成宇宙,其中生气盎然充满,旁通统贯,毫无窒碍,我们立足宇宙之中,与天地广大和谐,与人人同情感应,与物物均调浃合,所以无一处不能顺此普遍生命,而与之全体同流。"②又说:"一切艺术都是从体贴生命之伟大处得来的。生命之所以伟大,即是因为它无论如何变化,无论如何进展,总是不至于走到穷途末路。"③方东美明确地将中国哲学精神概括为"生生",即"生命的创生",并认为一切艺术均来源于体贴生命之伟大。此外,宗白华也讨论过中国传统美学的"生命美学"特征。

"生生美学"是一种相异于西方古典认识论美学的中华民族自己的美学形态,独具特色与无穷的魅力。作为生生美学精神之呈现的中国传统艺术,如国画、书法、戏曲、琴艺与民间艺术等,至

---

①梁漱溟:《东西方文化及其哲学》,商务印书馆1999年版,第126—127页。
②方东美:《中国人生哲学》,中华书局2012年版,第171页。
③方东美:《中国人生哲学》,中华书局2012年版,第57页。

今仍活在现实的民族生活与艺术舞台之上。因此,"生生美学"也仍然是活的,仍然具有无穷的生命活力。中国文化是一种早熟的文化,早在先秦时期就发展出完备的哲学与艺术体系,真善美有机地交融在一起。中国古代文献,如《周易》,其《易经》与《易传》的结合使之成为中国古代哲学与美学的发源地,成为中国文化早熟的标志及成果。"生生美学"就是一种早熟的与真善交融在一起的美学形态,需要很好的总结与发扬。

　　"生生美学"是一种古典形态的"天人相和"的生态之美。生态美学是 20 世纪初期兴起的一种美学形态,目前流行于西方的,有以海德格尔为代表的欧陆现象学生态美学和以卡尔松为代表的英美分析哲学之环境美学。20 世纪 90 年代以降,中国学者努力探索一种根基于中国文化传统"天人合一"理念、汲取现代生态哲学意识、涵括当代生态文明关怀的生态美学。过去,我们囿于现代与前现代之分的思维,没有勇气提出中国的生态美学,一般只是谈中国古代的"生态审美智慧"。但事实上,中国古代尽管没有现代意义上的"生态"观念,但由于长期处于农业社会以及产生于其上的"天人合一"文化模式,决定了尊重自然、顺应自然、亲和自然之生态观在中国具有原生性特点。这种原生性的生态文化,曾经极大地影响了现代西方学者生态观的形成。例如,海德格尔曾受到道家"道法自然"说的启发,梭罗受到儒家仁爱学说之影响等。我国当代的生态文明建设,也借鉴和发扬了"天人合一"派生而出的"天人相和"的民族文化传统。因此,"天人合一"的生态文化不仅仅是一般的生态智慧,而是具有原生性并活在当代的生态理念。"天人合一"所构成的人与自然亲和的"中和之美",与古代希腊的强调科学的比例、对称的"和谐之美"是不相同的。所谓"天人合一",具有明显的"生命创生"的内涵。《周易》泰卦《象传》

指出："天地交而万物通也,上下交而其志同也。"天地相交,风调雨顺,万物发育生长,就是中国古代的一种美的形态。这种生态之美仍然生存于我国诸多民间艺术之中。例如,年画之"瑞雪兆丰年"与"丰收图"等,秧歌舞之中的舞扇祈雨。因此,中国传统文化"天人合一"之理念与审美追求,理应成为当代生态美学建设之重要一维。

"生生美学"是一种阴阳相生的生命之美。《周易》以阴阳两爻作为思维的基本元素,象征着"天地氤氲,万物化醇;男女构精,万物化生"(《周易·系辞下》)的生命创生与衍化。在这里,思维的起点即是生命的起点,思维的根源即是生命的根源。"生生美学"体现了东方式的对生命之美的追求。这种生命之美包含着万物化生、美好生存与宇宙变易发展的大生机等极为丰富的内涵,而且是"天地与我并生,而万物与我为一"(《庄子·齐物论》)的,是一种古典的生态整体论与生态平等论。特别可贵的是,《周易》揭示了包括艺术创造在内的万事万物生长演化的规律,即所谓"一阴一阳之谓道"(《周易·系辞上》),即通过阴阳对比生成并呈现其背后生命之道。这说明中国艺术是一种虚实相生的生命的艺术,阴阳相生构成了特有的艺术生命体。例如,中国书法就以其笔势的强弱、缓速、色调的浓淡等构成特有的节奏、韵律与筋骨血脉。于是,中国书法理论中就有特殊的"筋血骨肉"之说,所谓"善笔力者多骨,不善笔力者多肉。多骨微肉者谓之筋书,多肉微骨者谓之墨猪"①。这可以说是产生于将近两千年前的古典形态的"身体美学"。阴阳相生之道体现了艺术创造的特有规律,即凭

---

① (晋)卫铄:《笔阵图》,见潘运告编注:《中国历代书论选》,湖南美术出版社2007年版,第33页。

借阴阳虚实的对比产生一种艺术的生命之力。国画就是凭借白与黑、浓与淡的对比，形成一种艺术生命之力。例如，齐白石的"虾图"，以其"为万虫写照，为百鸟张神"的精神，仅凭寥寥几笔，以大片的空白，将几只小虾的活泼泼的生命力表现无遗。川剧《秋江》，仅凭老梢翁的一支桨，以及他与陈妙常的舞蹈动作，在空旷的舞台上表演了波涛翻滚的江水，甚至让观众产生晕船之感。中国"生生美学"阴阳相生的奥妙真的是奇妙无比。

"生生美学"是一种"元亨利贞"的"四德"之美。中国传统文化之中，真善美是交融一体的，价值观与审美观相统一。《周易·文言传》曰："元者，善之长也；亨者，嘉之会也；利者，义之和也；贞者，事之干也。……君子行此四德，故曰乾元亨利贞。"《周易》高扬天地创生万物生命的恩德，所谓"大哉乾元，万物资始，乃统天。云行雨施，品物流行"。朱熹以生物之生长发育阐释"元亨利贞"四德："元者，物之始生；亨者，物之畅茂；利，则向于实也；贞，则实之成也。实之既成，则其根蒂脱落，可复种而生矣。此四德之所以循环而无端也。然后四者之间，生气流行，初无间断，此元之所以包四德而统天也。"[①]"元亨利贞""四德"即真善美的统一。"元亨利贞"既是道德范畴，也是审美范畴，获得感即是审美感。这是一种与生命质量相关的生存之美，渗透于人民日常生活与艺术生活之中。中国民间传统艺术无处不体现"元亨利贞""吉祥安康"的主旨。如，年画中的门神，原是以驱邪辟鬼、消灾致福为其主旨的，但却包含着普通民众的某种审美追求。至今，民间春节仍流行贴"福"字，特别是将"福"字倒写，寓意"福到了"等，尤其突出地体现了对吉祥、平安、幸福等生存之美的追求。广泛活跃于民众

---

① (宋)朱熹：《周易本义》，廖名春点校，中华书局 2009 年版，第 33 页。

生活中的戏曲，其剧目、曲词、表演等，更蕴育着浓郁的"元亨利贞"与"吉祥安康"的审美意识。

"生生美学"是一种"日新其德"的含蓄之美。《周易》大畜《象传》说："大畜，刚健笃实，辉光日新其德。"大畜卦，乾下艮上，艮象山而乾象天，有天在山中，蓄聚充实，辉光无限，生生不息之象。大畜，是力量的蓄集，是天地万物的无限生机与无穷力量的象征，代表着一种含蓄之美。大畜，以静止、笃实之山含蕴着刚健、动行之天，有限与无限相反相成，有"日新其德"的深永的艺术意味。

"生生美学"追求含蓄的生命之美，中国诗歌的"象外之象"与"味外之旨"的"神韵"，绘画之"气韵生动"，书法的"飞动"，园林之"借景"等，都可以说是"生生美学"的含蓄的生命之美的呈现。

中国"生生美学"走过了五千年的文明历史，体现着中华民族的生态智慧和审美理想，孕育在让我们流连忘返的生生不息的民族艺术之中，寄托着我们绵绵的乡愁与无尽的情思，值得我们好好体悟，好好研究，认真阐发。

四、"生生之美"之探讨

方东美（1899—1977）是我国现代新儒学代表人物之一，接受过严格的中国传统文化教育和西方文化训练，兼治东西方哲学与美学，同时以中英文出版专著、发表文章。他是我国著名的诗人学者，长于古典诗词，哲学与美学论文有着浓郁的诗人气质。方东美追根溯源，认为中国文化有两个重要传统，一个就是《尚书·洪范》，强调德治，为其后之礼乐教化打下基础；再就是《周易·易传》，是为中国哲学之源头，综合儒道，揭示"生生之德"。他说：

"《易经》这一部伟大的著作,它是中国哲学思想的源头。"①众所周知,"德者,得也",是人的一种获得感,是一种善的内涵。由于中国传统文化的融贯性特点,美善交融,"生生之德"也就转化为"生生之美"。"生生"一词,将"生"字重言,具有"生命创生"之意,具有本体论的内涵。生生之德的生命本体论,是方东美论述中国传统哲学与美学的出发点。方氏指出,"就形上学意义言,基于时间生生不已之创化历程,《易经》哲学乃是一套动态历程观的本体论,同时亦是一套价值总论。……生命大化流衍,弥贯天地万有,参与时间本身之创造性,终臻于至善之境"。② 这里所说之"本体论",即是生生不已的创化历程,说明"生生"不是物质实体,乃是一种创化之历程,所谓"易穷则变,变则通,通则久"(《周易·系辞下》),生生不已之创化历程,无止无尽,创造不已,生生不息。正如方氏所自豪地宣示,"在我们中国人看来,永恒的自然界充满生香活意,大化流行,处处都在宣畅一种活跃创造的盎然生机,就是因为这种宇宙充满机趣,所以才促使中国人奋起效法,生生不息,创造出种种伟大的成就"。③ 中国传统"生生"之学内涵极为丰富,包括乾元之创生、坤元之广生、君子合天地之德以化育生长万物等。方东美指出:"系辞大传中所说:'乾'、'乾元'代表'大生之德','坤'、'坤元'代表'广生之德',……人处在天地之间就成为天地的枢纽,用孟子的一句话,就是'大而化之之谓圣'。"④对于"生生"之内涵,方东美指出:"生含五义:一、育种成性义;二、开物

---

① 方东美:《生生之德:哲学论文集》,中华书局 2013 年版,第 223 页。
② 方东美:《生生之美》,李溪编,北京大学出版社 2009 年版,第 144 页。
③ 方东美:《生生之美》,李溪编,北京大学出版社 2009 年版,第 115 页。
④ 方东美:《生生之美》,李溪编,北京大学出版社 2009 年版,第 312 页。

成务义；三、创进不息义；四、变化通几义；五、绵延长存义。故
《易》重言之曰生生。"①"生生不已"是一种价值总论，真与美在此是
统一的。方氏还认为，生生不息包含着美的内涵。他说："一切美的
修养，一切美的成就，一切美的欣赏，都是人类创造的生命欲之表
现。"②又说："天地之大美即在普遍生命之流行变化，创造不息。圣
人原天地之美，也就在协和宇宙，使人天合一，相与浃而俱化，以显
露同样的创造。换句话说，宇宙之美寄于生命，生命之美形于创
造。"③最后，方氏认为，"一切艺术都是从体贴生命之伟大处得来
的"。④ 生命之伟大处统一了真善美。总之，方氏认为，中国传统
文化的内涵是生命的，同时也是审美的与艺术的。这是方氏对中
国传统文化的独特思考，所谓"吾人对影自鉴，自觉其懿德，不寄
于科学理趣，而寓诸艺术意境"⑤。这也是他引为自豪之处。

　　1976 年，方东美在台湾辅仁大学作了一个题为"从新儒家哲
学赞叹我民族之美质感"的讲演。在讲演中，他提出："我们优美
的青年人具此高贵的民族禀性，何以不自信而自卑如是？"⑥针对
中国人"一到了外国，好像人家叫他'Chinaman'，就引以为耻！都
变作了'We Americans'"⑦的问题，方东美指出："国家无教育，则
中兴无人才；文化无理想，则民族乏生机"⑧，要求年轻人"能自信

---

①方东美：《生生之德:哲学论文集》，中华书局 2013 年版，第 122 页。
②方东美：《中国人生哲学》，中华书局 2012 年版，第 58 页。
③方东美：《中国人生哲学》，中华书局 2012 年版，第 55 页。
④方东美：《中国人生哲学》，中华书局 2012 年版，第 57 页。
⑤方东美：《生生之德:哲学论文集》，中华书局 2013 年版，第 100 页。
⑥方东美：《新儒家哲学十八讲》，中华书局 2012 年版，第 76 页。
⑦方东美：《新儒家哲学十八讲》，中华书局 2012 年版，第 75 页。
⑧方东美：《新儒家哲学十八讲》，中华书局 2012 年版，第 77 页。

有立国的力量,民族有不拔的根基"①。方氏的"生生之美"就是
在对这种民族自信心的倡导中提出的。特别重要的是,方氏揭示
出《易经》在中国文化史与哲学史上的重要地位。他指出:"《易
经》一书,是一部体大思精而又颠扑不破的历史文献。"②《易经》
包含了"万物有生论"的自然观、"性善论"的人性观、"至善论"的
价值观与"价值中心观"的本体观。《易经》所开拓的"生生"之学
的生命论思想,是方氏提出"生生之美"的哲学与文献根据。由此
可见,"生生美学"是兼含真善美的融贯之美,而融贯性恰恰又是
中国传统哲学与美学的特点。方东美说:"中国人评定文化价值
时,常是一个融贯主义者,而绝不是一个分离主义者。"③"分离主
义"是西方哲学与美学的基本特征,融贯主义则是中国传统文化
的特征。方氏从宏阔的世界文化的背景上将中西哲学与美学进
行比较,指出:"(一)从希腊人看,人和宇宙的关系是'部分'与'全
体'的和谐,譬如在主调和谐中叠合各小和谐,形成'三相叠现'的
和谐。(二)从近代欧洲人看来,人和宇宙的关系则是二分法所产
生的敌对系统,有时是二元对立,有时是多元对立。(三)从中国
人看来,人与宇宙的关系则是彼此相因、同情交感的和谐中
道。"④这种比较,是非常符合中西学术的特点的。中国传统文化
之中,不仅真善美融贯,而且礼乐刑政融贯,天地人也是融贯的。
这种"融贯性"反映了生命哲学与美学的基本特点,所谓"天地交
而万物通"(《周易·泰·象》)、"道生一,一生二,二生三,三生万

---

① 方东美:《新儒家哲学十八讲》,中华书局 2012 年版,第 77 页。
② 方东美:《生生之德:哲学论文集》,中华书局 2013 年版,第 240 页。
③ 方东美:《生生之德:哲学论文集》,中华书局 2013 年版,第 219 页。
④ 方东美:《生生之美》,李溪编,北京大学出版社 2009 年版,第 169 页。

物"(《老子·四十二章》)等。《周易·易传》之"一阴一阳之谓
道"，将阴阳之道看作世界万物，乃至是艺术创作的基本规律，真
正道出了中国美学与艺术的要旨。中国传统艺术通过黑白、阴
阳、进退等的对比互显，能够创造出无尽的深意，意蕴无穷，魅力
无限。由此，产生出中国传统美学与艺术之"意境"的"言外之意"
"味外之旨"的"神韵"，生机盎然，意趣横生。方氏指出，"中国艺
术是象征性的，很难传述。所谓象征性，一方面不同于描述性，另
一方面接近于理想性，这可以拿一例子来说明，当艺术家们走过
一处艺术场所时，极可能赏心悦目而怡然忘我，但其表达方式却
永远是言在于此而意在于彼，以别的方式来表达，在中国艺术的
意境中，正如其他所有的理想艺术，一方面有哲学性的惊奇，另一
方面也有诗一般的灵感"。① 方氏将中国这种艺术精神称作中国
艺术家的秘密。他说："画家的秘密是什么？ 他不是写实，而是理
想：拿画家的理想来改造整个画幅。于是乎从一个超越的观点看
起来，他可以以大为小，以小为大。他可以在一个凌空的、空灵的
观点上面俯视宇宙一切。这样一来，散漫的印象在画家的心灵里
面变作一个统一。他整个艺术家的精神就把那个好画幅镇压住
了。"②这里的"理想"，既是艺术家之意，也是艺术品渗透出来的画
外之意，可以意会，而难以言传。这就是中国生命艺术的生生之美。
生生之美体现在中国传统艺术的各个层面。如，中国画的透视法，
以前我们一般称之为"散点透视"，但根据方东美对"生生"之学的阐
释，我们以为称之为"整体透视"更为适宜。方东美从现代空间观的
视角阐释中国艺术的生生之美之意境，指出："希腊人之空间，主藏

①方东美：《生生之美》，李溪编，北京大学出版社2009年版，第297页。
②方东美：《生生之美》，李溪编，北京大学出版社2009年版，第318页。

物体之界限也,近代西洋人之空间,'坐标'储聚之系统也,犹有迹象可求,中国人之空间,意绪之化境也,心情之灵府也,如空中音、相中色,水中月、镜中相,形有尽而意无穷,故论中国人之空间,须于诗意词心中求之,终极其妙。"① 这是基于中西比较的视域论述中国艺术的意境的。他认为,希腊人的艺术是物质的,近代欧洲人之艺术是数学的,而中国人之艺术是诗意的,即所谓"意绪之化境""心情之灵府"。意境蕴藏着生生美学的奥秘,在画面之外寄托无穷的意蕴。这就是空间之外的诗情画意。这就是中国传统生生美学特殊的艺术空间观,是中国传统艺术之意境之无尽的深意。至于中国艺术之时间观,更是奇妙无比。方东美指出:"中国人之时间观念,莫或违乎《易》",所谓"时间之真性寓诸变,时间之条理会于通,时间之效能存乎久"。② 这里运用《周易》之"变""通"与"久"的观念道出了生生之美的秘密。"变"是生命的绵延;"通"是生命之阴阳相交形成的赓续发展,不断出新;"久"则是生命变化的效果,是一种变异产生的效果,是一种"绵延赓续"。因此,中国艺术作为生命的绵延的艺术,是一种与天地节气四时相关的历律的艺术,寄托着"天人合一"的哲学与艺术理念。

当然,作为时间的生命的艺术,中国艺术最根本的特点是线的艺术,是一种在时间的推移中逐步展开的艺术。对于中国艺术的生命的线性的特点,宗白华(1897—1986)论述得比较集中。他专门论述了中国画的重要艺术原则"气韵生动"。他说:"气韵,就是宇宙中鼓动万物的'气'的节奏与和谐";而所谓"生动",则是"热烈飞动、虎虎有生气的。……首先是对汉代以来的艺术实践

---

① 方东美:《生生之德:哲学论文集》,中华书局 2013 年版,第 104—105 页。
② 方东美:《生生之德:哲学论文集》,中华书局 2013 年版,第 106 页。

的一个理论概括和总结"①。因此，宗白华明确地将"气韵生动"
概括为"'生命的节奏'或'有节奏的生命'"。②"生命的节奏"即
生命的绵延所产生的起伏激荡，是线性艺术的基本特征，也是生
命在时间之流中的呈现。宗白华认为，中国艺术的这种线性艺术
的基本特征同样也体现在中国传统戏曲艺术中，表现为通过虚拟
表演化虚为实、化空间为时间的特点。他说："中国舞台上一般地
不设置逼真的布景（仅用少量的道具桌椅等）。老艺人说得好：
'戏曲的背景是在演员的身上。'演员结合剧情的发展，灵活地运
用表演程式和手法，使得'真境逼而神境生'。演员集中精神用程
式手法、舞蹈行动，'逼真地'表现人物的内心情感和行动。"③又
举例说道："《秋江》剧里船翁一支桨和陈妙常的摇曳的舞姿可令
观众'神游'江上。"④中国传统戏曲通常只是通过几个程式化的
手法、动作，人物已经走过了千山万水，穿越了重楼高阁，以时间
化的行动逼真地表现了无限的空间。当然，中国戏曲艺术通常还
通过剧中人物与观众的精神交流，即借助观众的"反观式审美"的
深度介入。宗白华认为，中国戏曲的化空间于时间的艺术手法是
与中国传统的宇宙观密切相关的。因为，中国人对于宇宙持天地
人"三才"之说，天与地这广袤的空间并非与人对立，而是在人的

①宗白华：《中国美学史中重要问题的初步探索》，见林同华主编：《宗白华全
　集》第3卷，安徽教育出版社2008年版，第465页。
②宗白华：《论中西画法的渊源与基础》，见林同华主编：《宗白华全集》第2
　卷，安徽教育出版社2008年版，第109页。
③宗白华：《中国艺术表现里的虚和实》，见林同华主编：《宗白华全集》第3
　卷，安徽教育出版社2008年版，第388页。
④宗白华：《中国艺术表现里的虚和实》，见林同华主编：《宗白华全集》第3
　卷，安徽教育出版社2008年版，第389页。

活动的时间之流中呈现出来。《周易·文言》指出:"夫大人者,与天地合其德,与日月合其明,与四时合其序,与鬼神合其吉凶。"人与自然的"合德""合明""合序""合吉凶"等,不是抽象的,而是与中国人对四时之秩序、节气之序列的认识,以及春种夏长秋收冬藏等农事活动紧密相联的。正是在这种日出而作日落而息的繁忙的农事活动中,中国人的天地人的空间意识才得以呈现。宗白华指出:"中国画所表现的境界特征,可以说是根基于中国民族的基本哲学,即《易经》的宇宙观:阴阳二气化生万物,万物皆禀天地之气以生,一切物体可以说是一种'气积'(庄子:天,积气也)。这生生不已的阴阳二气织成一种有节奏的生命。"①由此可见,宗白华对于中国传统艺术审美特征的把握是建立在对中国传统"生生"哲学的理论与认识之上的。他在大约写于1928—1930年的《形上学——中西哲学之比较》一文中指出,"中国哲学既非'几何空间'之哲学,亦非'纯粹时间'(柏格森)之哲学,乃'四时自成岁'之历律哲学也"。② 这一段话非常重要,明确界定了中国传统艺术的哲学基础,不是西方的几何哲学与纯粹时间哲学,而是四时成岁,天地人、春夏秋冬全景式的"历律哲学",是一种与万物生长密切相关的"生生"哲学。

　　刘纲纪(1933—)继承并在新的历史条件下发展了宗白华的生命论美学。他在1984年出版了《中国美学史》第一卷,对《周易》的美学思想有专章论述。1992年,他出版专著《周易美学》,发

---

①宗白华:《论中西画法的渊源与基础》,见林同华主编:《宗白华全集》第2
　卷,安徽教育出版社2008年版,第109页。
②宗白华:《形上学——中西哲学之比较》,见林同华主编:《宗白华全集》第1
　卷,安徽教育出版社2008年版,第611页。

展了宗白华对于《周易》美学思想的研究。刘纲纪充分肯定了《周易》在中国美学史上的奠基性地位,认为《周易》"是从远古巫术活动发展而来的,而且去古未远,所以仍然保持着巫术特有的准艺术的思维方式,并且由于巫辞的遗留而保存和记录下来了"①。刘纲纪将《周易》的美学归结为"生命美学",突出了它与西方形式论美学与理性美学的区别,突出了中国传统美学的基本特征。他说,《周易》"在没有'美'这个字出现的许多地方,同样是与美相关的,而且常常更为重要"②。这真是解开了中国传统美学长期研究工作的难题。以往对中国美学的很多研究,常常是无可避免地到中国传统文献里面去寻找"美"这个字,因此常常被弄得一头雾水,因为中国古代文献中包含"美"的地方真的难以找到。于是,也就出现了中国古代没有美学的论断。刘先生明确地以生命解释美,为中国美学研究解脱了困境。刘先生还在三层意义上对中西美学进行了比较,为《周易》生命美学的独特性奠定了基础。其一是将《周易》的生命美学与法国柏格森的生命美学作了比较,认为两者都是将美归结为生命,但两者还有根本的区别。柏格森是力主人类中心论的,将人类放置在所有物体的首位,而《周易》则是持天人合一的生态整体论的。刘先生还将《周易》之"中和"论美学思想与西方古代希腊之"和谐"论美学进行比较,指出《周易》所倡导的"中和"论是在宏阔的背景下的天人之和,最后指向生命之内美,而古希腊之"和谐"论则是指具体事物的和谐比例对称等等;此外,他还将《周易》之"交感"论与古代希腊之"模仿"说进行比较,认为前者是指天地与阴阳之交,诞育万物,还是在生命论的

①刘纲纪:《周易美学》,湖南教育出版社1992年版,第5—6页。
②刘纲纪:《周易美学》,湖南教育出版社1992年版,第18页。

范围之内,而"模仿"说是主观对于客观的模仿。最后,刘纲纪强调刚健、笃实、辉光与日新其德是整个《周易》美学的要旨,并指出:"我们完全可以说属于儒家系统的《周易》的美学是体现了中华民族伟大精神的美学。"①

五、"生生美学"之内涵

首先需要强调的是,"生"在我国传统文化中占据主导性地位。"生"在甲骨文中即已经出现,甲骨文以草生于地上来表达"生"的内涵,已经含有生命繁育之意。此外,中国儒释道各家几乎都强调"生"。儒家有所谓"爱生",道家有所谓"养生",释家有所谓"护生"。蒙培元早在 2002 年即指出:"'生'的问题是中国哲学的核心问题,体现了中国哲学的根本精神。无论道家还是儒家,都没有例外。我们完全可以说,中国哲学就是'生'的哲学。从孔子、老子开始,直到宋明时期的哲学家,以至明清时期的主要哲学家,都是在'生'的观念中或者是围绕'生'的问题建立其哲学体系并展开其哲学论说的。"②"生生"概念最早见于《周易·易传》的"生生之谓易"(《周易·系辞上》)。它是《易传》在论述《周易》之阴阳之道的背景下提出的,《周易·系辞上》指出:"一阴一阳之谓道,继之者善也,成之者性也。仁者见之谓之仁,知者见之谓之知,百姓日用而不知,故君子之道鲜矣。显诸仁,藏诸用,鼓万物而不与圣人同忧,盛德大业至矣哉!富有之谓大业,日新之谓盛德,生生之谓易,成象之谓乾,效法之谓坤,极数知来之谓占,

---

① 刘纲纪:《〈周易〉美学》新版,武汉大学出版社 2006 年版,第 299 页。
② 蒙培元:《为什么说中国哲学是深层生态学》,《新视野》2002 年第 6 期。

通变之谓事,阴阳不测之谓神。"这里充分阐述了阴阳之道的神秘莫测及其巨大的作用。朱熹认为,《周易·系辞上》这段文字,"言道之体用,不外乎阴阳,而其所以然者,则未尝倚于阴阳也"。①这说明,在《周易》看来,阴阳之道无所不在,体现于宇宙万物之生长发展变化之中。仁者、智者、百姓日用,无不渗透着阴阳之道。正因此,成就了盛德之大业。总括起来,阴阳的易变之道是一种"生生"之道,它的呈现犹如太阳之烛照、大地万物的效法。通过神秘的占卜,了解过去未来,通变发展与阴阳不测。"生生之谓易"是对阴阳之道的进一步阐释,阴阳之道与"生生之谓易"是紧密相关、互为因果的。一阴一阳,交互作用,才形成了"生生"之易变之道。由此,"生生"成为中国传统文化具有本体意义的核心范畴。孔子《论语》用"生"字16处之多,例如,孔子曾言"未知生焉知死"(《论语·雍也》),"死生有命,富贵在天"(《论语·颜渊》),"天生德于予,桓魋其如予何"(《论语·述而》),以及"杀生以成仁"(《论语·卫灵公》)等,总而言之,"生"在儒家理论体系中具有本体性的价值意义。

　　"生生之谓易"包含着极为丰富的内容。首先,"生生"乃流变、变易之意,此乃易学之第一义也。朱熹曾言:"'易'之为义,乃指流行变易之体而言。此体生生,元无间断,但其间一动一静相为始终耳。"②"'变易'、'生生',遂成为《周易》'易'字的第一义,也遂成为《周易》的第一义。"③这就是说,易学的第一义就是"生

---

①（宋）朱熹:《周易本义》,廖名春点校,中华书局2009年版,第229页。

②（宋）朱熹:《答吴德夫》,《朱熹集》卷四,郭齐、尹波点校,四川教育出版社1996年版,第2153页。

③王新春:《神妙的周易智慧》,中国书店2001年版,第197—198页。

生"，所谓"生生"就是以阴阳之道为其标志的以新革旧，新陈代谢，生生不已。这种"生生"观念，是中国传统文化观念的本体。

其二是"万物生"。《周易·系辞下》有言："天地氤氲，万物化醇；男女构精，万物化生。"这里，运用了阴阳之道最本初的意义，即任何生命的诞育均需依靠男女（阴阳）构精的过程。《周易·系辞下》说："乾坤，其易之门邪？乾，阳物也；坤，阴物也。阴阳合德，而刚柔有体。"乾坤象阴阳，"阴阳合德"，即阴阳相生。有一种观点认为，《周易》阳爻之一画乃男性生殖器之象征，阴爻之两画即为女阴之象征。因此，《周易》的"一阴一阳之谓道"，其最基本的内涵即为万物的诞育，阴阳化生万物。在这里，也可以看出《周易》的引道入儒之迹象。老子云："道生一，一生二，二生三，三生万物。万物负阴而抱阳，冲气以为和。"（《老子·四十二章》）《周易》运用了道家的道生万物、"冲气以为和"之说，提出"天地氤氲，万物化醇"以说明阴阳之气充蕴天地，万物得以化生。这种观念，使得中国传统哲学具有特殊的有机性生命性内涵。

再次是"四德"之说。它扩大了"生生"的内涵，将之从一般的生命诞育引向更深的道德层次。《周易》乾卦卦辞为"元亨利贞"，《周易·文言》指出："元者，善之长也；亨者，嘉之会也；利者，义之和也；贞者，事之干也。君子体仁足以长人，嘉会足以合礼，利物足以和义，贞固足以干事。君子行此四德，故曰'乾，元亨利贞'。"这是对乾所象征的天道赋予宇宙大地与人类之生命之恩惠的赞美。《周易》乾卦《象传》指出："大哉乾元，万物资始，乃统天。云行雨施，品物流行。大明终始，六位时成。时乘六龙，以御天。乾道变化，各正性命，保合太和，乃利贞。首出庶物，万国咸宁。"乾"首出庶物"，是万物生命之开始，它既使"品物流行"，又赋予天地间以次序；既使天地万物各得其性命之正，又促使国泰民安。朱熹解"元亨利贞"四德，指出："元者，物之始生；亨者，物之畅茂；利，则向于实也；贞，则实之成也。实之既成，则其根蒂脱落，可复种而生矣。此四德之所以循环而无端也。然而四者之间，生气流行，初无间断，此元之所以包四德而统天也。"①"元亨利贞"包含着道德、美好、和谐与成功。这样的四德，也是人需要效法之德，所谓"君子行此四德"，这说明《周易》赋予了人以辅助天地化育万物的伦理责任。这就为"生生"赋予了仁爱精神，即古典人文主义内涵。

其四就是"日新"之德。《周易》大畜卦《象传》曰："大畜，刚健笃实辉光，日新其德。"这是要求人类不断积蓄德行，使之刚健、笃实、辉光，并使之与日俱新。《周易·文言》曾指出："夫大人者，与天地合其德，与日月合其明，与四时合其序，与鬼神合其吉凶。"天地之德，即"生生"，所以，《周易·系辞下》说"天地之大德曰生"。"大人""与天地合其德"，即《文言》所说的"君子体仁足以长人，嘉会足以合礼，利物足以和义，贞固足以干事"。因此，大畜卦所蓄之德，所"日新"之德，即"生生"之德。这说明，《周易》的"生生"，包含着不断创新、不断进入新的境界的内涵。方东美说道，"生生"将"生"字重言，借以揭示宇宙生生不息的奥妙，阐明宇宙的创生是一个不停息的过程。这是一种宇宙大化的生生不息的规律，说明生生之美内涵极为丰富深邃，同西方近代生命科学迥异。

其五是"中和"精神。在"生生"观念上，《礼记·中庸》与《周易·易传》一脉相承。《中庸》赋予了"生生"之德以"中和"的精神，指出："喜怒哀乐之未发，谓之中；发而皆中节，谓之和。中也者，天地之大本也；和也者，天下之达道也。致中和，天地位焉，万

————————

① （宋）朱熹：《周易本义》，廖名春点校，中华书局 2009 年版，第 33 页。

物育焉。"这里,将万物的诞育生长与天地各在其位,不偏不倚,执其两端而用其中等紧密相联,恰是《易传》所言"保合太和,乃利贞"之意。"生生"的"中和"论内涵非常重要,它使得以"生生"为代表的中国传统哲学与美学与古希腊为代表的物质的形式"和谐论"哲学与美学较为明显的区别开来。

其六是"仁爱"精神。南宋思想家朱熹对《周易》"生生"之学的理解,特别注意揭示"生生"的"仁爱"精神蕴涵。所谓"仁者,天地生物之心,而人之所得以为心者也"①。这说明,"生生"即是"仁爱",不仅是"天地生物之心",而且是"人之所得以为心"。"生生"成为主宰人类与万物之心,人类与天地万物均有"生生"的仁爱之心。"仁"与"生生"与"心",在朱熹那里成为同格的范畴。这样,"生生"就具有了儒学本体论的内涵。明代心学大师王阳明在批评墨子的"兼爱说"时,说道:"仁是造化生生不息之理","墨氏兼爱无差等,将自家父子兄弟与途人一般看,便自没了发端处;不抽芽,便知得他无根,便不是生生不息,安得谓之仁?"②王阳明强调"生生不息"之"仁"为人之"根",即作为人之心性的心,"生生"由此成为人生心性修养之根本。

总之,流动变易、万物生化、四德、日新、中和、仁爱与心性等就是儒家思想中"生生"哲学与美学的基本内涵。由于儒家在中国文化传统中的主体地位,"生生"之学及其基本内涵,几乎涵盖了中国传统文化的一切方面,从而发展成为一种东方古典形态的生命哲学与美学,与西方近代的生命哲学与美学之科学性与

---

① (宋)朱熹:《四书或问·孟子或问》,见朱杰人等主编:《朱子全书》修订本第6册,上海古籍出版社、安徽教育出版社2010年版,第923页。
② (明)王阳明:《传习录》,叶圣陶点校,北京联合出版公司,第66页。

人类中心性差异极为明显。我们可以说，"生生"之学成为中国传统文化艺术的基本出发点，或者说是一种最基本最原初的概念。

六、"生生美学"与"生态
存在论美学"

随着"生生美学"的提出，就出现了这样的问题：它与我们所提倡的"生态存在论美学"有什么关系？我们认为，"生生美学"既是中国传统形态的生态存在论美学，也是我们对于中国古代或者说传统文化中到底有没有生态美学这一问题的回答。

长期以来，由于中国传统文化中没有类似西方形态的理性主义美学表述，也没有西方现代形态的思辨理论的生态美学或环境美学，因此，在讨论生态美学的民族传统文化资源时，我们一般只将其称为"中国古代美学智慧"或"生态审美智慧"。但中华文化经历了五千年的历史，一直不间断地延续，难道就没有自己的美学和生态美学吗？刘刚纪教授在研究《周易》美学过程中体会到：《周易》"在没有'美'这个字出现的许多地方，同样是与美相关的，而且常常更为重要"①。因此，"生生美学"作为一种生命美学，与现代生态美学与环境美学是相通的。方东美认为，中国哲学由"生生"之学统摄，"生生"之学首先表现为"生之理"，认为"生命包容万类，绵络大道，变通化裁，原生要终，敦仁存爱，继善存性，无方无体，亦刚亦柔，趣时显用，亦动亦静。生含五义：一、育种成性义；二、开物成务义；三、创进不息义；四、变化通几义；五、绵延长

———————————
① 刘纲纪：《〈周易〉美学》，武汉大学出版社 2006 年版，第 16 页。

存义。故《易》重言之曰生生。"①这里的"生生",可以理解为动宾
结构,解释为"生命的创生",前一个"生"为动词,后一个"生"为名
词,指生命。既然是生命的创生,那么,"生生"就不是一个实体,
而是一个过程;"生生美学"就不是一种实体性的认识论美学,而
是过程性的价值论或存在论美学。海德格尔以"此在与世界"的
存在论之结构代替传统认识论理性哲学的"主体与客体"之结构,
"此在"即是人的生命活动,是人的生命过程中对于存在者背后之
存在的逐步把握,由遮蔽到澄明,也是一种过程,而美就是真理逐
步展开的过程。从这一视角来看,"生生"之模式与"此在与世界"
在理论上具有某种相似性,"生生之美"是价值论与存在论的。

"生生美学"彰显了中国传统美学的人与自然的关联性的特
点,区别于西方古代美学的人与自然的分离性特点。方东美曾指
出:"我曾论到西方的这种分离性的思想形式,以为假如西方人执
着这种形式,那么便会把东方,尤其是中国的思想形式看成为没
有智性的,因为形成中国人的观念形式和西方人完全不同。"在他
看来,"中国人评定文化价值时,常是一个融贯主义者,而绝不是
一个分离主义者"。② 方东美将西方思维模式归结为"分离性",
将中国思维模式归结为"融贯性"的。现在看来,西方生态美学与
环境美学的产生发展,采取的正是这种"融贯"(融入)性的思维模
式。海德格尔提出著名的"在之中"说,即体现为人与自然融为一
体的存在论思维模式。他后期提出的著名的"天地神人四方游
戏"说,更是如此。显然,这已经是一种"融入式"的思维模式。有
文献证明,这是海氏受到老子"域中有四大,人为其一"(《老子·

---

① 方东美:《生生之德:哲学论文集》,中华书局 2013 年版,第 122 页。
② 方东美:《生生之德:哲学论文集》,中华书局 2013 年版,第 218—219 页。

二十五章》)思想影响的结果。英美的环境美学突破了传统艺术美学分离式审美的成果,明确提出了著名的"参与美学"(aesthetiss of engagement)。在分离与融入的问题上,西方的生态美学与环境美学已经吸收中国智慧,中国"生生美学"之"天地合而万物生,阴阳接而变化起"(《荀子·礼论》)等相关思想也在当代找到了自己的异乡阐释,从而确立其在生态美学中的特有地位。

"生生美学"彰显了中国传统哲学与美学所特有的人文品质,包含着伦理道德的重要内涵。《周易·文言》曰:"元者,善之长也;亨者,嘉之会也;利者,义之和也;贞者,事之干也。君子体仁足以长人,嘉会足以合礼,利物足以和义,贞固足以干事。君子行此四德者,故曰'乾,元亨利贞'。""生生"之德包含着元亨利贞"四德"。德者,得也。"生生"之道给人一种生命存在与发展的特殊的获得感、幸福感。这就是"善"。这种观念和追求,也与西方生态美学的"诗意的栖居"以及卡尔松等在环境模式分析中对于自然欣赏的五项要求之"伦理参加的而非伦理缺场的"具有某种共同性。

总之,"生生美学"不是认识论美学,而是价值论、生存论美学。这一点与当代生态环境美学是相同的。

"生生美学"产生于中华大地之上,毕竟与当代西方生态环境理论有着某些重要差异。它是在"天人合一"的文化背景之下产生的,是一种万物一体的整体论美学,强调人的"与天地合其德"的伦理责任。西方生态环境美学更侧重于强调个人的活动,海德格尔对"此在"的阐释,卡尔松强调个人凭借科学知识欣赏的"恰当与不恰当"等,均是如此。此外,"生生美学"产生于前现代背景下,其中的非科学色彩仍然明显,确有其相对落后之处。这是探讨"生生美学"时应特别注意的。

2002 年,蒙培元教授在《为什么说中国哲学是深层生态学》一书中指出:"通过认真反思,我发现,中国哲学是深层次的生态哲学。这样说决不过分。"这是针对一般认为中国传统哲学是前现代产物,并不包含现代的生态哲学问题的看法的有说服力的回答。蒙培元认为,尽管生态理论是近代产物,但人与自然的关系却古已有之,因为人与自然关系本身就是生态问题,不能人为地隔断古今与中西。他说:"中国哲学是在人与自然的和谐统一中发展出人文精神。中国哲学也讲人的主体性,但不是提倡'自我意识'、'自我权利'那样的主体性,而是提倡'内外合一'、'物我合一'、'天人合一'的德性主体,其根本精神是与自然界及其万物之间建立内在的价值关系,即不是以控制、奴役自然为能事,而是以亲近、爱护自然为职责。"①

总之,我们所说的当代中国生态存在论美学,包含了对西方生态环境美学与传统"生生美学"的继承、改造与吸收、借鉴。"生生美学"是中国当代生态存在论美学的最基本的资源,也是其出发地。

---

①蒙培元:《为什么说中国哲学是深层生态学》,《新视野》2002 年第 6 期。

第二章　生生美学的产生

一、类型说与线型说

我们把中国传统文化关于人与自然的和谐统一的审美关系的思考称之为"生生美学",受到了比较文学领域跨文化研究的启发。对"生生美学"的认识与研究,应该基于跨文化研究,在研究方法上倡导一种人类文化发展的"类型说",以此代替以往流行的关于人类文化发展的"线型说"。

人类文化的发展到底是一种多元共存并进的格局,还是一种欧美优先的线型发展?这是近代以来中国学术界长期争论的问题。胡适等学者提倡"线型说"。胡适认为,"东西文化之区别,就在于所用的器具不同。近二百年来西方之进步远胜于东方,其原因就是西方能发明新的工具,增加工作的能力,以战胜自然。至于东方虽然在古代发明了一些东西,然而没有继续努力,以故仍在落后的手工业时代,而西方老早就利用机械与电气了。"①显然,胡适是以工具的发明和生产力作为文化的坐标,从而在文化发展问题上主张"线型说",认为西方先进于东方,优于东方。在

---

① 胡适:《东西文化之比较》,见胡适等:《胡适与中西文化》,水牛出版社 1984年版,第 69 页。

这种西方化一边倒的形势下,有些学者奋起提出与之相异的"类型说"。梁漱溟于1921年在其《东西文化及其哲学》中指出:"这个问题的现状,并非东方化与西方化对垒的战争,完全是西方化对于东方化的绝对胜利,绝对的压服! 这个问题此刻要问:东方化究竟能否存在?"①对于什么是文化的问题,梁漱溟给出了与胡适完全不同的阐释,他摆脱了纯粹以经济发展水平对文化进行优劣划分的思路,提出以生活的方式作为文化划分的坐标,即所谓"线型说"。他说:"你且看文化是什么东西呢? 不过是那一民族生活的样法罢了。生活又是什么呢? 生活就是没尽的意欲。"②他将世界上"生活的样法"分为向前面的要求、调和持中与向后的要求三种,分别对应欧美、中国与印度,认为其间各有优长与短处,并无先后之分。钱穆则以自然环境对于生活方式的影响将人类文化分为三种类型,他说,"人类文化,由源头处看,大别不外三型。一、游牧文化,二、农耕文化,三、商业文化。……三种自然环境,决定了三种生活方式;三种生活方式,形成了三种文化型。此三型文化,又可分为两类。游牧、商业文化为一类,农耕文化为又一类。"③他认为,三种文化类型之间是平等的,无有优劣之分,所谓"一个民族一个国家之文化历史,各自有其个性与特点。燕瘦环肥,鹤长鸭短,然鸭不自续其脚以效鹤,环不自削其肉以慕燕"。④ 显然,以生活方式作为文化划分的坐标,是比较科学合

---

① 梁漱溟:《东西文化及其哲学》修订版,商务印书馆1999年版,第12—13页。
② 梁漱溟:《东西文化及其哲学》修订版,商务印书馆1999年版,第32页。
③ 钱穆:《中国文化史导论·中国历史精神》"前言",联经出版公司1998年版,第4页。
④ 钱穆:《国史漫话》,《中国史学发微》,生活·读书·新知三联书店2009年版,第15页。

理、符合实际的，有利于文化的多元共存与发展互济。因为，生活方式是一种更加稳定的文化坐标。例如，东方人吃饭使用的筷子与西方人吃饭使用的刀叉，主要来自民族传统的生活方式，并将影响生活的长久。同样，多种生活方式的共存，也就是多种文化的共存，世界不是因此而更加丰富多彩、美丽缤纷吗？中西民族来自不同的自然地理环境与社会状态，形成了不同的"生活的样法"，即不同的文化。中西文化是两种不同的类型，中国作为农业社会，是一种人与自然友好的文化模式；古代希腊人以商业与航海为生，是一种战胜自然的科学的文化模式。两种文化，两种类型，具有共生互补性。

　　按照文化是生活的样法的理论，我们认为，审美其实是人的一种特殊的生存方式，一种艺术的存在方式。在中国传统文化中，"生生"之美植根于中华民族深厚的地理、经济、社会与文化的土壤中。它诞育于远古时期亚洲大陆的农业文明。中国古代先民生活于广袤的黄土高原，以农为本，以农为生，日出而作，日落而息，有着对土地的眷恋，对农作物丰收的渴望。在漫长的农耕生活中，祈盼风调雨顺，五谷丰登，讴歌天空、大地、故乡、劳作等对生命之发育及成长的恩德，产生了中国特有的审美样式。这是一种特有的对于吉祥安康之生活的追求，例如，中国民俗，过年时每家都要贴上"福"字，有时还把"福"字倒贴，表达对幸福降临的祈盼；男女结婚时，一般在井盖上贴上红纸。因为《易传》有言"井甃，无咎，修井也"。中华大地上，诞生了黄土高原上的信天游与秦腔，江南大地上的采茶调与越剧，中原大地上的豫剧与吕剧，东北大地上的二人转与吉剧等等，都以吉祥安康为歌咏的主题。这种"生生"之美，还呈现在《诗经》、《楚辞》、唐诗宋词、宋元戏剧、明清小说与京韵秦腔之中。这都是劳动人民与文人的生命之歌，是

"生生"之美的呈现。如果说,产生于古代希腊的和谐之美是一种"爱智慧"之美,那么,产生于中国大地的这种"生生"之美就是一种"爱生""乐生"之美。这种"生生"之美是中国人的精神家园,是中国人的情感故乡,是我们的精神寄托。我们中国人无论身在何方,每当听到余味无穷的西皮二黄,就像是听到家乡小曲;看到国画年画,都会心潮起伏,激情难抑。呵护这生长于民族文化土壤上的"生生"之美,是我们的情感依归,也是我们的责任所在。

二、原生性与后生性

从生态文化的发生来说,在中国传统文化中,生态文化是一种原生性文化。而对西方文化来说,生态文化却是一种反思的后生性文化。文化人类学告诉我们,一定的文化形态是特定的地理环境与生活模式相互"调适"的结果。中国广阔的黄河流域与长江流域地理环境与传统农业社会生产与生活模式,孕育了"天人合一"的亲近自然的文化。因而,生态文化是中国古代的"族群原初性文化",即由地域与文化根基产生的"原生性文化"。文化人类学研究人类文化的"族群性问题",有"原生论"与"工具论"两种取向。"所谓原生论即是在族群固着的核心问题上强调自身固有的一些特质,因此裔脉(desent)、语言、亲缘,甚至信仰、传统等等所谓'既定'(given)的东西就成了'原生'的内容。""工具论"并不否认原生论,而是更加着眼于是何种因素促成了族群成员的族群认同等的社会现象与社会运动。"他们在讨论涉及族群如何聚拢凝聚这类问题时,同样也揭示了族群认同的原生性。"①既定的文

---

① 范可:《文化多样性及其挑战》,《中国农业大学学报》2008 年第 4 期。

化特质，其实就是一种具有原初色彩的"原生性特质"。对中国传统文化来说，"天人合一"即是原生性的既定的文化特质。对于原生性的文化特质，有学者概括为"族群原生性"，认为"族群的原生性文化"是指"族群最初创造的文化事项经过了漫长的历史演进仍然能够保持其本质特征和基本状态的文化现象。它具备原创时的本真意义，保留着诞生时的基本状态，在历史长河中具有相对稳定性。因自成体系而独立，又被世界接纳"①。

　　中国古代审美与艺术，就是原生性文化产生的一种自然生态的艺术。中国传统艺术的工具，如文房四宝、古琴、竹笛等，均来自自然界。西方古代希腊文化发源于山岭滨海地区的商业与航海经济，是一种凭借测定航向与计算的科技文化。西方的生态文化是20世纪产生的反思的后生性文化，工具理性之主体与客体、人与自然的对立导致了严重的经济社会危机、环境破坏的愈益加剧，促使人们反思人与自然的关系，由此产生了生态保护运动、生态伦理关怀、生态哲学思考、生态文学批评等生态文化形态。西方生态文化的兴起，在很大程度上借鉴了包括中国在内的东方传统文化。例如，海德格尔由对《老子》"道法自然"与"知白守黑"的解读，提出了著名的"四方游戏说"；梭罗也出于对孔子之"仁爱"学说的向往提出了"人与自然为友"的主张；等等。梭罗在《瓦尔登湖》中借用《论语》的"子为政，焉用杀；子欲善，而民善矣"作为其"与自然为友"说的依据。②

①傅安辉：《论族群的原生性文化》，《吉首大学学报》2012年第1期。
②［美］亨利·梭罗：《瓦尔登湖》，徐迟译，吉林人民出版社1997年版，第163页。

三、气本论与实体论

"生生美学"的哲学根据是中国传统哲学之气本论,即以"气"作为万物之生命的根源。这与西方古代思想以实体作为万物与生命之本源是显然不同的。西方的实体论,或以物质为实体,如古代希腊之原子论;或以精神为实体,如柏拉图之理念、黑格尔之理性;等等。中国古代没有这样的实体论哲学,而是以"气"作为宇宙、天地万物、生命的本源,气分阴阳,交互混沌。因而,中国古代哲学本源论特别发达,本源论与本体论又密不可分。"生生"之本源,就是"气",故可称之为"气本论"。气为生命万物之本源,汉代王充的《论衡》论"元气"的创生:"元气,天地之精微也。"(《四讳》)"万物之生,皆禀元气。"(《言毒》)"天地,含气之自然也。"(《谈天》)王充认为,"元气"是天地间"精微"之"气",万物之创生,天地之成就,都是"元气"自然而然的造化。《周易·易传》云:"易有太极,是生两仪。两仪生四象,四象生八卦。"(《周易·系辞上》)一般认为,"太极"是"气"之最原始状态,太极之变化生成阴阳(两仪)之气,阴阳之气的交合感通,创生了天地万物。因此,在中国传统哲学中,"气"之基本作用就是生命的创造,即化生天地万物。所谓"天地氤氲,万物化醇;男女构精,万物化生"(《周易·系辞下》)。老子更加明确地言道:"道生一,一生二,二生三,三生万物。万物负阴而抱阳,冲气以为和"(《老子·四十二章》)。道即为"气""元气",分而为阴阳两气,负阴而抱阳,两气冲荡和谐,诞育天地万物。《周易》泰卦《彖传》云:"天地交而万物通。"《黄帝内经·素问·四气调神大论篇》也有"气交"之说。中国传统气论哲学将生命之诞育归之于气,阴阳二气之相交化生天地万物,气为"生生"之源。因此,中国传统哲学将"养气"作为提升生命价值的重要途径。孟子言道:"我养吾浩然之气","其为气也,至大至刚,以直养而无害,则塞于天地之间;其为气也,配义与道。无是,馁也。"(《孟子·公孙丑上》)儒家提倡"养气",主要指德性修养。汉末魏初,曹丕以"气"论文章之风格及其根源,他说:"文以气为主。气之清浊有体,不可力强而致。譬诸音乐,曲度虽均,节奏同检,至于引气不齐,巧拙有素,虽在父兄,不能以移子弟。""文以气为主"之"气",即作家源于生命的、具有个性特质的气质、性情,它同时也是形成文章独特风格、构成文章独特生命力的根源。南朝刘勰在《文心雕龙》中设《风骨》篇,论文章之"风骨"。刘勰以"风骨"为文章生命之主干,风骨来源于作家之"意气骏爽",是作家清刚之气的呈现。他说:"故辞之待骨,如体之树骸;情之含风,犹形之包气。结言端直,则文骨成焉;意气峻爽,则文风清焉。"又说:"是以缀虑裁篇,务盈守气;刚健既实,辉光乃新。"中国传统气论哲学还发展出著名的有关音乐与自然之关系的"律历"之说。从《汉书》开始,中国历代正史大都有《律历志》。"律历"观念与思维,将自然界运行之节律与音乐之韵律紧密联系,试图揭示艺术与自然的关系。宗白华将"律历"哲学看作是中国传统哲学与美学的基本根基,认为这是区别于西方哲学与美学的主要之点。他说:"'测地形'之'几何学'为西洋哲学之理想境。'授民时'之'律历'为中国哲学之根基点。""中国哲学既非'几何空间'之哲学,亦非'纯粹时间'(柏格森)之哲学,乃'四时自成岁'之历律哲学也。"①中国传统哲学很少直接论"美",《周易·文言》论坤卦六五

---

① 宗白华:《形上学——中西哲学之比较》,见林同华主编:《宗白华全集》第1卷,安徽教育出版社2008年版,第587、611页。

爻,曰:"君子黄中通理,正位居体,美在其中,而畅于四支,发于事业,美之至也。"这里,"美"的关键是"黄中通理"与"正位居体"。"黄中通理",指六五爻居坤卦上卦的中位。"正位居体",即处身于"正位"。"正位"在《周易》的语境中通常指二五之位。《周易》二五两爻处一卦上下卦之中位,中位的爻辞一般多吉。因此,"正位"即"中位"。"黄中通理"与"正位居体",指人与天地万物居位正当,行事得体,这就是《周易》所说的"美之至"。显然,这种观念与《礼记·中庸》篇的"执其两端而用其中""致中和,天地位焉,万物育焉"是一致的。"黄中通理"与"正位居体"的境界,也正是"天地位""万物育"的境界,是"生生"之道所致的人与自然的整体和谐的审美境界。天地万物与人各处其适当之位,各得其本然之性,阴阳之气相交相和,风调雨顺,万物繁茂,生命安康,这是一种最美的状态。

总之,中国古代传统哲学之气本论,是"生生"美学的哲学基础,包含无穷的生命内涵,给中国传统美学与艺术以无限的生命的活力。

四、现代性与后现代性

如果以1790年蒸汽机的发明与使用为界,现代社会就开始于18世纪后期。机械生产与工具理性的发展,使人与自然的矛盾变得空前尖锐。现代工业革命在给人类生活带来极大改善的同时,也带来了一系列严重的社会问题,诸如,战争的破坏、疾病的蔓延、精神疾患的加剧等,特别是生态灾难,对人类造成了严重伤害。在这种情况下,一种对现代性进行反思与超越的后现代思潮逐渐兴起。法国著名哲学家利奥塔在1979年出版的《后现代状况》一书中指出,所谓后现代,就是"让我们向统一的整体开战,让我们成为不可言说之物的见证者,让我们不妥协地开展各种歧见差异,让我们为秉持不同之名的荣誉而努力"。① 可见,所谓"后现代"就是向现代性中占据统治地位的理性主义进行挑战,通过反思,对这种理性主义进行批判与超越。这种理性主义就包括人与自然的二分对立,以及人对自然的无条件的剥夺和占用,是人类中心论的突出表现。当代生态理论,包括生态哲学、生态伦理学与生态美学就是一种超越现代人类中心论的后现代思想,因此,具有时代的先进性。至于来自中国传统文化的"生生美学"无疑是农耕社会前现代时期的产物,是一种物我不分的有机整体主义的生命观。对于这种生命观,西方理性主义者当然是给予否定的。如英国现代美学家鲍桑奎在《美学史》的前言中所认为的,东方艺术,无论是古代世界的东方艺术还是近代中国和日本的东方艺术,"这种审美意识还没有达到上升为思辨理论的地步"。② 这当然是西方理性主义者的偏见。但是,时过境迁,我们的时代,已经进入后现代的生态文明新时代。1972年,在斯德哥尔摩召开的国际环境会议上,通过了环境宣言,宣告了这样三个紧密相连的崭新观点:第一,人人都有在美好环境中过有尊严生活的环境权;第二,发展与环保双赢;第三,人与自然万物共生。这三个基本观念等于承认了人与自然构成生命共同体。至于我国,则在近期宣告进入生态文明新时代。在这样的时代,产生于前现代的"生生美学"及其所强调的有机整体主义与万物有生论,经过适当的改

---

① [法]让-弗朗索瓦·利奥塔:《后现代状况——关于知识的报告》,岛子译,湖南美术出版社1996年版,第211页。
② [英]鲍桑奎:《美学史》"前言",张今译,商务印书馆1985年版,第2页。

造,适应时代的需要,可以作为新时代生态理论的标志性成果而推向世界。

记得,21世纪初叶,本人有机会与当代中国著名哲学家汤一介先生围绕"天人合一"思想有过一次对话。当时,因为学术界有一部分人认为"天人合一"是一种落后的消极的理论概念,我就此事请教于汤先生。汤先生明确地告诉我,"天人合一"观这种前现代时期的理论思想在现代性的语境中很自然地不被重视甚至被曲解,但在后现代语境下却能成为"无用之大用"。其实,类似的观点,方东美先生也曾经发表过。方先生在谈到中西比较哲学时,说道:"最近,我曾经论到西方的这种分离性的思想形式,以为假如西方人执着于这种形式,那么便会把东方,尤其是中国的思想形式看成为没有智性的,因为形成中国人的观念形式和西方的完全不同。这也就是西方学者对于中国人的心境常常格格不入的原因,他们所注意的,只是外表,而文化的生命和价值却必须从文物的内部才能透显,才能洞悉。西方的观念是条理清晰的,中国的观念却是浑融一片的。"①"生生美学"来源于前现代,但经过了现代以来诸多前辈学者的阐释与改造,注入了新的时代内容并使之体系化,成为中国现代生态美学具有代表性的学术话语,是新的生态文明时代的美学。

美学作为哲学的组成部分,是时代精神的体现。从这个意义上说,美学具有强烈的时代色彩。20世纪40年代,在战火弥漫的抗日战争氛围中,毛泽东同志在著名的《在延安文艺座谈会上的讲话》中提出文化与军事两条战线,要求文艺"为工农兵服务"的美学思想;在如火如荼的社会主义建设时期,人们面临改造自然、

---

① 方东美:《生生之德:哲学论文集》,中华书局2013年版,第218页。

发展经济的重大任务，因此，在中国现代的两次美学大讨论中产生了"人化自然"的实践美学；当前，我国社会大踏步迈入生态文明新时代，生态美学及其中国话语——"生生美学"就反映了时代的发展趋势，成为反映时代精神的美学话语。

第三章　生生美学的文化背景

　　"生生美学"诞育于中华大地,以早熟并极为丰富的中华文化为其文化背景,具有十分明显的中国作风与中国气派。

一、"天人合一"的文化传统

　　"天人合一"是中国古代具有根本性的文化传统,是中国人观察问题的一种特有的立场和视角,影响甚至决定了中国古代各种文化艺术形态的产生发展和形态面貌。它最早起源于新石器时代"神人合一"的巫术观念,周初时产生了"合天之德"的观念,《诗经·大雅·烝民》的"天生烝民,有物有则。民之秉彝,好是懿德。天监有周,昭假于下",是这一观念的典型表现。战国至西汉时,产生"天人合德"(儒)、"天人合道"(道)、"天人感应"(儒与阴阳)的思想。董仲舒在《春秋繁露·深察名号》篇提出了"天人之际,合而为一"说,此后,宋代张载提出"儒者则因明致诚,因诚至明,故天人合一"(《正蒙·乾称下》)。

　　甲骨文的"天"字,形如一个保持站立姿态头部突出的人。"天,颠也"(《说文解字》),即指人的头部。到了周代,"天"字从象形变成指事,成为人头顶上的有形的自然存在,即天空。"人"字在金文中是侧面站立的人形。这样,"天人合一"就成为人与天空,即人与世界的合一关系。这种关系不是西方的认识论或反映论关系，而是一种伦理的价值论关系，是指人在"天人之际"的世界中获得吉祥安康之意。"天人之际"是人的世界，"天人合一"是人的追求，吉祥安康是生活目标。张岱年认为，中国传统哲学中本体论与伦理学有着密切的关系。"天人合一"既是对于世界本源的探问，更是对于人生价值的追求。"天人合一"又保留了原始祭祀的祈求上天眷顾万物生命的内容。

在"天人合一"观念的发展中，西周以来逐步有了"敬天明德"与"以德配天"思想。"以德配天"的观念，体现了浓郁的生态人文精神。《周易·系辞下》提出天地人"三才"之说，《文言传》提出"夫大人者，与天地合其德"，包含着人与天地"合德"之意。《礼记·中庸》篇对人提出"至诚"的要求，认为只有"至诚"才能"赞天地之化育，则可以与天地参"。因此，中国古代的"天人合一"论，包含着要求人类以至诚之心遵循天之规律，合天地"生生"之德，既不违天时，又不违天命，从而达到"天人合一"的目标。这是一种古典形态的生态人文精神。

对于"天人合一"这一命题，学术界争论较多，主要是在对"天"的理解上，有自然之天、神道之天与意志之天等不同的理解。冯友兰曾指出："在中国文字中，所谓天有五义：曰物质之天，即与地相对之天；曰主宰之天，即所谓皇天上帝，有人格的天、帝；曰运命之天，乃指人生中吾人所无可奈何者，如孟子所谓'若夫成功则天也'之天是也；曰自然之天，乃指自然之运行，如《荀子·天论篇》所说之天是也；曰义理之天，乃谓宇宙之最高原理，如《中庸》所说'天命之为性'之天是也。"①我们所讨论的"天人合一"观念，基本上遵循先秦时

---

① 冯友兰：《中国哲学史》，《三松堂全集》第 2 卷，河南人民出版社 2000 年版，第 281 页。

期的,特别是《周易·易传》中有关"自然之天"的解释,但也不否认"天人合一"之"天"确实包含着某种神道与意志的内容。

从中国古代文化传统来看,"天人合一"是中国古代农业文化的一种主要传统,是中国人的一种理想与追求。钱穆先生晚年曾指出:"中国文化中,'天人合一'观,虽是我早年已屡次讲到,惟到最近始彻悟此一观念实是整个中国传统文化思想之归宿处。……我深信中国文化对世界人类未来求生存之贡献,主要亦即在此。"①这一判断,是符合实际的。即便是认为中国传统的"天人合一"论具有极大随意性的刘笑敢,也认为明清时期的文化思想是将"天人合一"视为最后的原则、最高的境界和最高的价值。② 众所周知,司马迁将中国古代文人的精神追求概括为"究天人之际,穷古今之变,成一家之言",这说明,"天人合一"是中国古代知识分子穷尽一生追求的终极目标。从古代社会文化与艺术的实际情况来看,对"天人合一"的追求的确是中国文化的主要传统。如,甲骨文中的"舞"字,就是两人手持牛尾翩翩起舞,显然是巫师在祭祀中向上天祈福;中国传统建筑遵循"法天象地"的原则,如天坛、地坛等;现在的陕北秧歌在整齐的舞队之中一般有一人打伞一人打扇,显然是来源于祈雨习俗。再如,民间俗语中的"瑞雪兆丰年"等等。这些,都说明"天人合一"是中国文化由古至今、生生不息的一种文化传统。中国传统艺术发源于远古的巫术,中国古代的文化艺术中几乎都不同程度地包含着人向天祝祷

①钱穆:《中国文化于人类未来可有的贡献》,《世界局势与中国文化》,联经出版事业公司 1998 年版,第 419 页。
②参见刘笑敢:《天人合一:争论、研究和创构》,见郭齐勇主编:《儒家文化研究》第 5 辑,生活·读书·新知三联书店 2012 年版,第 150 页。

与祈福的因素，也就是包含着一定程度的"天人关系"的因素。因此，研究中国古代美学首先要从"天人合一"这一文化传统开始。西方，特别是欧洲的文化传统，遵循着古希腊以来的对于"逻各斯中心主义"的追求。尤其是工业革命以来，由于唯科技主义的发展，使得"逻各斯中心主义"发展成为一种明显的"天人对立"的"人类中心主义"。康德的"人为自然立法"，即是一种典型的"天人对立"的、人与自然争胜的观念。只是到20世纪以后，西方才随着对于工业革命的反思与超越，开始逐渐以"天人合一"代替"天人对立"的观念。海德格尔于1927年提出以"此在与世界"的在世模式，以"天地神人四方游戏"代替"主客二分"。这一思想是受到中国老子"域中有四大，人为其一"说的影响，是中西文化互鉴与对话的结果。西方当代现象学将西方工业革命之"天人对立"加以"悬搁"而走向"天人"之"间性"，为西方后现代哲学的"天人合一"打下基础。

　　"天人合一"作为中国的文化传统体现在儒、道、释各家学说之中。儒家倡导"天人合一"而更偏重于人，道家倡导"天人合一"则偏向于自然之天，佛教倡导"天人合一"则偏向于佛学之"天"。但总的来说，诸家都是在"天人"的维度中探索文化、艺术问题。正因为如此，李泽厚先生近期提出审美的"天地境界"问题。他认为，蔡元培的"以美育代宗教"命题的有效性就是中国古代的礼乐教化能够提升人的精神达到"天地境界"的高度，这样就将"天人"问题提到美学本体的高度来把握。他说，"天地境界的情感心态也就可以是这种准宗教性的悦志悦神"。[①] 总之，从审美和艺术

----

① 李泽厚：《关于"美育代宗教"的杂谈答问》，见刘再复：《李泽厚美学概论》，生活·读书·新知三联书店2009年版，第230页。

是人的一种基本生存方式来看,将"天人合一"这一文化传统视为中国古代审美与艺术的基本出发点,应该是没有问题的。

二、"阴阳相生"的生命美学

"天人合一"与生命美学有什么关系呢?从人类学的角度来看,中国古代原始哲学可以说是一种"阴阳相生"的"生"的哲学。《周易》泰卦《象传》云:"天地交而万物通。"《周易》是中国最古老的占卜之书,也是最古老的思维与生活之书,是一种对事物、生活与思维的抽象,是一种东方古典的现象学。《周易》将纷繁复杂的万事万物及其关系抽象为"阴"与"阳"二爻,通过阴阳二爻的复杂关系呈现天地间生命的创生与化育之规律。在《周易》看来,阴阳二气相感相交,创生了天地万物,阴阳二气的消长盛衰促进天地万物的生长发育。因此,《周易》之道,"一阴一阳"之道,最根本的就是"生生"之道。所以,《周易·系辞上》提出"生生之谓易",《周易·系辞下》指出"天地之大德曰生"。《周易》是中国哲学的源头,也是中国美学的源头,其核心观念就是"生生"。与之相关的是老子的"道生一,一生二,二生三,三生万物。万物而负阴抱阳,冲气以为和"(《老子·四十二章》),其核心也是一个"生"字。王振复认为,"天人合一"的"一",就是"生",即生命。他说,"试问天人合一于何?答曰:合于'生'。'一'者,生也"。[①] 所以,"天人合一"作为美学命题所指向的就是"生生之谓易"之中国古代特有的生命美学。我国现代美学的两位著名代表人物方东美与宗白华

---

① 王振复:《中国美学范畴史的动态三维结构》,《王振复自选集》,复旦大学出版社2015年版,第200页。

都倡导生命美学。宗白华 1921 年就指出，生命活力是一切生命的源头，也是一切美的源头。方东美于 1933 年出版《生命情调与美感》一书，阐发了中国古代生命美学的特点。

"天人合一"走向生命哲学与美学有一个中间环节——"气"。老子的"万物负阴而抱阳，冲气以为和"，即言阴阳二气相交合而化生天地万物，天地万物均为阴阳冲和之气所构成。人与天地万物一样，也为冲和之气所凝聚。因此，"气"成为"天人"之中间环节。这种以"气"为天地万物成就、生长、化育之根本的观念，奠定了中国古代特有的"气本论"的生命哲学与美学，明显区别于古希腊的物本论的形式美学。"气本论"的生命哲学与美学首先出现在道家思想当中。不仅老子有"冲气以为和"的思想，庄子也指出："人之生，气之聚也。聚则为生，散则为死。若死生为徒，吾又何患！故万物一也。""通天下一气耳"（《庄子·知北游》）。庄子将"气"与生命加以联系，认为万物都根源于"气"，都处于"气"之聚散的循环之中，因为"万物一也"。此外，《管子》也有"有气则生，无气则死"（《管子·枢言》）的看法。

综括中国古代"气本论"的生命哲学与美学，可以得出这样几个基本观点。其一是"元气论"。中国古代哲学与美学认为，"气"是万物之源，也是生命之源。南宋真德秀说："盖圣人之文，元气也。聚为日星之光耀，发为风尘之奇变，皆自然而然，非用力可至也。"①对"气"之形态作用，唐人张文在《气赋》中作了形象的描述："若夫气之为物也，寥廓无象，冲虚自然"，"聚散无定，盈亏独全"，"惟恍惟惚，玄之又玄"，是一种无实体的混沌之态；气的作用

---

① （宋）真德秀：《日湖文集序》，见曾枣庄主编：《全宋文》第 313 册，上海辞书出版社、安徽教育出版社 2006 年版，第 158 页。

是"变化千体,包含万类","其纤也,入于有象;其大也,出于无边",无论是日月星辰、山河树木、虹楼宸阁、春荣秋衰、早霞晚霭,"圣人遇之而为主,道士餐之而成仙……"①总之,一切天上人间之生命万象均由"元气"化出,元气乃宇宙之本,生命之源。具体到文学观念,则有曹丕之"文气论"与刘勰《文心雕龙》之"养气说"。曹丕在《典论·论文》中指出:"文以气为主,气之清浊有体,不可力强而致。譬如音乐,曲度虽均,节奏同检,至于引气不齐,巧拙有素,虽在父兄,不能以移子弟。"这是认为,文章的生命力量都在于"气"。这"气"首先是作家的一种先天的禀赋,不可由后天努力获得,体现在文章之中就呈现出千差万别的生命个性。这是以生命论之"文气"对作品风格与作家创作个性的深刻界说。刘勰在《文心雕龙·养气》篇中对作家之创作进行了深入的论述,"纷哉万象,劳矣千想。玄神宜宝,素气资养。水停以鉴,火静而朗。无忧文虑,郁此精爽。"刘勰强调,在纷纭复杂的文学创作活动中作家必须珍惜元神,滋养元气,保持平静的心态,培育强化精爽的创作精神。这是十分重要的作家论,强调以"停"与"静"来排除干扰,保持生命之气的本然状态,从而使作品充满"精爽"之生命之气。综上所述,可见"元气"在中国生命论美学中的重要地位,审美与艺术的根本是保有纯真之元气。为此,除先天之禀赋外,还要通过"养气"以培育"元气",以使文学艺术作品充满生命活力。

中国古代哲学与美学的"阴阳相生"说,衍生出关于生命活力之"气交"说。所谓"气交",即指万物生命与艺术生命之产生是由

---

① (清)董诰等编:《全唐文》第 7 册,孙映逵等点校,山西教育出版社 2002 年版,第 5831 页。

天与地、阴与阳两气相交相合而成。《黄帝内经·素问·六微旨大论篇》借岐伯与黄帝的对话提出了"气交"之说。"岐伯曰：言天者求之本，言地者求之位，言人者求之气交。帝曰：何谓气交？岐伯曰：上下之位，气交之中，人之居也。故曰：天枢之上，天气主之；天枢之下，地气主之；气交之分，人气从之，万物由之。"所谓"气交"，就是认为包括人在内的天地万物都是由"气交"而成，人居"气交之中"，而"万物"亦"由之"。《黄帝内经》的"气交"说之源头可以追溯到《周易》。《周易》泰卦《象传》说"天地交而万物通"。泰卦乾下坤上，阴上阳下，象征着阴气上升阳气下降，二气相交而生万物。《周易·系辞上》指出："一阴一阳之谓道。继之者善也，成之者性也。"天地万物都由阴阳二气相交而成，天地万物的生长、发育，就是阴阳之气的"继之""成之"的过程，这就是"道"。在《周易》看来，阴阳之气相交的前提是阴上阳下各在其位。就"天人"关系来说，"圣人""大人""君子"之职责是"赞天地之化育"，这就要求他们"与天地合其德，与日月合其明，与四时合其序，与鬼神合其吉凶"（《周易·文言》），这样才能做到"天地位焉，万物育焉"（《礼记·中庸》）。这种境界就是《礼记·中庸》篇所说的"致中和"。在《周易》中，这种观念通过《文言传》表现出来。坤卦五爻居上卦之中，其爻辞是"黄裳，元吉"。《文言传》就此指出："君子黄中通理，正位居体，美在其中，而畅于四肢，发于事业，美之至也。"这是《周易》集中并直接论美的一段话。所谓"正位居体"，即处身正位，是一种"执中"之象，所以有"黄中通理"之美。在《周易》的观念中，只有处于"执中"之位，才能"与天地合其德，与日月合其明，与四时合其序，与鬼神合其吉凶"，从而促进阴阳之"气交"，"赞天地之化育"，达到"中和"之境界。所以，在中国"天人合一"之哲学与美学看来，只有"中和""执中"才是一种反映万物繁茂与诞育的生命之美。

阴阳相生的生命之美的另一种深化，就是一种对于"生"的善的祝福。这集中表现为《周易》乾卦卦辞"元亨利贞"之"四德"。《文言传》指出："元者，善之长也；亨者，嘉之会也；利者，义之和也；贞者，事之干也。"这"四德"，体现了以"生"之哲学为核心的对生命的存在、繁育之"善"的祝福。这种观念，表现在中国古代艺术中，特别是民间艺术中，就产生了大量的对吉祥安康的善的祝福。如，春节时张贴可怖的门神，绘画中钟馗之类的可怖的形象，等等，都包含着避邪趋福的内涵。古代画论中，南齐谢赫在《古画品录》中提出绘画之"六法"，"六法"之道为"气韵生动"。清人唐岱的《绘事发微》指出："画山水贵乎气韵生动。气韵者，非云烟雾霭也，是天地间之真气，凡物无气不生。……气韵由笔墨而生，或取圆浑而雄壮者，或取顺快而流畅者，用笔不痴不弱，是得笔之气也。用笔要浓淡相宜，干湿得当，不滞不枯，使石上苍润之气欲吐，是得墨之气也。"唐岱提出"气韵生动"的实质是天地万物之中的生命之"真气"的流行。在绘画中，这种"真气"通过笔墨的强与弱以及用色之浓与淡的对立对比而表现出来。可见，所谓"气韵生动"，正是"一阴一阳之谓道"之观念在艺术创作中的表现。庄子善言"养生"，其《刻意》篇讲到"吹呴呼吸，吐故纳新，熊经鸟申，为寿而已矣"，即主张通过"吹呴呼吸"与"吐故纳新"之类的导引之术使生命之气得以强化，从而达到延长生命寿限的目的。从这个角度说，艺术创作中通过阴与阳、笔与墨、浓与淡、疏与密的安排，使"气"流行于其间，同样是一种生命气息的导引，可以表现出一呼一吸、吐故纳新的有节奏的生命活动。所以，宗白华说，"中国画的主题'气韵生动'，就是'生命的节奏'或'有节奏的生命'。伏羲画八卦，即是以最简单的线条结构表示宇宙万象的变化节奏。后来成为中国山水花鸟画的基本境界的老、庄思想及禅宗思想也不外乎于静观寂照中，求返于自己深心的心灵节奏，以体合宇宙内部的生命节奏"。①

综上所述，生命美学是中国传统美学与艺术的特点，也是中国传统美学区别于西方古典形式之美与理性之美的基本特征。但20世纪以降，在西方现象学哲学对主客二分、人与自然对立的工具理性批判的前提下，生命美学也成为西方现代美学特别是生态美学的重要理论内涵。海德格尔在《物》中论述了物之本性是阳光雨露与给万物以生命的泉水，梅洛—庞蒂对身体美学特别是"肉体间性"的论述，伯林特对"参与美学"的论述，卡尔松对生命之美高于形式之美的论述等，这些相关看法的提出，说明中西美学在当代生命美学中相遇了。因此，当代生命美学就是生态美学的深化，它为中国古代生命美学的发展开拓了广阔的空间。

三、"太极图式"的文化模式

"天人合一"在中国传统艺术中成为一种文化模式，中国传统艺术都包含着一种"天人关系"，如形与神、文与质、意与境、意与象、情与景、言与意等，由此构成了形神、文质、意境、意象、情境、言意等特殊的范畴。对这些范畴，决不能像解释西方"典型"范畴那样将之理解为共性与个性的对立统一，它们都具有更为丰富复杂的东方内涵，只能以中国古代特有的文化模式"太极图式"加以阐释。

---

① 宗白华：《论中西画法的渊源与基础》，见林同华主编：《宗白华全集》第2卷，安徽教育出版社2008年版，第109页。

　　宋初周敦颐援道入儒,改造了道教的演示其通过炼丹以求长生不老之说的"太极图",画出了新的"太极图",并写了《太极图说》,建构了宋明理学重要的宇宙观。他的《太极图说》所体现的思想,发展成为此后中国传统文化艺术中极为重要的"太极图式",构成了一种特有的中国传统文化的"太极思维"。这种"太极图式"很难用西方的"对立统一"的形而上学观念予以阐释,必须回归到中国传统文化的语境中才能理解。这种"太极图式"起源于中国古老的以图像和符号为其表征的卜筮文化与卜筮思维,此后经过儒、道等传统文化的改造浸润熏陶,而更显精致化并带有一种东方的理性色彩,成为中国古代特有的生命论美学的文化与思维方式。很明显,"太极图式"继承了《周易》有关"太极"的观念:"是故易有太极,是生两仪。两仪生四象,四象生八卦,八卦定吉凶,吉凶生大业。"(《周易·系辞上》)周敦颐在此基础上加以发挥,形象而生动地阐释了"太极图式"这一生命与审美思维模式的内涵。

　　首先是回答了什么是"太极"的问题。他指出:"无极而太极。"①这里的"极",是"至极"之意。"太极",即指"没有最高点,也没有任何极边"。所以,不是通常的"主客二分",但却是万事万物生命的起源,是"道法自然"之"道","一生二"之"一"。其次,探讨了太极的活动形态,所谓"太极动而生阳,动极而静,静而生阴。静极复动。一动一静,互为其根"②,形象地阐释了《老子》的"万物负阴而抱阳,冲气以为和"的观念,说明"太极"是一种阴阳相依相融、交感施受、互为本根的状态。这实际上是对生命之诞育发

---

①(宋)周敦颐:《周敦颐集》,陈克明点校,中华书局1990年版,第1页。
②(宋)周敦颐:《周敦颐集》,陈克明点校,中华书局1990年版,第4页。

展过程的模拟和描述。生命的诞育发展就是天地、阴阳的互依互融交互施受的过程,有如《周易》所说的"天地氤氲,万物化醇;男女构精,万物化生"(《周易·系辞下》)。周敦颐指出:"二气交感,化生万物,万物生生,而变化无穷焉。惟人也,得其秀而最灵。"①"太极"是万物生命产生的根源,阴阳二气之"交感",化生了天地万物,而人"得其秀而最灵"。在这"太极化生"的宇宙大化中,圣人所起"赞天地之化育"的重要作用,所谓"定之以中正仁义"②,即"与天地合其德"。因此,"大哉《易》也,斯其至矣"。③ 这就是周敦颐根据易学的关于生命产生与终止,循环往复,无始无终而提出的"太极图式",是一种对生命形态的形象描述。这种观念几乎概括了中国古代一切文化艺术现象,其中包含了天与人、阴与阳、意与象的互依互存互融,是一种活生生的生命的律动,中国传统美学的"大美无言""大象无形""象外之象""言外之意""味外之旨""味在咸酸之外""情境交融"、"一切景语即情语"等等观念,都可以说是这种"太极图式"与"太极思维"的具体呈现,体现了中国古代"天人合一"生命论美学的重要特征。

由此可见,"太极图式"实际上是一种东方古典形态的现象学。《周易》将复杂的宇宙人生简化为"阴阳"二爻,演化为六十四卦,揭示了宇宙、人生、社会与艺术的发展变化,呈现一种生命诞育的律动的蓬勃生机的状态。这不是主客二分思维模式下的传统认识论所能把握的,就像中国诗歌之"味外之旨",国画之"气韵生动",书法之龙飞凤舞,音乐之弦外之音。中国传统艺术中的这

①(宋)周敦颐:《周敦颐集》,陈克明点校,中华书局1990年版,第7—8页。
②(宋)周敦颐:《周敦颐集》,陈克明点校,中华书局1990年版,第6页。
③(宋)周敦颐:《周敦颐集》,陈克明点校,中华书局1990年版,第8页。

种"天地氤氲，万物化醇"的太极之美是玄妙无穷、变化多端的。这种一动一静的"太极图式"表现在中国艺术中是一种"一阴一阳之谓道"的艺术模式：绘画上实与虚、黑与白等，产生无穷生命之力。如，齐白石的《虾图》，以灵动的虾呈现于白底之上，表现出无限的生命之力；再如，中国戏曲中的表演与程式，一阴一阳产生生命动感。川剧《秋江》通过艄翁与陈妙常的独到的表演呈现出江水汹涌之势等等。这种"太极化生"的审美与艺术模式倒是与现代西方的现象学美学有几分接近。现象学美学通过对主体与客体、人与自然之二分对立的"悬搁"，在意向性中将审美对象与审美知觉、身体与自然变成一种可逆的主体间性的关系，既是对象又是知觉，既是身体又是自然，相辅相成、互相渗透，充满生命之力，呼吸之气，如梅洛－庞蒂所论的雷诺阿在其著名油画《大浴女》中表现的原始性、神秘性与"一呼一吸"之生命力。此外，梅洛－庞蒂在《眼与心》中所说的"身体图示"，很像中国的"太极图式"。东西方美学在当代生态的生命美学中交融了。

需要说明的是，"太极图式"作为古典形态的现象学毕竟是前现代农业社会的产物，尽管十分切合审美与艺术的思维特点，但历史证明，它与现代科技理性主义是相悖的，与西方后现代时期对工业文明进行反思的现代现象学也有着很大区别。"太极图式"之中也混杂有不少迷信与落后的东西，须经现代的清理与改造。

四、"线性艺术"的艺术特征

中国传统艺术由其"天人合一"之文化模式决定，是一种生命的线性的艺术、时间的艺术，而西方古代艺术则是一种团块的艺术、空间的艺术。生命的呈现是一种时间的线性的发展模式。线性的时间的艺术呈现为一种音乐之美的特点，如绵绵的乐音在生命的时间之维中流淌。在中国传统艺术中，一切空间意识都化作时间意识，一切艺术内容都在时间与线性中呈现。

关于中国古代艺术的线性特点，及其与西方古代团块的艺术的区别，宗白华曾指出："埃及、希腊的建筑、雕刻是一种团块的造型。米开朗琪罗说过：一个好的雕刻作品，就是从山上滚下来滚不坏的。他们的画也是团块。中国就很不同。中国古代艺术家要打破这团块，使它有虚有实，使它疏通。中国的画，我们前面引过《论语》'绘事后素'的话以及《韩非子》'客有为周君画荚者'的故事，说明特别注意线条，是一个线条的组织。中国雕刻也像画，不重视立体性，而注意在流动的线条。"①李泽厚认为，中国艺术，"不是书法从绘画而是绘画要从书法中吸取经验、技巧和力量。运笔的轻重、疾涩、虚实、强弱、转折顿挫、节奏韵律，净化了的线条如同音乐旋律一般，它们竟成为中国各类造型艺术和表现艺术的魂灵。"②宗白华指出了中国古代艺术的线性特点，李泽厚指出了中国古代艺术的线性和音乐性特点。其实，线性就是时间性，也就是音乐性。宗、李两位的论述都是十分精到的。

对于中国传统艺术的线性特点，我们按照宗白华的论述路径在中西古代艺术的比较中来认识。

首先，从哲学背景来看，西方古代艺术的哲学背景是几何

---

① 宗白华：《中国美学史中重要问题的初步探索》，见林同华主编：《宗白华全集》第 3 卷，安徽教育出版社 2008 年版，第 462 页。

② 李泽厚：《美学的历程》，生活·读书·新知三联书店 2009 年版，第 45—46 页。

哲学,而中国古代艺术的哲学背景则是"历律哲学"。宗白华说道:"中国哲学既非'几何空间'之哲学,亦非'纯粹时间'(柏格森)之哲学,乃'四时自成岁'之历律哲学也。"①中国古代以音乐的五声十二律配合自然运行的五行、四时、十二月,古人认为,音律是季节更替导致天地之气变化的表征,以律吕衡量天地之气,通过候气来修订历法,从而使律吕之学成为沟通天人的一个重要渠道。古代希腊则因航海业的发达使观测航向的几何之学成为哲学的重要依据。由此,"历律哲学"成为中国古代"线的艺术"的文化依据,"几何哲学"成为古希腊"团块的艺术"的哲学根据。

其次,从艺术与现实的关系看,古希腊的艺术与现实的关系是"模仿",无论是柏拉图还是亚里士多德,都以"模仿"说为其美学、艺术理论的重要内容。中国古代关于文艺的产生,则持心物相感的"感物说"。《周易》咸卦《象传》云:"咸,感也。柔上而刚下,二气感应以相与。……天地感而万物化生,圣人感人心而天下和平。观其所感,而天下万物之情可见矣。"这是认为,天地万物之创生根源于阴阳二气之感应,而人类世界的和平则来源于圣人之感化人心。《礼记·乐记》以此论"乐"之产生:"乐者,音之所由生也,其本在人心之感于物也。"古希腊之"模仿说"偏重在"客体之物",着眼于物之真实与否;中国古代之"感物说"更偏重于"主体之感",着眼于被感之情。总之,"物"化为实体,"感"则化为情感。

再次,从代表性的艺术门类看,古希腊代表性的艺术门类是

---

① 宗白华:《形上学——中西哲学之比较》,见林同华主编:《宗白华全集》第1卷,安徽教育出版社 2008 年版,第 611 页。

雕塑，而中国古代代表性的艺术门类则为书法。中国书法是中国古代特有的艺术形式，发源于殷商之甲骨文和金文，成为中国传统艺术的源头和灵魂。李泽厚在谈到甲骨文时说："它更以其净化了的线条美——比彩陶纹饰的抽象几何纹还要更为自由和更为多样的线的曲直运动和空间构造，表现出和表达出种种形体姿态、情感意兴和气势力量，终于形成中国特有的线的艺术：书法。"①

　　最后，从绘画艺术的透视法来看，古希腊艺术，特别是其后的西方古代绘画，是集中视线于一点的焦点透视，而中国古代艺术，特别是绘画则是一种多视点的整体透视，是一种"景随人移，人随景迁，步步可观"的审美形态，是在人的生命活动中、在时间中不断变换的视角。如，《清明上河图》对汴河两岸宏阔图景的全方位展示，实际上是一种多视角表现方法，仿佛一个游人在汴河两岸行走，边走边看，景随人移，步步可观，构成众多视点，从而将汴河两岸繁荣与祥和的全景纳入整个画面。这其实是一种生命的线的流动过程。再如，传统戏曲中虚拟性的表演，以演员边歌边舞的动作，即以行动中的散点透视形象地表演出极为复杂的场景和空间，所谓"三五步千山万水，六七人千军万马"，"走几步，楼上楼下"，"手一推，门里门外"等等，都是一种化空间为时间的艺术处理，这在中国艺术中司空见惯。西方艺术只是到了20世纪后半期才打破传统的焦点透视模式而走向多点透视，这在现代派艺术，特别是绘画艺术中表现得尤为明显。与之相应，当代西方美学领域也开始对于焦点透视作为"人类中心""视点中心"之表现的批判。当代中西在绘画艺术视角之表现上又

---

① 李泽厚：《美学的历程》，生活·读书·新知三联书店2009年版，第42页。

相遇了。当然,这并不会因此而模糊中西美学与艺术的区别。

五、"意在言外"的意境审美模式

"意境"是中国传统艺术中一个最基本的美学范畴,是"生生美学"的重要内涵,反映了"意"与"境"、"天"与"人"的有机统一,相反相成,包括由此产生的"象外之象""韵外之致"的生命力量。这是中国传统"生生美学"的审美模式与西方古代美学的审美模式的重要区分。一般来说,西方古代审美是一种直接的审美模式,或是对于物体形式之美的观审,或是对于超越物质的精神实体的体验,体现了审美的理性逻辑。中国传统文化是一种非工具理性逻辑的对"道"的追求的具有彼岸色彩的意境审美模式,是一种对"象外之象""言外之意"的探寻。这是一种中国特有的"意境"的审美模式。"意境"是佛教传入中国后更具超越性的概念。唐代王昌龄首先提出"意境"范畴,他在《诗格》中将诗境分为"物境"、"情境"与"意境"三种,所谓"意境",即"亦张之于意而思之于心,则得其真矣"①。"意"与"心"交相融贯,呈现审美之"真"。王昌龄还认为"诗有三格",即"生思"、"感思"与"取思"。所谓"取思",即"搜求于象,心入于境,神会于物,因心而得"②。"取思"过程,心与象、神与物,因诗人之"心"而相融相会,生成一种新的"意境"。这种"意境",在晚唐司空图看来,即是一种"可望而不可置

---

① (唐)王昌龄:《诗格》,见肖占鹏主编:《隋唐五代文艺理论汇编评注》(上),南开大学出版社 2002 年版,第 346 页。
② (唐)王昌龄:《诗格》,见肖占鹏主编:《隋唐五代文艺理论汇编评注》(上),南开大学出版社 2002 年版,第 346 页。

于眉睫之前"的"象外之象""景外之景"①,正是中国"生生美学"
的特殊性所在。王国维在《人间词话》中以北宋宋祁的《玉楼春》
词句为例阐释"意境",说:"'红杏枝头春意闹',著一'闹'字,而境
界全出。"②宋祁《玉楼春》上片写道:"东城渐觉风光好,縠皱波纹
迎客棹。绿杨烟外晓寒轻,红杏枝头春意闹。"该词先记述早春时
节驾船湖中荡波游春之事,后即借景抒情,以绿杨在晓寒中轻摇
与红杏在枝头开放相对,抒发对于春景的热爱与歌颂。一个"闹"
字,既写出了红杏与绿杨相对的艳丽色彩,而且使红杏之鲜艳夺
目与晓来轻寒对比,达到了"此时无声胜有声"的艺术效果。此词
充分抒发了诗人对于早春特有之春景的欣赏,对于大自然勃勃生
机的歌颂。一个"闹"字,写出了生命的色彩与声音,写出了自然
的生命力量。

　　"意境"审美模式实际上回答了中国古代美学与古代文论到
底有没有自己的内在逻辑的问题。中国传统美学尽管没有西方
那样的"思辨理论",但却具有对"道"和"生命意韵"追求为指归的
审美意境理论。

---

① (唐)司空图:《与极浦书》,见肖占鹏主编:《隋唐五代文艺理论汇编评注》
　　上,南开大学出版社2002年版,第548页。
② 施议对:《人间词话译注》,岳麓书社2008年版,第19页。

第四章 生生美学视野中的
中国艺术范畴

　　"生生美学"有揭示其基本内涵、体现其审美观的一系列范畴、命题，既包括主要体现为哲学、人文追求、审美理想话语的，如"天人合一""阴阳相生""生生之谓易"等，更包括集中地体现人与自然的生态审美观之艺术审美观念的艺术美范畴，如上文多次提到的"气韵生动""韵外之致"等。我们认为，"生生美学"构成了中国传统文艺创作的哲学－美学根基，也体现为中国传统文艺的审美理想，中国传统文学艺术在很大程度上可以说是"生生美学"的艺术呈现，几乎每一个相对独立的艺术门类都有具有"生生美学"意蕴的范畴、命题。以往我们对这些范畴、命题的理解、阐释，多基本一般意义上的美学、文艺理论，本书试在"生生美学"视野下理解和阐释这些范畴、命题。本章先对书画等领域的若干重要范畴做提要性的解析，其他重要范畴，以及这些范畴之内涵的更全面的展开，将在下编结合对中国文艺对"生生美学"的艺术呈现的解析进行。"生生美学"基本范畴研究与中国美学史的书写直接有关。中国美学史从其实际出发就应当结合各个时期具体的艺术门类及其范畴加以书写。

一、书法之"筋血骨肉"

"筋血骨肉"是中国书法艺术特有的美学范畴,也是东方传统文化的身体美学。这是通过书法具体的点线笔画与抽象的雄健笔力形成的一种艺术想象中的"筋血骨肉"。魏晋书法家卫夫人在《笔阵图》中指出:"善笔力者多骨,不善笔力者多肉;多骨微肉者谓之筋书,多肉微骨者谓之墨猪;多力丰筋者圣,无力无筋者病。"①这里的"骨"指笔力强劲,"肉"指笔弱而迹粗,"筋书"指笔力瘦劲,"墨猪"则指笔力软弱,字形臃肿。宋代苏轼论书,指出:"书必有神、气、骨、肉、血,五者缺一,不为成书也。"②所谓"血",即唐代张怀瓘论草书所谓的"血脉","字之体势,一笔而成,偶有不连,而血脉不断,及其连者,气候通其隔行"。③"血"是各种书体的普遍要求,如宋姜夔论书,指出:"所贵乎秾纤间出,血脉相连,筋骨老健,风神洒落,姿态备具,真有真之态度,行有行之态度,草有草之态度。"④"筋血骨肉"彰显了中国传统艺术特有的顶天立地、骨力强劲的生命之美。刘勰在《文心雕龙》中提出与此相关的"风骨"范畴,所谓"辞之

---

① (晋)卫铄:《笔阵图》,见潘运告编注:《中国历代书论选》上,湖南美术出版社 2007 年版,第 34 页。
② (宋)苏轼:《论书》,见潘运告编注:《中国历代书论选》上,湖南美术出版社 2007 年版,第 295 页。
③ (唐)张怀瓘:《书断》,见潘运告编注:《中国历代书论选》上,湖南美术出版社 2007 年版,第 182 页。
④ (宋)姜夔:《续书谱》,见潘运告编注:《中国历代书论选》上,湖南美术出版社 2007 年版,第 370 页。

待骨，如体之树骸”，将“风骨”看作是文章的脊梁与支撑，意义非同寻常。

二、国画之“气韵生动”

“气韵生动”是中国绘画的基本美学范畴，也是中国“生生美学”最重要的美学范畴之一。南齐谢赫在《古画品录》中提出绘画的“六法”之说，第一即为“气韵生动”，被视为绘画的最高境界。明代唐志契《绘画微言》对“气韵生动”有精到阐发：“气韵生动与烟润不同，世人妄指烟润为生动，殊为可笑。盖气者有笔气，有墨气，有色气；而又有气势，有气度，有气机，此间即谓之韵，而生动处则又非韵之可代矣。生者生生不穷，深远难尽；动者动而不板，活泼迎人。”[①]可见，“气韵生动”主要表现为绘画的“气势”、“气度”与“气机”。有“气势”即生“韵”，“韵”是生生不已、生机活跃、深远难尽之美。因此，“气韵生动”是一种由象征生命之力的气势形成的生命的节奏韵律，具有无穷的韵味情志和活泼感人的生命力量。宗白华曾简约地概括道，气韵生动就是“生命的节奏”，是“有节奏的生命”[②]。齐白石以“为万虫写照，为白鸟传神”的精神创作《虾图》，使一个个鲜活灵动、充满生命力量的虾跃然纸上。画上并没有画水，但一个个虾却俨然悠然于江海之中。

---

① （明）唐志契：《绘事发微·气韵生动》，见潘运告编注：《中国历代画论选》下，湖南美术出版社 2007 年版，第 124 页。

② 宗白华：《论中西画法的渊源与基础》，见林同华主编：《宗白华全集》第 2 卷，安徽教育出版社 2008 年版，第 109 页。

三、戏曲之"虚拟表演"

"虚拟表演"是中国传统戏曲的重要艺术特点，不同于西方戏剧的实景实演，是一种虚实相生、演观一体的东方戏曲模式。宗白华指出，中国戏曲表演，"演员结合剧情的发展，灵活地运用表演程式和手法，使得'真境逼而神境生'。演员集中精神用程式手法、舞蹈动作，'逼真地'表达出人物的内心情感和行动，就会使人忘掉对于剧中环境布景的要求，不需要环境布景阻碍表演的集中和灵活，'实景清而空景现'，留出空虚来让人物充分地表现剧情，剧中人和观众精神交流，深入艺术创作的最深意趣，这就是'真境逼而神境生'"①。在中国传统戏曲之中，布景、景致与空间都是虚拟的，戏曲的"环境"完全是通过演员的程式化表演表现出来的。这就是"实景清而空景现"。例如，剧中的万水千山只需跑龙套者在舞台上来回走几次，千军万马只由一个将官和几个小兵来象征地表演，上楼下楼只是演员端着灯模拟地走几步，如此等等。这种虚拟表演还要依靠观众的审美介入，与演员精神交流，才能"深入艺术创作的最深意趣"。有学者将之称作是"反观式审美"，即观众调动自己的艺术想象，与演员共同完成艺术的创造。例如，川剧《秋江》的"赶潘"的情节，舞台上只有陈妙常与老梢翁两人，全凭老梢翁一支桨及其左右划桨动作，起起伏伏一上一下的表演，便表现出满江秋水波涛起伏的情景，甚至给人以晕船之感。这一切就必须依靠观众的反观式审美来完成。这就是所谓的"真境逼而神境生"。

---

① 宗白华：《中国艺术表现里的虚和实》，见林同华主编：《宗白华全集》第3卷，安徽教育出版社2008年版，第388页。

四、园林之"因借"

"因借"是中国园林艺术极为重要的因应自然,实现自然审美的美学与艺术原则,具有极为重要的价值意义。明代计成在《园冶》中提出"巧于因借,精在体宜"的观点,指出:"'因'者,随基势之高下,体形之端正,碍木删桠,泉流石注,互相借资,宜亭斯亭,宜榭斯榭,不妨偏径,顿置婉转,斯谓'精而合宜'者也。"①"因",指造园时充分因顺、借助自然环境原有的"高下""端正"等形态,进行适宜的创造。关于"借",计成指出:"'借'者,园虽别内外,得景则无拘远近,晴峦耸秀,绀宇凌空,极目所至,俗则屏之,嘉则收之,不分町疃,尽为烟景。斯所谓'巧而得体'者也。"②所谓"借",就是突破园林所构成的空间上的内外界限,使园内园外"无拘远近"都可"得景"。"借"以"得景"即风景的欣赏为原则。借景既是景致的丰富,更使中国园林不以静态观赏为主,而是在动态中多视角融入式的观赏,是一种以动观静。这与当代西方环境美学提倡的融入式审美相切合。

五、古琴之"琴德"

"琴德"是中国琴艺的重要美学范畴,是传统文化对于文人

---

① (明)计成:《园冶·兴造论》,见陈植:《园冶注释》第2版,中国建筑工业出版社1988年版,第47页。
② (明)计成:《园冶·兴造论》,见陈植:《园冶注释》第2版,中国建筑工业出版社1988年版,第47—48页。

顺天敬地、效仿圣贤的高尚要求。曹魏时竹林名士嵇康在《琴赋》中说："众器之中，琴德最优。"他对"琴德"的概括是："愔愔琴德，不可测兮；体清心远，邈难极兮；良质美手，遇今世兮；纷纶翕响，冠众艺兮；识音者希，孰能珍兮；能尽雅琴，唯至人兮。"所谓"琴德"，乃是和谐内敛、顺应自然的安和、静寂之德，要求抚琴者体清心远，良质美手，艺冠群艺，敬畏雅琴，以至人为榜样的境界。《礼记·乐记》说："大乐与天地同和。"这其实是中国文化对音乐艺术的最高要求，也是对文人士大夫的艺术修养的普适性要求。因此，这也是一种"生生美学"的境界。嵇康"性烈才刚"，清高孤傲，不肯向权势低头，最终为司马昭所杀。他临刑前，弹奏著名的《广陵散》，激昂高扬，听者无不为之动容。《广陵散》为我国十大古琴曲之一，据说来源于古代《聂政刺韩傀曲》。聂政因为感念韩大夫严仲子的知遇之恩，孤身仗剑刺杀韩相侠累。后来，因为担心连累与自己容貌相近的姐姐，慨然毁面挖眼，剖腹而死。

六、年画之"吉祥安康"

中国传统美学渗透于普通百姓的日常生活，反映在普通的节庆与民间艺术之中。年画既是一种节庆艺术，又是老百姓的日常生活艺术。年画发端于汉代，发展于唐代，成熟于清代，其主要内容为驱凶避邪与祈福迎祥两大主题，体现了中国传统文化对于"元亨利贞"之美好生存的追求。首先是驱凶辟邪之门神。汉应劭《风俗通义·祀典》篇引《黄帝书》曰："上古之时，有荼与郁垒昆弟二人，性能执鬼，度朔山上立桃树下，简阅百鬼，无道理，妄为人祸害，荼与郁垒缚以苇索，执以食虎。于是县官常于腊除夕，饰桃人,垂苇茭,画虎于门,皆追效于前事,冀以卫凶也。"①可见,门神最初为了"卫凶"即驱邪避凶,于除夕时或"饰桃人",即雕刻荼和郁垒之像,或"画虎于门"。后代,门神逐渐从神荼、郁垒演变而为传说能吃鬼的钟馗和曾经为唐有识之士守门御鬼的秦叔宝、尉迟恭等等,以这些被人们敬畏的神与半神守卫在门,守护生活的平安吉祥。年画的另一个主题是祈福迎祥,祝福吉祥安康,包括五子登科、鲤鱼跳龙门、福禄寿三星、莲年有鱼、倒写的福字与百子图等等图。此外,还有反映农作丰收的,诸如牧牛图、五谷丰登、大庆丰年等等。这些都饱含着对生存的歌颂与期盼,是"生生美学"在日常生活与节庆中的体现。

　　以上论及中国传统美学的 6 个范畴,基本上都是在原有范畴内涵的基础上围绕"生生美学"对之进行现代的阐释。如诗歌之意境将之阐释为"反映了意与境、天与人的有机统一,相反相成,生成象外之象,意外之韵的生命力量";书法之"筋血骨肉"将之阐释为"东方传统文化中的身体美学";古琴之"琴德"将之阐释为"和谐内敛、顺应自然的悟悟之德";国画之"气韵生动"则借用宗白华之阐释"一种生命的节奏或有节奏的生命";园林之"因借"则阐释为"因应自然实现自然审美的美学与艺术原则"。至于戏曲之"虚拟表演"是一种根据中国戏曲表演情况的现代总结,包括中国戏曲的"程式化"特点,其实也是赵太牟先生的一种总结;吉祥安康是对年画的总结。以上阐释都是一种尝试,这些范畴运用于自身的艺术形式当然没有问题,如何使之成为共同的理论范畴并被国际学者同情地理解并适度地接受,还有很多工作需要做。

---

① (汉)应劭:《风俗通义校注》,王利器校注,中华书局 1981 年版,第 367 页。

下 编

生生美学的艺术呈现

　　中国传统美学与西方古代美学的一个重要区别就是,西方古代美学主要体现在西方古代哲学家和美学家的哲学和美学著作之中,而中国传统美学,则不仅体现在有关哲学与美学著作中,而且更多体现在各个具体艺术门类的艺术形态和相关论述之中。诚如宗白华所言,"中国历史上,不但在哲学家的著作中有美学思想,而且在历代著名的诗人、画家、戏剧家……所留下的诗文理论、戏剧理论、音乐理论、书法理论中,也包含有丰富的美学思想,而且往往还是美学思想史中的精华部分"。①

---

① 王德胜选编:《中国现代美学名家文丛:宗白华卷》,浙江大学出版社 2009
　 年版,第 171 页。

第一章 中国古代音乐：中和之美

一、中国古代音乐思想的历史文化背景："礼乐教化"与"历律合一"

在当今中国特色社会主义建设的新时代,在中华民族走向伟大复兴的征程之中,坚守中华文化立场,弘扬中国传统优秀文化,发扬中华美学精神,成为十分迫切的重大课题。在中华传统美学之中,中国古代音乐及其美学思想有着特殊的地位。音乐可以说是中国古代艺术的源头与代表。如果说,古代希腊是以雕塑与史诗为其代表,那么中国古代艺术就以音乐与抒情诗为其代表,并因而决定了中国五千年艺术的生命性与治世性基本特点。徐复观曾言,江文也关于"中国古代以音乐代表国家"的说法是可以成立的。① 也有学者认为,"乐"是中国认同的图腾或象征。② 历史证明,中国有着十分悠久的音乐传统。20 世纪 60 年代初,我国考古发现了大约 8000 多年前的著名的贾湖骨笛。20 世纪 90 年代

①徐复观:《中国艺术精神》,春风文艺出版社 1987 年版,第 3 页。
②[美]苏源熙:《"礼"异"乐"同——为什么对"乐"的阐释如此重要?》,载刘东主编《中国学术》总第 16 辑,商务印书馆 2004 年版,第 140 页。

初期,我国考古学者在山西发现了2800多年前的大型编钟。早在公元前二世纪左右,中国就有了世界最早的音乐美学论著《乐记》。但从20世纪初至今,中国音乐落后论的言论不绝于耳。诸如,中国传统音乐只是单旋律,基本上没有和声;中国没有西方那样的键盘乐器,以及记谱法落后等。即便是治中国古代音乐美学卓有成就的大家,也普遍认为中国传统音乐思想,特别是儒家音乐思想具有明显的"保守性"。在人类文化的发展问题上,我们赞同文化的"类型说",认为文化是一种生活方式,世界各民族的文化艺术之间只有类型之差别,没有高低之区分。同时,我们也力主文化的语境论,认为对于一种文化思想的评价不能脱离历史时代,是否保守,何以保守,都要放到一定的历史语境中加以理解与分析。为此,我们需要回到5000多年前,甚至更早的历史时代,回到中国传统美学与艺术产生的历史文化语境之中,探寻中华美学与艺术得以彪炳于世、不可取代的特点。中国古代的确没有西方那样强调形式的"比例、对称与和谐"与"感性认识之完善"的美学,但我们却有着独一无二的"生生美学"。诚如方东美所言:"中国之哲学,可以下列诸义统摄焉:(1)生之理。生命包容万类,绵络大道,变通化裁,原始要终,敦仁存爱,继善成性,无方无体,亦刚亦柔,趋时显用,亦动亦静。生含五义:一、育种成性义;二、开物成务义;三、创进不息义;四、变化通几义;五、绵延长存义。故《易》重言曰生生。"又说:"天地之美寄于生命,在于盎然生意与灿然活力,而生命之美形于创造,在于浩然生气与酣然创意。这正是中国所有艺术形式的基本原理。"①作为中国美学与艺术源头

---

① 方东美:《生生之美》,李溪编,北京大学出版社2009年版,第46—47、290页。

的音乐,同样反映了中国传统美学与艺术的"生生美学"之特点。
蒋孔阳在论述儒家音乐思想时指出,"孔丘在《易·系辞下》说'天
地之大德曰生',又说'生生之谓易'。他用'生'来解释天地万物,
又用'生'来作为他的美学思想的哲学基础。凡是合乎'生'的,他
都认为是好的;凡是与'生'相反,也就是'杀',他就加以反
对"。① 蔡仲德在论述《乐记》时指出,"'气'成为《乐记》的重要范
畴",又说:"《乐记》认为天(或天地)有阴阳之气,此阴阳之气生养
万物,给万物以生命,故又称为'生气';万物禀'生气'而生,故万
物皆有'生气','生气'是其生命之所在;人有'血气心知之性',
'血气'即'生气'之在人者,是人的生命之所在。所以天、物、人统
一于'气',自然、社会统一于'气','气'使宇宙成为一个和谐的
整体。"②

　　"生生美学"在中国古代音乐思想中呈现非常复杂的情形,具
有明显的中国特色。中国古代正统文化中,特别是儒家所推崇的
"雅乐""德音"中没有西方那样的纯音乐,所有的音乐都与教化联
系在一起,即所谓"礼乐教化";所有的音乐又都与传统文化中的
阴阳五行联系在一起,即所谓"历律合一"。离开了"礼乐教化"与
"历律合一",无法理解中国古代音乐思想中的深刻意蕴,甚至难
以完全读懂一些重要论述。中国古代的"乐"从来都是与政治道
德教化以及天文、地理、数学、医学、易学等紧密结合的。我们提
倡的"生生美学",也需要从这个意义上加以理解。中国古代音乐
美学思想也由此形成了自己的特有的文化背景与理论话语。先

---

①蒋孔阳:《先秦音乐美学思想论稿》,《蒋孔阳全集》第 1 卷,安徽教育出版
　社 1999 年版,第 570—571 页。
②蔡仲德:《中国音乐美学史》修订版,人民音乐出版社 2003 年版,第 349 页。

秦时期,百家争鸣,在音乐理论上,主要为儒道墨三家。道家倡"大音无声",是一种出世的音乐理论;墨家从节俭出发主张"非乐";只有儒家持积极入世的态度,力主礼乐教化,宏扬"雅乐""德音",成为中国古代音乐思想之主流。因此,要理解中国古代音乐思想,理解中国古代音乐思想的"生生美学"之内涵,必须理解儒家的"雅乐"与"德音"。

《论语·阳货》篇载,孔子云:"恶紫之夺朱也,恶郑声之乱雅乐也,恶利口之夺邦家也",将"郑声"与"雅乐"对立,明显推崇"雅乐"。所谓"雅",《诗大序》云:"是以一国之事,系一人之本,为之风;言天下之事,形四方之风,谓之雅。雅者,正也,言王政之所由废兴也。""风"是通过作者一个的感受、见闻写一个诸侯国之事;"雅"则是言"王政",即言周王朝天下四方事。所以,"雅者,正也",内容上言王政之废兴,形式上是合乎律吕的正声。"雅乐"的代表,对孔子来说,应该是《韶》乐。《论语·述而》篇载:"子在齐闻《韶》,三月不知肉味,曰:'不图为乐之至于斯也!'"关于《韶》乐,《尚书·益稷》载:"夔曰:'戛击鸣球、搏拊琴瑟以咏,祖考来格。虞宾在位,群后德让。下管、鼗鼓,合止柷、敔,笙、镛以间,鸟兽跄跄。箫《韶》九成,凤凰来仪。'夔曰:'於!予击石拊石,百兽率舞,庶尹允谐。'"这段文字,反映了尧舜时代祖先祭祀的图腾乐舞,一派鼓乐合鸣、琴瑟和谐,笙箫相间,宾客礼让的景象。关于"德音",《礼记·乐记》载,魏文侯向子夏言"乐",认为"天下大定,然后正六律,和五声,弦歌诗颂,此之谓德音"。魏文侯还具体地描述了"古乐"即"德音"的演奏:"今夫古乐,进旅退旅,和乐以广。弦歌笙簧,会守拊鼓。始奏以文,复乱以武,治乱以相,讯疾以雅。君子于是语,于是道古,修身及家,平均天下。此之以古乐也。"由此可见,所谓"德音"即是与天相和,进退得当,笙簧相协,修身齐家,平均天下的"古乐"。与之相对的,就是"新乐",也就是"郑声""奸声":"今夫新乐:进俯退俯,奸声以滥,溺而不止;及优侏儒,糅杂子女,不知父子;乐终,不可以语,不可以道古。此新乐之发也。"儒家倡导的"雅乐""德音",是一种与天相和,历律相协,修身齐家,平均天下的正声、和乐。这是一种充分体现了"生生之美"的音乐。从远古到西周春秋,这样的礼乐应该是相对符合社会历史发展与人民需要的,也相对地符合音乐自身的发展规律。

二、中国古代音乐对"生生美学"　思想的具体体现

下面,我们更加具体地探讨中国古代"雅乐""德音"所蕴含的"生生美学"意蕴。

首先,这是一种反映了"中和"之美的音乐,包含了"生生"之德的重要美学内涵,成为中国古代音乐美学思想的基本出发点。中国古代艺术是一种"天人合一"的"中和之美",充分反映了中国古代哲学的"生生"之德的思想,成为东方特有的生命美学,相异于古代希腊的物质的形式的"和谐之美"。将"中和"引入美学与艺术领域应该是始于乐论文献,《尚书·尧典》即有"诗言志,歌永言,声依永,律和声。八音克谐,无相夺伦,神人以和"的表述。《荀子·劝学篇》指出:"礼之敬文也,乐之中和也,《诗》《书》之博也,《春秋》之微也,在天地之间者毕矣。"这里,明确地将"中和"视为"乐"的最基本的美学特征。《礼记·乐记》也说:"故乐者,天地之命,中和之纪,人情所不能免也",明确指出了乐之"天地之命,中和之纪"的基本特点。这种"中和之纪"的确反映了天地阴阳二气交感,创生、化育万物的基本"生生"之德。《乐记》指出:"大人

举礼乐，则天地将为昭焉。天地诉合，阴阳相得，煦妪覆育万物。然后草木茂，区萌达，羽翼奋，角觡生，蛰虫昭苏，羽者妪伏，毛者孕鬻，胎生者不殰，而羽生者不殈，则乐之道归焉耳。"又说："夫歌者，直己而陈德也，动己而天地应焉，四时和焉，星辰理焉，万物育焉。"这也就是《礼记·中庸》篇所说的"致中和"的境界："喜怒哀乐之未发，谓之中；发而皆中节，谓之和。中也者，天下之大本也；和也者，天下之达道也。致中和，天地位焉，万物育焉。"显然，"中和"作为天下之"大本""达道"，来源于天地阴阳各在其位，从而万物得以诞育。《周易》泰卦的《象传》把"中和"与万物化生、社会和谐联系起来，所谓"泰，小往而大来，吉，亨，则是天地交而万物通也，上下交而其志同也"。泰卦是《周易》六十四卦中典型的阴阳和合、吉祥亨通之卦，该卦坤上乾下，坤小乾大，乾象天象阳，坤象地象阴。天本在上而地本在下，今坤上乾下，所以"小往而大来"，乾坤各欲复归本位，所以阴阳相交，天地相通，促进万物生命之气的亨通，社会各阶层志意之大同。在《周易》看来，"天地位""万物育"的"中和"状态，就是"美"。《周易·文言》论坤卦六五爻爻辞"黄裳元吉"云："君子黄中通理，正位居体，美在其中，而畅于四肢，发于事业，美之至也。""黄"是中央之色，"裳"是下衣，"黄裳"即下而得中之象。坤卦六五爻以阴爻处上卦之中位，虽是以阴处阳位，但在《周易》，得中即处正位，比阳爻居阳位、阴爻居阴位的"得正"更重要。在《周易》六十四卦，五为至尊之君位。坤六爻以阴处阳，居中得正，有刚柔相济、阴阳相辅相成之象。因此，在《周易》看来，坤六五爻的"黄中通理，正位居体"，即是"美在其中"。如果修养德行、治国平天下能达到这个境界，就是"美之至"。本来，在中国传统美学文献中，"美"字出现较少，通常情况下大都是美与善难分难解，但以《周易》为代表的中国哲学、美学文献常常在没有出现"美"字的地方阐说着、包含着美的意蕴。《周易·文言传》的上述文字，很清楚地揭示了中国传统文化对"美"的理解，天地阴阳居中处正，做到"正位居体"，就能创生、化育万物，而天地万物的生长、繁育，人与自然的和谐，就是最高意义上的美。正因此，《周易·系辞上》总结性地提出："一阴一阳之谓道，继之者善也，成之者性也。"天地阴阳的交通感应，创生了宇宙万物。人能上体天心，辅助天地"生生"之道，"赞天地之化育"，成就万物生长、繁育之"性"，就是"尽物之性"（《礼记·中庸》），这是最大的"善"，也是最高的"美"。因此，阴阳相生之道，也就是《周易》所说的"生生之谓易"（《周易·系辞上》）、"天地之大德曰生"（《周易·系辞下》），既是中国传统哲学的核心精神，也成为中国传统美学的精神原则。"中和之美"恰恰体现了"生生"之德的美学内涵。

其次，音乐之"历律和谐"，体现了"风雨时至，嘉生繁祉"的美学思想。所谓"历"，这里指历法。"律"，指乐律。在中国传统文化中，历法与音律本来是相通的，都是天地自然生命运动之秩序、节奏的揭示。历法属自然，音律属人为。"历律和谐"就是"天人合一"精神的体现。历律之说应该起源于远古以来的农业生产和祭天祀地的文化活动，古代文献记载，中国上古以礼乐祭祀天地神灵，调节自然界的"八风"，从而促进天地之气和谐，普降甘露，繁茂农业，惠及人民。如《国语·周语下》载："物得其常曰乐极，极之所集曰声，声应相保曰和，细大曰平。如是，而铸之金，磨之石，系之丝竹，越之匏竹，节之鼓而行之，以遂八风，于是乎气无滞阴，亦无散阳，阴阳序次，风雨时至，嘉生繁祉，人民和利，物备而乐成，上下不罢，故曰乐正。"由此可见，历律和谐即可导致阴阳序次，风雨时至，人民和利。这就是"物备乐成，上下不罢"、历律相和之"乐正"。要理解古代音乐及其理论，理解儒家对于"雅乐"

"德音"的倡导,不能离开这样的语境。历律之说的正式提出,学术界将之归之于《周语下》。乐官伶州鸠在回答周景王"问律"时,说:"律所以立均出度也。古之神瞽,考中声而量之以制,度律均钟,百官轨仪,纪之以三,平之以六,成于十二,天之道也。"周景王问:"七律者何?"伶州鸠回答:"昔武王伐纣,岁在鹑火,月在天驷,日在析木之津,辰在斗柄,星在天鼋。……王欲合是五位三所而用之。自鹑及驷,七列也;南北之揆,七同也。凡人神以数合之,以声昭之,数合神和,然后可同也。故以七同其数,而以律和其声,于是乎有七律。'"这就从"以律合历"的角度论述了"律""七律"与星象、历法之关系。至于历律之地位,《史记·律书》云:"王者制事立法,物度规则,壹禀于六律,六律为万事根本焉。"在中国传统文化思想的视野之中,历律决定了天象、农业、政事、日常生活、艺术活动、医疗养生,几乎无所不包。虽然,历律之学,宋代之后逐步式微,明代几成绝学,但它确是中国传统文化包括音乐文化的历史语境,我们可以对之保持距离,但却不能不研究。宗白华认为,"历律哲学"是古代中国的基本哲学:"'测地形'之'几何学'(原于埃及测地形之知识加以逻辑条理)为西方哲学之理想境。'授民时'之'律历'为中国哲学之根基点。中国'本之性情,稽之度数'之音乐为哲学象征,西洋'不懂几何学者勿进哲学之门'。"所以,"中国哲学既非'几何空间'之哲学,亦非'纯粹时间'(柏格森)之哲学,乃'四时自成岁'之历律哲学也"。① 哲学为一切文化之根基,宗白华将"历律"作为中国传统文化之哲学根基,其言有据。历律学之核心为"历律合一"。古代盛行一种"候气"

---

① 宗白华:《形上学——中西哲学之比较》,见林同华主编:《宗白华全集》第1卷,安徽教育出版社2008年版,第587、611页。

之说,古人在密室中置入长短不同的竹制律管,内置芦苇薄膜烧成的灰,到了不同的节气,相应律管中的灰就会飞出,以此来测节气。《大戴礼记·曾子天圆》阐明了"候气之法"与"历律迭相治"的"历律合一"的原理:"圣人慎守日月之数,以察星辰之行,以序四时之顺逆,谓之历。截十二管,以宗八音之上下清浊,谓之律也。律居阴而治阳,历居阳而治阴,律历迭相治也,其间不容发。"按照《礼记·月令》载,古人"随月用律"如下:孟春之月,律中太簇;仲春之月,律中夹钟;季春之月,律中姑洗;孟夏之月,律中仲吕;仲夏之月,律中南吕;季秋之月,律中无射;孟冬之月,律中应钟;仲冬之月,律中黄钟;季冬之月,律中大吕。十二月循环往复交替,从冬至开始,阳气回升,节气循环开始。历律学认为,不同季节只能演奏相应的音乐,否则就是"不当令",将会有灾难和不良后果。这当然是迷信的,但历律合一之以律应历,阴阳相合,繁育万物,却是历律学之"天人合一"思想之表现,从另一个角度阐明了包括音乐在内的艺术的"生生之美"的内涵。诚如罗艺峰所言:"逆气,顺气,在《乐记》的卦气思想中乃是指天道的正常或不正常,也就是气机如何的问题。""《乐象篇》所谓'奸声',正是在'逆气'的影响下发生的不守其职的声,干犯了其他应节之声的声。天行无常,则音律乖乱,一旦逆气成象人乐习焉,则淫乐兴而不可救,其乱乃成。所以,逆字与奸字,正相应和。"[1]可见,按照"历律相和"与"乐节相符"的理论,《乐记》所说的"逆气"与"奸声"乃非正常天象之下造成的乐律乖乱,而"雅乐""德音"则是正常天象下的和乐之音。这样就将"雅"和"奸"与天象之正常与否联系

---

[1] 罗艺峰:《中国音乐思想史五讲》,上海音乐学院出版社 2013 年版,第 195 页。

起来，涉及乐律之"合节"与否，这是在历律相和的语境中对于"雅乐""德音"的提倡和对"逆气""奸声"的批判。

再次，"礼乐教化"的"乐以成人"的美学思想。"育德成人"包含在"日新其德"的范围，理应属于"生生美学"之内涵。众所周知，中国古代没有所谓"纯粹"的音乐，音乐以及其艺术都是一种政治文化教育制度的组成部分，也就是一种"礼乐教化"，是治理国家之最重要的途径，这就是著名的"乐教"。离开了"礼乐教化"，无法准确地理解中国传统文化中的音乐，当然也无法理解其他艺术。古代中国文化艺术，特别是作为主流形态的儒家思想，最重要的就是"育人"，即培养"文质彬彬"的君子。《论语·泰伯》载，孔子曰"兴于诗，立于礼，成于乐"。这里阐明了君子培养的整个过程与途径，将乐的教育放到最后的"成"的位置，可见其重要性。在儒家思想中，"人文化成"具有重要地位。《周易》贲卦的《彖传》曰："刚柔交错，天文也；文明以止，人文也；观乎天文，以察时变；观乎人文，以化成天下。""礼乐教化"就是"人文化成"的最重要途径。这是在国家建立并稳定后采取的治国之重要利器。《礼记·明堂位》言道："周公践天子之位，以治天下。六年，朝诸侯于明堂，制礼作乐，而天下大服。"西汉时成书的《礼记·乐记》篇，集先秦儒家"礼乐教化"学说之大成，成为中国也是世界最早并且是最重要的音乐美学思想理论成果。《乐记》高度重视"礼乐教化"的治国平天下的重要地位，所谓"致礼乐之道，举而措之，天下无难矣"，说明礼乐交融之道，可以解决治国理政的各种问题。《乐记》主张"礼乐教化"与国家的行政、法律相结合以达到"王道"之境界："礼节民心，乐和民声，政以行之，刑以防之，礼乐刑政，四达而不悖，则王道备矣"，充分反映了中国古代文化艺术的交融性特点。对于"乐教"的道德教化意义，《乐记》也有充分的论述。所谓"是故先王之制礼乐也,非以极口腹耳目之欲也,将以教民平好恶,而反人道之正。"同时,更进一步明确地将"声""音"与"乐"划清了界限,"凡音者,生人心者也。情动于中,故形于声。声成文,谓之音。……乐者,通伦理者也。是故,知声而不知音者,禽兽是也;知音而不知乐者,众庶是也。唯君子为能知乐。"又说:"德者,性之端也;乐者,德之华也。"这就将"乐"与"伦理"结合起来,赋予"乐"以"德""性"等"伦理"内涵,使"乐"成为"德"的象征:"礼乐皆得,谓之有德,德者得也",从而将"礼乐教化"的伦理内涵作了极为充分的阐释。"三礼"之一的《周礼》也从礼乐制度方面论述了"乐教"的内容:"大司乐掌成均之法,以治建国之学政,而合国之子弟焉。凡有道者、有德者,使教焉;死则以为乐祖,祭于瞽宗。以乐德教国子:中、和、祗、庸、孝、友;以乐语教国子:兴、道、讽、诵、言、语;以乐舞教国子舞《云门》、《大卷》、《大咸》、《大韶》、《大夏》、《大濩》、《大武》。"(《周礼·春官·大司乐》)这显然是将"乐教"的内容分为"乐德""乐语""乐舞"之教。儒家所说的"雅乐"或"德音",就是《云门》等六代大乐。《乐记》论述了"礼乐教化"的途径,所谓"是故乐在宗庙之中,君臣上下同听之,则莫不和敬;在族长乡里之中,长幼同听之,莫不和顺;在闺门之内,父子兄弟同听之,则莫不和亲"。"宗庙""族长乡里""闺门",包括中央、地方、家庭,说明乐教活动大体包括了社会生活的各个方面。总之,《乐记》全面阐述了"乐以成人"的儒家思想,深入影响了整个传统社会。当然,儒家的"乐教"是不局限于"君子"之培养的乐教,而是涉及"教民平好恶"的社会性的全面的"乐教"。在《乐记》看来,"乐与政通",乐教关系到政局的安定。所谓"治世之音安以乐,其政和;乱世之音怨以怒,其政乖;亡国之音哀以思,其民困"。《乐记》推崇儒家的"雅乐"之教,批判所谓的"郑卫之音",视之为"乱世""亡国"之音："郑卫之音，乱世之音也，比于慢矣；桑间濮上之音，亡国之音也。其政散，其民流，诬上行私而不可止也。"因此，"安以乐"的"雅乐""德音"之教化能促进政治和谐，而"怨以怒"的"郑卫之音""哀以思"的"桑间濮上之音"，则只能社会、国家之昏乱甚至"亡国"之祸。可见，"乐教"从某种意义上即"政教"也，"乐教"不仅是对于君子的生成，更加是对于国家的生成。

复次，"乐以开风"，包含了"乐以生物"与"乐以生民"的美学思想。《国语·晋语》载晋平公与乐师师旷关于"新声"的讨论，晋平公好"新声"，师旷劝谏道："公室其将卑乎！君之明兆于衰矣。夫乐以开山川之风也，以耀德以广远也。风德以广之，风山川以远之，风物以听之，修诗以咏之，修礼以节之。夫德广远而有时节，是以远服而迩不迁。"师旷认为，"乐"能疏通山川之风，既能够光耀道德，又能够促进万物的生长，甚至促进个人修养、社会政治的和谐。这里提出"乐"能"风物以听之"，即认为音乐感化能促使万物之生长繁育。"风"乃感化之意，"听"即为听乐而生长。这里提出"乐以开风"与"乐以生物"的命题。在中国传统文化视野中，"风"是天地自然万物的生命之气息，风的流动、畅达，即是天地万物生命发展的顺遂、亨通。中国古典文献将"乐"之作用与"风"联系起来，使"乐以开风"命题具有了"乐"以"生物"之意涵。作为农业社会，耕种为国之大事之一。《国语·周语上》载，春季来临，协风已至，阳气充蕴，土气震发，适合耕种之时，"是日也，瞽师、音官以风土。……稷则遍诫百姓，纪农协功"。"瞽师、音官以风土"，即乐官吹动律管用以考察土气是否适合耕种。这就是著名的"省风"的活动。今天来看的确难以理解，但却是当时"乐以生物"的真实情景。

在儒家看来，"风"还可以"生民"，即是反映人民的生存生活状况并加以改善从而巩固统治。古代建立了"采风"制度,定时采集民风,即民歌,以了解人民生活状况。《礼记王制》记载,天子五年一巡守,同时"命大师陈诗,以观民风;命市纳贾,以观民之好恶,志淫好辟"。就是说,让大师陈上采集的民风,从中观察民风,包括市场物价情况,人民的好恶,癖好等,作为从政的参考。这就是所谓通过音乐了解人民生存状况的制度。儒家认为,音乐是与民之寒暑紧密联系的。《乐记》有言:"天地之道,寒暑不时则疾,风雨不节则饥。教者,民之寒暑也;教不时则伤世。事者民之风雨也;事不节则无功;然则先王之为乐也,以法治也,善则行象德矣。"这里,将乐教与民之寒暑与风雨相联系,通过音乐了解人民生存的寒暑与风雨,明确提出寒暑不时则疾,风雨不节则饥。同时,《乐记》还提出不同风格的音乐对于人民产生不同的教育效果,将音乐风格的重要性提到重要地位,进一步倡导雅乐德音,否定淫乐奸声。《乐记》言道:"是故志微噍杀之音作,而民思忧;谐慢易,繁文简节之音作,而民康乐;粗厉猛起之音作,则民刚毅。廉直劲正之音作,则民肃敬。宽裕、肉好、顺成之音作,而民慈爱。流辟、邪散、狄成、涤滥之音作。而民淫乱。"前面五种乐风导致了五种较好的教育效果,而后面的流辟邪散狄成涤滥之音则是淫乐奸声,造成淫乱的不良效果。当然,"风"还有风化与讽刺之意。《诗大序》有言"上以风化下,下一风刺上。主文而谲谏。言之者无罪,闻之者足以戒,故曰风",突出了"风"的"风化"与谲谏之意。总之,中国古代音乐包含着丰富的"风"之意,这是无法忽视的重要内涵。

最后,"乐者乐也"的"乐身正心"的美学内涵。《乐记》有言:"乐者乐也,人情之所必不免也",道出了"乐"的审美愉悦特征。那么,"乐"的美感应该是什么样呢?"乐"之美感与人的身心又是什么关系呢？儒家所提倡的"乐"之美感是一种"道"之乐、"心"之乐，即超越性的精神愉悦。《乐记》言道："奋至德之光，动四时之和，以著万物之理。……故乐行而伦清，耳目聪明，血气和平，移风易俗，天下皆宁。故曰：乐者，乐也。君子乐得其道也，小人乐得其欲也。以道制欲，则乐而不乱；以欲忘道，则惑而不乐。"主张"以道制欲"，反对"以欲忘道"，即强调超越于感官、生理快感的，符合儒家所提倡的仁义礼智信之理性精神的审美愉悦。这种思想集中体现在《乐记》的"存天理，节人欲"之说。《乐记》云："人生而静，天之性也；感于物而动，性之欲也。物至知知，然后好恶形焉。好恶无节于内，知诱于外，不能反躬，天理灭矣。夫物之感人无穷，而人之好恶无节，而是物至而人化物也。人化物也者，灭天理而穷人欲者也。于是有悖逆诈伪之心，有淫泆作乱之事。是故强者胁弱，众者暴寡，知者诈愚，勇者苦怯，疾病不养，老幼孤独不得其所。此大乱之道也。是故先王之制礼乐，人为之节。""人生而静"之说，可能来自道家，最早见于《淮南子》和《文子》。"物感"则是《乐记》论"乐"的重要发明。这里所谓的"天理"就是"道"，因此，这段文字仍是发挥自荀子以来的反对"无欲""寡欲"而主张"节欲"的乐教观点，"先王之制礼乐"是为了"节欲"，达到"以道制欲"。正因为主张以礼乐来"人为之节"，所以，《乐记》不像后世宋明理学那样主张"存天理，灭人欲"，从而对"乐"的积极促进"耳聪目明，血气和平"的感官的、生理的、养生性的美感功能有所肯定。显然，这是对自《左传》、《国语》乃至《吕氏春秋》以来受阴阳五行和道家学说影响的对"乐"的养生保身作用的思想的汲取与融会。《史记·乐书》对"乐"的有益于身心健康的功能有综合性论述："夫上古明王之举乐者，非以娱心自乐，快意恣欲，将欲为治也。正教者将始于音，音正而行正。故音乐者，所以动荡血脉,通流精神而正心也。故宫动脾而和正圣,商动肺而和正义,角动肝而和正仁,徵动心而和正礼,羽动肾而和正智。故乐所以内辅正心而外异贵贱也,上以事宗庙,下以变化黎庶也。"虽然"举乐"的目的,是"欲为治",即"上以事宗庙,下以变化黎庶",而不是为了"娱心自乐,快意恣欲",但"乐"的这种教化作用的关键是"正心",而要"正心",必须通过"动荡血脉,通流精神"来进行,也就是通过养身而达到"正心"。养身不是"乐教"的最后目的,但却是达到"乐教"目的必须的途径。《乐书》将"乐"之五声与身体的五脏和儒家仁义礼智信"五常"机械地联系起来,以阐释"乐"的"动荡血脉,通流精神"的作用,就是这种以养身来"正心"思想的体现。

此外,儒家对"乐"的美育功能的强调还发挥了孟子的"独乐乐不如众乐乐"的"与民同乐"(《孟子·梁惠王下》)的重要思想。《礼记·孔子闲居》篇载子夏问孔子如何能做"民之父母",孔子说:"夫民之父母乎! 必达于礼乐之原,以致五至,而行三无,以横于天下。四方有败,必先知之。此之谓民之父母矣。"所谓"五至",即"志之所至,《诗》亦至焉;《诗》之所至,礼亦至焉;礼之所至,乐亦至焉;乐之所至,哀亦至焉。哀乐相生。……志气塞乎天地,此之谓五至"。所谓"三无",即"无声之乐,无体之礼,无服之丧"。"五至三无"之说虽然说得玄妙,但宗旨却是在强调礼乐教化要做到"无礼不行,无礼不作",将礼乐活动弥散、融化到传统社会生活一切方面,无论婚丧嫁娶、生老病死、朝会典礼等等一切活动均伴随着礼乐齐鸣,既是一种制度,也是一种全民的游戏,成为中国传统社会礼乐活动的一大特点。这是传统中国文化的特殊的东方景观,也是儒家理想的礼乐教化之至境。

三、中国古代音乐"生生美学"的
价值意义与内在矛盾

　　以上，我们分析了中国古代"生生之美"音乐的美学思想所产生的文化历史语境，综括了它的基本思想内涵，由此可以证明，"生生之美"的音乐美学思想，是中国传统文化土壤上蕴育的，在中国思想文化历史上茁壮成长的独一无二的文化艺术审美形态。那么，这种音乐的价值与意义何在呢？

　　首先，以"生生之美"为核心的中国音乐美学是一种东方特有的美学类型。本来，审美就是一种特有的艺术的生存方式，具有极为明显的民族性，包括审美在内的文化只有类型之别，没有先进与落后之分，就像是东方人吃饭用筷子，西方人吃饭用刀叉。中国古代音乐美学思想是在悠久的中国文化语境中产生的特有的文化艺术形态。我们可以将《乐记》与几乎是同时代的亚里士多德的《诗学》相比较，就可以看到两者的明显差别与审美类型之不同。其一，在美的特征上。中国古代音乐美学思想力主"乐之中和"，强调"中和之美"，是一种东方的生命美学、生存美学；亚氏的《诗学》主张美的"实体性"、"整一性"与"认识性"，是一种认识论美学。甚至对于人与禽兽之区别，两者的认识也有明显不同。《乐记》认为："知声而不知音者，禽兽是也；知音而不知乐者，众庶是也。唯君子为能知乐。"从"知声"到"知音"再到"知乐"，差别在于对"乐"的伦理意涵的领悟。亚氏的《诗学》将"模仿"视为人与禽兽的差别，其关键在于认识能力的高低。其二，在艺术的本质上，中国古代音乐美学思想力主"乐与政通""乐通伦理"，强调"礼乐"与"刑政"的相辅相成，是一种混融的交互的性质，单纯的音乐与文学都是不存在的;亚氏的《诗学》明确提出诗的本质是"模仿",诗的特点是"形象"与"情节",说明它是一种分别性的美学。第三,在艺术的作用上,中国古代音乐美学思想力主"礼乐教化"和"乐之风物"的作用,强调音乐的"生生"之生命的作用;亚氏《诗学》则强调文学,特别是悲剧的"卡塔西斯"即"引起恐惧与怜悯"的作用,仍然是一种"心理的"认识的作用。总之,东西方艺术观差别明显,是两种不同的类型,无须分别伯仲。

　　事实证明,中国古代音乐及其美学思想具有中国审美与艺术的源头性质,是中国艺术的"原型"。"原型"(archetype)为瑞士心理学家荣格于1919年提出的,指"集体无意识",即原始意象,是一种通过遗传而传承的先天倾向,不需要经验的帮助即可使人的行为在类似的情况下与其祖先的行动相似。它成为某个民族乃至人类的共同遗产,成为文艺的重要创作源泉。中国古代音乐美学思想及其重要的"乐之中和"与"生生之美",可以说就是中国传统文学艺术的"原型",是一种族类的文化传统。中国最古老的艺术是音乐,最早的美学是"中和之美"与"生生之美"思想。中国最早的诗歌——《诗经》既是诗,又是歌,三百篇在当时都是"入乐"的。《楚辞》的《九歌》,也既是诗又是歌。屈原的《离骚》也可"吟唱",《史记·屈原贾生列传》说"屈原至于江滨,披发行吟泽畔",说明《离骚》是可以"行吟"的。汉代的乐府诗来源于民间歌谣,也是乐歌。唐诗中不仅古诗有大部分是歌诗,律诗也有明显的音乐特征。宋词是可以歌唱的,也是一种歌诗。元曲无疑是歌唱,元明戏曲是戏剧性的歌舞,"唱"在其中占据了重要比重。需要特别说明的是,中国传统文学艺术总体上属于抒情传统,抒情性、音乐性是最基本的美学特征,从来不像西方那样以"形象性"作为文学艺术的标准。即使是汉大赋、魏晋骈文、唐宋古文,甚至明清戏剧小说，也都有明显的抒情性与音乐性。这种抒情性、音乐性的美学特征，更明显地表现在作为线之艺术、以韵律著称的中国书法之上。总之，从古至今，五千年历史，中国文学艺术都与音乐性有着密切的关系。如此丰富的音乐审美文化，何来落后之说？何况，中华民族从古至今还有着大量的绵延时间更长的生命力更加旺盛的各民族的民歌。中国传统音乐的"中和之美"与"生生之美"融入到民歌之中，成为一种生命之歌，扣人心弦、动人心魄。即使发展到现在，无论是陕西黄土高原的信天游，东北黑土地的二人转，河南、山东的豫剧，江南水乡的茉莉花与采茶歌，云贵各少数民族的民歌，都饱含着无限生机，成为中国人的精神乡愁。这样的音乐文化传承着中华文化的精神血脉，渗透着人民的喜怒哀乐，成为民族的瑰宝，足以使我们为之自豪。在美学的理论原则上，中国古代音乐美学思想也是中国传统艺术的"原型"。它所遵循的"一阴一阳之谓道"的美学原则，蕴含着"阴阳相生""言外之意""弦外之音""象外之象"的特殊审美意味。这使得中国艺术在情与理、黑与白、浓与淡、疾与缓等相反相生的关系之中，产生不可穷尽的"神韵""意境"，为世界艺术之特殊景观。中国古代乐曲尽管是单旋律的，但却饱含着无限的意蕴。古琴曲《高山流水》以清韵悠远的高山流水之音寓意儒家之"仁者乐山，智者乐水"的精神，激越澎湃之《十面埋伏》是对于英雄壮士气概的歌颂，二胡曲《二泉映月》在凄凉的乐曲之中导向对于人生的感叹，如此等等。中国传统的各类艺术都力图运用简洁的艺术语言，导向深邃的意象意境，具有不同凡响的东方意味。

当然，中国古代音乐与音乐美学思想也有其内在的矛盾性，或者可以称之为"内在悖论"。

第一，是雅俗之辩。儒家极力提倡"雅乐""德音"，据《史记·

孔子世家》所说，孔子晚年，"自卫反鲁，然后乐正，雅颂各得其
所"。据称，"古者《诗》三千余篇，及至孔子，去其重，取可施于礼
义"。这就是所谓的"删诗"。"正乐"与"删诗"，对孔子来说本来
就是一回事。孔子之"正乐"，目的是"以备王道，成六艺"。"正
乐"的标准，应该就是孔子在《论语·为政》篇所说的"思无邪"、
《论语·卫灵公》篇所说的"放郑声"，因为"郑声淫"。但是，现存
的《诗经》三百余篇仍保存有相当数量的"郑卫之音"，即汉、唐、宋
儒所说的"淫奔之诗"。《诗经》中"风"诗占有最大的比重，而抒情
又是"风"诗的基本特征，《荀子·儒效》篇说："《风》之所以为不逐
者，取是以节之也。"即认为孔子"正乐"之所以大量保留"风"诗，
就是为了"取圣人之儒道以节之也"①。《荀子·大略》篇云："《国
风》之好色也，传曰：'盈其欲而不愆其止。'""好色"，即《国风》的
抒情特征。荀子引"传曰"解释《国风》，认为孔子之所以保留"好
色"的《国风》，是因为《国风》包含着"欲虽盈满而不敢过礼求之。
此言好色人所不免，美其不过礼也"②。此后，汉代《毛诗》、宋朱
熹的《诗集传》等，都对孔子的"思无邪"的标准与"郑声淫"的现实
之矛盾曲为之解。现代有学者认为，"思无邪"之"无邪"其意为
"诚"，即真情实感。"三百五篇都是表达真实思想感情的作品。
那些表现了男女缠绵爱情的作品，特别是被后人目为'淫'的郑、
卫之诗（如《狡童》、《褰裳》），表现性爱之情颇为显露（朱熹说《褰
裳》是"淫女语其私者"），孔子居然大量入选（郑诗达 21 首之多），

①（清）王先谦：《荀子集解》，沈啸寰、王星贤整理，中华书局 2012 年版，第
　133 页。
②（清）王先谦：《荀子集解》，沈啸寰、王星贤整理，中华书局 2012 年版，第
　494 页。

若以后来儒家的理论教条衡量，就不能说是'纯正'了。可是这些情诗都表现了人的真实情感，这就是'无邪'。"①也有学者认为，《诗经》中的"风"诗与当时的礼制有密切关系，尤其是与"嘉礼"有关系者，大约为95首。这可能也是孔子"正乐"而"风"诗多有入选的原因。② 若回到《诗经》所产生的历史文化语境上，"风"诗在《诗经》中占据多数，应该与当时的"采风"制度有关。《汉书·食货志》载："孟春之月，群居者将散，行人振木铎徇于路，以采诗，献之大师，比其音律，以闻于天子。故曰：王者不窥牖户而知天下。"东汉何休注《春秋公羊传》，云："男女有所怨恨，相从而歌。饥者歌其食，劳者歌其事。男年六十，女年五十无子者，官衣食之，使之民间求诗。乡移于邑，邑移于国，国以闻于天子。故王者不出牖户，尽知天下所苦，不下堂而知四方。"《诗经》中"风"诗大都来自"采诗"。但先秦两汉文献对"采诗"制度的重视，是因为"采诗"是为了"献诗"，"献诗"是为了"观风"，即供"王者"了解民情风俗、民生疾苦，以改善政治。如《礼记·王制》篇载："天子五年一巡守，岁二月，东巡守，至于岱宗，柴而望祀山川，觐诸侯，问百年者就见之。命大师陈诗，以观民风。"孔子论"学诗"之效，有"兴观群怨"之说，认为诗"可以观"（《论语·阳货》）。所谓"观"，东汉郑玄的解释是"观风俗之盛衰"，南宋朱熹的解释是"考见得失"。此外，据文献记载，在中国古代政治传统中，"采诗""献诗"还有讽谏的政治作用。如《国语·周语上》载："天子听政，使公聊至于列士献诗，瞽献曲，史献书，师箴，瞍赋，矇诵，百工谏，庶人传语，近臣尽规，亲戚补察，瞽、史教诲，耆、艾修之，而且王斟酌焉，是以事行

---

① 陈良运：《中国历代诗学论著选》，百花洲文艺出版社1995年版，第18页。
② 徐正英：《风与礼》，《光明日报》2007年10月9日。

而不悖。"儒家的音乐美学是肯定"乐"(包括歌诗、舞蹈)反映民生疾苦、促进政治教化的作用。《诗经》中的"风"诗既采自民间乐歌，当然有可以考察民情风俗、民生疾苦，甚至政治得失的作用，也可以用以进行政治"讽谏"。如汉代《毛诗大序》论诗，就强调诗可以发挥"下以讽刺上"的作用。相对而言，"好色"的、抒情性的"风"诗，无疑更能反映民情风俗、民生疾苦，也更能发挥积极的政治"讽谏"作用。这或许也是孔子"正乐""删诗"而保留大量"好色"的"风"诗的原因。

第二，乐之有无哀乐之辩。汉末曹魏时期，在儒学衰落、玄学盛行的背景下，竹林名士嵇康写了著名的《声无哀乐论》，批判儒家音乐美学所主张的"乐"是人的情感之表现，因而"乐与政通""乐通伦理"等核心主张，实质是对礼乐教化功能的否定。嵇康认为，"音声有自然之和，而无系于人情"①，音声只是大小、单复、高卑、猛静、舒疾等自然形式的变化，既不能表现喜怒哀乐之情，更不能表现思想与道德；音声固然能够感动人心，但只是自然"和比"的音声唤起了人的某些情感，情感是人所本有的，却不是音声表现出来的。嵇康的《声无哀乐论》是对先秦以来儒家音乐美学的最大冲击与挑战，但也确实暴露了儒家音乐美学的内在矛盾，即始终没有解决音乐的声韵、节奏、曲调等艺术形式与人的情感之间的内在关系，也没有很好地解释清楚音乐形成之所以能产生感动人心、导人向善的内存机制。也就是说，儒家音乐美学偏重于强调的音乐的他律问题，对音乐自身的内在规律的思考缺乏关注。当然，科学的理解应该是他律与自律的有机结合，而不是偏于一面。

第三，天理与人欲之辩。从先秦到两汉，儒家音乐美学的一

---

① 戴明扬：《嵇康集校注》，中华书局 2015 年版，第 321 页。

个基本思路,就是《乐记》所表达的"存天理而节人欲",即认为礼
乐教化有节制人的情感、欲望的过分膨胀,引导人的情感、欲望
自然地符合"性"与"性"。荀子曾批判他之前的道家的"去欲"说
和孟子的"寡欲"说,指出:"凡语治而待去欲者,无以道欲而困于
有欲者也;凡语治而待寡欲者,无以节欲而困于多欲者也。"(《荀
子·正名》)"道欲",即"导欲"。在荀子看来,礼乐的教化,就既
能"节欲"又能"导欲"。其中,"礼"主要发挥"节欲"功能,所谓
"凡用血气、志意、知虑,由礼则治通,不由礼则勃乱提僈;食饮、
衣服、居处、动静,由礼则和节,不由礼则触陷生疾;容貌、态度、
进退、趋行,由礼则雅,不由礼则夷固僻违,庸众而野"(《荀子·
修身》)。而"乐"的功能则在于"导欲",《荀子·乐论》篇指出:
"乐者,圣人之所乐也,而可以善民心,其感人深,其移风易俗。
故先王导之以礼乐而民和睦。"又说:"故乐者,所以道乐也。金
石丝竹,所以道德也。"因此,先秦两汉的儒家乐论,一方面肯定
人的情感欲望的合理性,另一方面也认识到人的情感欲望有背
离"性""理"的危险,因而主张发挥"乐"的以情感人的审美愉悦
功能,将人的情感欲望自然而然地引导到与"性""理"和谐统一
的境地。但是,发展到宋明理学,"存天理而节人欲"演变为"存
天理,灭人欲",突出了封建礼教的强制作用,使得"礼乐教化"走
向极端,抛弃了先秦两汉儒家思想中宝贵的人文意蕴,更远离了
儒家音乐美学中"生生之美"的宗旨。明代李贽倡"童心"说,批
判"存天理,灭人欲",提出:"《六经》、《语》、《孟》,乃道学之口
实,假人之渊薮也,断断乎其不可语于童心之言明矣。"[1]甚至公

---

[1] 张建业主编:《李贽全集注·焚书注》1,社会科学文献出版社 2010 年版,
第 277 页。

开地肯定人欲之"私"的必然联系与合理性:"夫私者,人之心也。人必有私,而后其心乃见。若无私,则无心矣。"①"情"与"理"的关系及其发展,是儒家为主体的中国音乐美学思想的一个基本线索。

第四,有关"天人感应"之辩。中国音乐美学以"历律合一"为理论前提,而"历律合一"的基本是"天人合一"。"天人合一"观念最早集中于《周易·易传》中,强调人与自然的和谐与统一。到了西汉董仲舒,建立神学目的论儒学,将"天人合一"发展为神秘的"天人感应",对以《乐记》为代表的儒家音乐美学也有重要影响。东汉王充著《论衡》,批判"天人感应"理论,认为天地是自然的,其本质是无为,并非是有意志的神灵,也不能对人世施以灾异、遣告,"夫天道,自然也,无为;如遣告人,是有为,非自然也"(《论衡·遣告》)。天地创生万物与人,也是偶然的,无意识的,"天地合气,万物自生"(《论衡·自然》),"天地合气,人偶自生也"(《论衡·物势》)。对"天人感应"之说影响下的"以历合律"说,王充也进行了批判。古史传说:"师旷奏《白雪》之曲,而神物下降,风雨暴至。平公因之癃病,晋国赤地。""师旷《清角》之曲,一奏之,有云从西北起;再奏之,大风至,大雨随之,裂帷幕,破俎豆,堕廊瓦,坐者散走,平公恐惧,伏乎廊室。晋国大旱,赤地千里,平公癃病。"王充认为,这些传说,"原省其实,殆虚言也"(《论衡·感虚》)。明朱载堉之《律学新说》认为,西汉刘歆之"历律统一"之论"盖皆倚数配合,穿凿附会,而与律吕之理全不相关";对于"候气之

---

① 张建业主编:《李贽全集注·藏书注》3,社会科学文献出版社 2010 年版,第 526 页。

说"，他也认为是"荒唐之所造"①。这样的批判当然是合理的。"天人感应"固然为音乐美学带来很多神秘、迷信的成分，但一方面，"候气""听风""历律合一"是自上古以来与音乐、历法、政治，以至生产方式、生活方式等紧密相关的历史文化传统；另一方面，到董仲舒发到至极的、被神学化、政治化的"天人感应"学说，其前身和依据实际上是春秋时期以来的阴阳五行学说。阴阳五行学说与《周易·易传》以来的"生生"之学相结合，对《左传》《国语》以至《乐记》的乐论之形成，对建构儒家音乐美学体系等都有非常深刻的影响。如果不考虑这样的历史文化语境，简单地将其斥为"荒唐无稽"的迷信，就很难确切地理解中国音乐文献，更谈不上真正地把握中国音乐美学的思想精髓。

总之，中国古代音乐美学思想有着五千年的悠久历史，作为中国艺术之源头，极大地影响着中国古代艺术的发展，并滋润着中国古代音乐的历久不衰。当今，我们应该以批判继承的态度，吸收其精华，扬弃其糟粕，建设具有现代特色的新的"生生之美"的音乐美学思想，以之推动我国音乐创作，力求能涌现出更多像《黄河大合唱》《义勇军进行曲》那样的充满民族生命力的乐曲。

最后，我想引用中国现代音乐家王光祈的话为本章作结：

> 吾将登昆仑之巅，吹黄钟之律，使中国人固有之音乐血液，从新沸腾。吾将使吾日夜梦想之"少年中国"，灿然涌现于吾人之前！②

①（明）朱载堉：《律学新说》，冯文慈点注，人民音乐出版社 1986 年版，第 2、115 页。

②王光祈：《东西乐制之研究》"自序"，《王光祈文集·音乐卷》下，巴蜀书社 2009 年版，第 105 页。

第二章 《诗经》的生态
美学解读

当前,生态存在论审美观的研究已经深入到对其具体的美学内涵的探讨阶段。这种探讨的重要途径之一,就是从生态存在论审美观的视角对某些经典作品进行审美解读,从中探索出某些规律性的东西。对我国古代著名诗歌总集《诗经》的生态审美观的解读,就是这种尝试之一。

一、"天人合一"之"情志"

《诗经》产生于西周初年至春秋中叶,也就是公元前 11 世纪至前 5 世纪的 500 多年中,其时正是我国古代"天人合一"生态存在论哲学思想逐步形成之时。这一时期出现的一些重要的文学、思想文献,与当时的宗教信仰、神话传说、生活传统、生产方式、人与自然环境的关系等保持着非常紧密的联系。《周易》也大体产生并完成于这个时期,或者更早一些。我国的先民在"神人以和"的古代思想文化氛围中,以农耕为主要方式,栖息繁衍在华夏大地之上。他们在极为落后的生产条件下开垦土地,收获庄稼,繁衍后代,抵御外敌。同时,也在祭祀礼仪与乐舞歌诗紧密结合的状态下,祈福上天,纪念先祖,歌颂丰收,抒发情感。《诗经》就是在这种条件下产生的，它是我国先民的原生态性的作品，是他们本真的生活形态的真实表现，是独具特色的中华古代艺术的发源地。它的极为可贵之处就在于其原始性，即基本上没有受到后来的儒家等思想的浸染，还保持了中华古代艺术对"天人合一"的诉求和"中和美"的独有风貌。事实证明，《诗经》产生于前儒学时代，是我国先民的生命之歌、生存之歌。

当然，后世对《诗经》的解释不免有基于不同思想的曲解，特别是在其成为儒家经典之后，很多古代生态存在论美学内涵被有意无意地遮蔽了。孔子论《诗经》，比较全面而且不乏深刻地揭示了它的性质及在中国文化传统中的地位、意义。如，"兴于诗，立于礼，成于乐"（《论语·泰伯》），结合礼乐教化传统论述了诗歌的美育作用；"诗可以兴，可以观，可以群，可以怨""多识乎鸟兽草木之名"（《论语·阳货》）等，以审美感动为中心论述了诗歌的社会作用；"《关雎》乐而不淫，哀而不伤"（《论语·八佾》）等，揭示了诗歌的"中和"之美等。但孔子之论《诗》，有很多基于儒家思想、封建礼教的理解，"《诗》三百，一言以蔽之，曰：思无邪"（《论语·为政》），有以儒家道德意识强解《诗》之嫌；如，"放郑声，远佞人。郑声淫，佞人殆"（《论语·卫灵公》），"恶紫之夺朱也，恶郑声之夺雅乐也，恶利口之覆邦家者"（《论语·阳货》）等，提倡"正声""雅乐"而否定"郑声"等的价值；"子曰：诵《诗》三百，授之以政，不达；使于四方，不能专对。虽多，亦奚以为？"（《论语·子路》），"迩之事父，远之事君"（《论语·阳货》）等，有过分强调诗歌之政治伦理作用之倾向。汉代的《毛诗大序》，以及后世儒家经学对《诗经》的研究，大体上是沿着孔子的"思无邪""放郑声""乐而不淫，哀而不伤"等的思路展开的。如《毛诗大序》的"《关雎》，后妃之德也""先王以是经夫妇，成孝敬，

厚人伦,美教化,移风俗"等,莫不如此。传统的《诗经》研究,当然
是有价值的,但既没有穷尽《诗经》的意蕴,也没有揭示《诗经》的
核心内涵。

那么,《诗经》的核心内涵到底是什么? 我们又为什么说《诗
经》之中包含着生态存在论审美思想之内容呢? 我们认为,将《诗
经》的核心内涵归结为"诗言志",应该是没有问题的。《尚书·尧
典》载:"帝曰:'夔! 命女典乐,教胄子。直而温,宽而栗,刚而无
虐,简而无傲。诗言志,歌永言,声依永,律和声,八音克谐,无相
夺伦,神人以和。'夔曰:'於! 予击石拊石,百兽率舞。'"这一段话
较为全面地记载了我国先民艺术创作的实际情况。第一,当时的
艺术是乐、舞、诗的统一;第二,艺术的追求是"律和声""八音克
谐,无相夺伦",最终达到"神人以和";第三,艺术的核心内涵是
"诗言志"。问题的关键是,"志"到底指什么?《毛诗序》说:"诗
者,志之所之也,在心为志,发言为诗。情动于中,而形于言。言
之不足,故嗟叹之;嗟叹之不足,故永歌之;永歌之不足,不知手之
舞之足之蹈之也","情发于声,声成文,谓之音"。可见,所谓
"志",主要是藏于内心之情。袁行霈等在《中国诗学通论》中经过
详细考订后指出:"在这些诠释与理解中,'志'的内涵就是'情'、
'意',也就是诗人内心的情感与意志。"[1]一定的思想意识是一定
的社会存在的反映,那时人的"情志"是当时社会生活的反映。我
国是农业社会,我们的先民是以农耕为主的民族,对于土地、自然
与气候有着极大的依赖性。因此,对于天地自然的尊崇与亲和,
就是我们先民之"情志"的重要内容。正是在这种农耕社会的背

---

[1]袁行霈、孟二冬、丁放:《中国诗学通论》,安徽教育出版社1994年版,第
    19页。

景下，我们的先民发展出自己特有的"天人合一"的观念。《周易·说卦》曰："昔者圣人之作《易》也，将以顺性命之理。是以立天之道曰阴与阳，立地之道曰柔与刚，立人之道曰仁与义。"《周易·文言》曰："夫大人者，与天地合其德，与日月合其明，与四时合其序，与鬼神合其吉凶。先天而天弗违，后天而奉天时。"《周易》的思想是具有广博内涵的"天人合一"之观念的集中体现，包含阴阳、柔刚与仁义之道，并力倡一种合乎天地之德、日月之明与四时之序的古典"生态人文精神"。这也是当时人的"情志"的必然内涵。中国原始艺术是一种起源于祭祀活动的礼、乐、舞与诗等统一的艺术形态，其根本指归是"与天地同和"的追求。诚如《礼记·乐记》所说："大乐与天地同和，大礼与天地同节。和故百物不失，节故祀天祭地。明则有礼乐，幽则有鬼神。如此，则四海之内，合敬同爱矣。礼者，殊事合敬者也；乐者，异文合爱者也。礼乐之情同，故明王以相沿也。"可见，当时诗人之"情志"，是一种"大乐与天地同和"之"情志"。

综上所述，人与自然之亲和、人与天地合其德，"大乐与天地同和"等内容，即当时诗人之"情志"，就是一种"天人合一"的"中和"之美的论述。这些都可以说是包含着"与天地合其德"的古典生态人文精神的生态存在论审美思想。《诗经》之核心，就是对于这种"中和"之美的追求，是包含着生态内涵的古代存在论美学精神，是我国特有的古典形态的美学与艺术精神，迥异于西方古代的美学与艺术精神，是一种极为宏观的"天人合一"的美学精神。诚如《礼记·中庸》所说："中也者，天下之大本也；和也者，天下之达道也。致中和，天地位焉，万物育焉。"这就是说，"中和"乃天地万物发展演化的根本规律，关系到天地的运行与万物的繁育，即所谓"大本""达道"。这种"中和"之美在艺术上的最早的最集中的表现就是《诗经》，它是我国先民"情志"的艺术表现，是中华民族美学精神的凝聚。西方古代所倡导的"和谐"，则是一种以"理念"或"数"为其本体的物质世界的对比与匀称。亚里士多德认为，对美与艺术品的最重要的要求就是"整一性"，具体表现为人物行动与情节的"完整""秩序、匀称与明确"①等，其美学观念即为"模仿说"，代表性的艺术即为雕塑、悲剧与史诗。特别是古希腊的雕塑，更以其"匀称、对称与和谐"而彪炳于世，表现出一种"高贵的单纯，静穆的伟大"。②《诗经》所表现的，则是一种与之不同的动态而宏观的"中和"之美。现举《卫风·河广》为例：

> 谁谓河广？一苇杭之。谁谓宋远？跂予望之。
> 谁谓河广？曾不容刀。谁谓宋远？曾不崇朝。

这是一首著名的思乡之诗。诗人为客居卫国的宋人，他面对横亘在前，将其与故乡隔开的滚滚黄河，思乡心切，发出"谁谓河广？一苇杭之"，"谁谓宋远？曾不崇朝"的呼喊。在诗人的艺术世界中，滚滚的黄河已经不是归乡的障碍，恨不能凭着一叶小小的芦苇就飞渡黄河，而且更要跨越黄河立即赶到宋国的家中与亲人团聚。这样的急于归乡之情表现得多么突出啊！"归乡"自古以来就是中西俱有的文学"母题"，具有浓郁的生态存在论美学意蕴，但《卫风·河广》却通过特有的以自然为友的方式加以处理。诗人通过艺术想象力，将作为自然物的一片苇叶想象为能够帮助游子渡过滔滔黄河的小船。在游子急切归乡的心情下，这样的艺术处理似乎还嫌不够，而又在想象力的作用下把宽

---

① 亚里士多德：《诗学》，罗念生译，人民文学出版社1982年版，第26页。
② ［德］莱辛：《拉奥孔》，朱光潜译，人民文学出版社1979年版，第215页。

广的黄河突然缩窄，似乎踮起脚尖就能看到家乡，很快就能赶回家中与亲人团聚。这时，不仅苇叶，乃至滔滔的黄河都成为游子的朋友，帮助游子实现自己"归乡"的心愿。这就是一种特有的以自然为友的艺术"情志"，迥异于古希腊《荷马史诗》中的描写希腊战士胜利后乘船渡海返乡时的情态。荷马史诗《奥德修斯》说的是希腊英雄奥德修斯在特洛伊战争结束后返乡的故事。它以隐喻的方式表现了人与自然的斗争，描写了奥德修斯战胜海神波塞冬及其所幻化出的巨人、仙女、风神、水妖等自然力量的过程，最后才得以顺利返乡。这是一幅人与自然斗争的画面，是人类战胜自然的颂歌，完全不同于《卫风·河广》的审美内涵。

二、从"诗体"到"诗意"的
生态存在论审美意味

我们品味《诗经》，从生态存在论审美观的视角去解读，就会发现其中包含着极为丰富的内容。这里需要再次加以说明的是，我们所说的生态存在论审美观是一种包含生态维度的存在论美学思想，远远超出单纯的人与自然的审美关系，最后落脚于人的美好生存与诗意栖居。

1. 包含生态人文内涵的"风体诗"

《毛诗序》指出："故诗有六义焉：一曰风，二曰赋，三曰比，四曰兴，五曰雅，六曰颂。"唐孔颖达在《毛诗正义》中指出："风、雅、颂者，诗篇之异体；赋、比、兴者，诗文之异词耳。大小不同，而得并为六义者，赋、比、兴是诗之所用；风、雅、颂是诗之成形。用彼三事，成此三事，是故同称为义。"①这一说法，为后世《诗经》研究者所沿用。我们认为，《诗经》"六义"，最重要的是风、比与兴。我们先来说"风"。"风"是《诗经》之中独具特色并包含生态人文内涵的"诗体"，不仅是中国文学宝库中的瑰宝，而且在世界文学之中也闪耀着异彩。"风体诗"是《诗经》的主要组成部分，《诗经》305篇，"国风"160篇，主要是15个诸侯国的地方民歌。《大雅》与《小雅》105篇。高亨先生认为："雅是借为夏字，《小雅》《大雅》就是《小夏》《大夏》。因为西周王畿，周人也称为夏，所以《诗经》的编辑者用夏字来标西周王畿的诗。"②这样，我们也可以说《小雅》、《大雅》也是"风"。因此，305篇之中除了用于祭祀的庙堂之乐"颂"40篇之外，"风体诗"即占了265篇，成为《诗经》的最主要部分。

那么，什么是"风"呢？《毛诗序》认为："风，风也，教也；风以动之，教以化之。"又说："上以风化下，下以风刺上。主文而谲谏，言之者无罪，闻之者足以戒，故曰风。"这主要从儒家"诗教"的角度来解释"风体诗"的政治教化的特点。由于可以据"风体诗"的"刺上"作用而观察到政情民意，于是统治者就建立了"采风"的制度。据说，周代保存着从上古就传下来的这种采诗的制度。《礼记·王制》记载："天子五年一巡守。岁二月，东巡守，……命太师陈诗，以观民风。"这时已经有了乐官、太师"陈诗"这样的制度。《汉书·食货志》记载："孟春之月，群居者将散，行人振木铎，徇于路以采诗，献于太师，比其音律，以闻于天子。"东汉何休注《春秋

---

① 《十三经注疏》整理委员会整理：《毛诗正义》，北京大学出版社2000年版，第14—15页。

② 高亨：《诗经今注》，上海古籍出版社1980年版，第4页。

公羊传·宣公十五年》曰："男女有所怨恨，相从而歌。饥者歌其食，劳者歌其事。男年六十，女年五十无子者，官衣食之，使之民间求诗。乡移于邑，邑移于国，国以闻于天子。故王者不出牖户，尽知天下所苦。"①高亨先生从乐与自然之风相似，及其反映风俗的角度来阐释"风"之内涵。他说，"风本是乐曲的通名"，"乐曲为什么叫做风呢？主要原因是风的声音有高低、大小、清浊、曲直种种的不同，乐曲的音调也有高低、大小、清浊、曲直种种的不同。乐曲有似于风，所以古人称乐为风。同时乐曲的内容和形式，一般是风俗的反映，所以乐曲称风与风俗的风也是有联系的。由此看来，所谓国风就是各国的乐曲"。② 我国古代还从"合天地之德"的文化观念出发，认为"乐"可与天地相合。《礼记·乐记》篇指出：奏乐"奋至德之光，动四气之和，以著万物之理。是故清明象天，广大象地，终始象四时，周还象风雨。五色成文而不乱，八风从律而不奸，百度得数而有常"。这就阐述了乐曲犹如来自八个方向的自然之风，有其自身的节律。《说文解字》从字的构成的角度解释"风"之内涵，"风，从虫凡声"，"风动虫生，故虫八日而化"。这可以证明，将乐曲命名为"风"，正取其反映生命活动的最原初之意义，已经包含古典生态人文主义之内涵。中国古代"天人合一"思想之最经典表述，就是《周易》的"生生之谓易"，阴阳二气交感畅通，化生天地万物。阴阳是生命的根本，而风则为阴阳相感、冲气以为和所产生，是催生万物生命之动力。风动而虫生，有风才有生命。因而，最原初的艺术之风与自然之风一样，是人

①《十三经注疏》整理委员会整理：《春秋公羊传注疏》，北京大学出版社2000年版，第418页。
②高亨：《诗经今注》，上海古籍出版社1980年版，第4页。

的生命的本真状态的表征。"风体诗"就是这种类似于自然之风的最原初的艺术之风,是一种原生态的生命的律动,映现了人的最本真的生存状态。"风体诗"的内容,主要是表现人的生命的最基本的需要及其状态。所谓"食色,性也"(《孟子·告子上》),饮食男女,劳动与生存繁衍,是生命存在的最基本状况。这种对人的最本真需要与状况的艺术表现,正是对于人的生态本性的一种回归,是《诗经》"风体诗"的价值之所在。

《诗经》对于人的最本真的生态本性的表现是非常丰富多彩的,我们只能举其要者而言之。《小雅·苕之华》就是"饥者歌其食"的著名篇章。让我们看看诗歌的具体描写:

苕之华,芸其黄矣! 心之忧矣,维其伤矣!

苕之华,其叶青青。知我如此,不如无生!

牂羊坟首,三星在罶。人可以食,鲜可以饱!

这是一位饥民对周朝因连年征战所引起的灾年的深刻描写,特别是对于空前的饥馑进行了深入而形象的表现。诗作先以一片片黄色的紫葳花在夏季的盛开起兴,反喻饥饿中人心的忧伤;继而又说早知在饥馑中如此煎熬,还不如不要降生;最后通过羊之体瘦头大、鱼篓空空而只照得见星光,说明已无可食之物,即便勉强有点东西吃,也很少有能吃饱的时候。这首诗以生动的形象有力表现了周代大饥荒中人的生存状态。尤其是"知我如此,不如无生","人可以食,鲜可以饱"的诗句,更是处于极端困境中的人们发自心底的求生的呼声,是生命尊严的最基本的要求。如果人连紫葳花都不如,整天饿肚子,人的生命还有什么价值呢? 著名的《魏风·伐檀》则是典型的"劳者歌其事"的篇章。诗云:

坎坎伐檀兮,置之河之干兮,河水清且涟猗。不稼不穑,
胡取禾三百廛兮? 不狩不猎,胡瞻尔庭有县貆兮? 彼君子

兮,不素餐兮!

伐木者在清清的河岸从事着繁重的难以承受的体力劳动,更重的压力是来自"君子"的残酷剥削,他们从不劳动,却能获得三百捆禾,家里的庭院里总是挂满了猎物。这到底是为什么呢?他们怎么能不耕种不狩猎而白白占有呢?这是劳动者对劳动产品被无情剥夺的抗争,是对人的生存权的维护!当劳动者们在无情的压榨下无法生存的时候,《魏风·硕鼠》发出了向往"乐土"的呐喊!

　　　　硕鼠,硕鼠,无食我黍! 三岁贯女,莫我肯顾。逝将去
　　女,适彼乐土。乐土,乐土,爰得我所。

劳动者们已经无法忍受"硕鼠"们无情无义的残酷盘剥,毅然决然地选择逃亡之路,寻找自己的所谓"乐土"。当人们选择逃亡的时候,证明他们的最基本的生存权都难得保障了!但属于劳动者们的"乐土"在哪里呢?在剥削社会中,劳动人民的生存权和爱情权同样面临着时时被剥夺的危险。《诗经》保留的许多"弃妇之诗""离妇之诗""离人之诗",为我们深刻刻画了此时战争频仍、礼坏乐崩、剥削加剧、民不聊生、家庭不稳等社会生态平衡惨遭破坏的严酷情形。这股强劲的艺术之风已经远远超出了儒家"诗教"的"风以动之,教以化之"的范围,触及当时社会最底层人民严重恶化的生存状态,更进一步触及社会生态的严重失衡。这就是《诗经》所独创的"风体诗"的特有价值。

2.反映初民本真爱情的"桑间濮上"诗

　　《诗经》之"风体诗"不仅表现了广大底层人民为其生存权而抗争的呐喊,而且表现了人民极为本真的爱情追求。这就是著名的"桑间濮上"之诗,也就是长期以来被封建文人所批判的"淫诗"。实际上,爱情是人的本性的表现,是艺术永恒的母题。特别

是在3000多年前的人类早期,爱情与原始先民的繁衍生殖密切相关,甚至与原始的宗教活动相关,更反映了人的某种生态性。众所周知,繁衍生殖是人之本性,在早期初民阶段,繁衍关系到宗族与部落的存亡,因而在人类神秘的崇拜文化中有充分表现。当时,《周易》已将宇宙万物的创生归结为"阴阳相生",在这种文化观念之中,阴阳感应,万物化生,与人的结合、成长具有了内在的一致性。当时的异性交往有较大的自由度,甚至有节日习俗为男女相识、交往提供机会。据《周礼·地官·司徒·媒氏》载:"中春之月,令会男女。于是时也,奔者不禁。"古人认为,桑树茂密成林,可以养蚕,给人类带来福祉,并与繁衍相连,因而,桑林在古人心目中具有某种神秘性与神圣性,人们在此祭祀,男女也在此欢会。文化人类学之"狂欢"理论对这种文化现象,也有结合生育崇拜的解释的。《诗经·鄘风·桑中》说:

> 爱采唐矣? 沫之乡矣。云谁之思? 美孟姜矣。期我乎桑中,要我乎上宫,送我乎淇之上矣。

以下两章反复咏唱。该诗生动描写了青年男女在桑林约会、欢聚、送别的爱恋情景。《毛诗序》认为该诗"刺奔",的确是曲解。其实,该诗是对于与祭祀礼仪相关的男女野合欢会的表现,是一种人的本真爱情的描绘。郭沫若在《甲骨文字研究》中认为:"桑中,即桑林所在之地。上宫,即祀桑林之祠。士女于此合欢。"又说:"此乃古习,不能一概以淫风目之也。"[①]有学者认为,上古时期,人们祭奉农神与生殖之神,"以为人间的男女交合可以促进万物的繁殖,因此在许多祭奉农神的祭奠中都伴随有群婚性的男女

---

① 郭沫若:《甲骨文字研究》,《郭沫若全集·考古编》第1册,科学出版社1982年版,第62页。

欢会"，"《桑中》所描写的，正是此类风俗的孑遗"。《墨子·明鬼下》说："燕之有祖，当齐之社稷，宋之有桑林，楚之有云梦也，此男女之所属而观也。""《诗·鄘风·桑中》所描写的男女幽会相恋的情形及《左传》成公二年称人私通或有孕为'有桑中之喜'，《吕氏春秋·顺民》和《帝王世纪》都说商汤灭夏夺得天下，天大旱，五年不收，'汤以身祷于桑林之社，雨乃大至'，凡此都说明桑林既是神圣的祭祀场所，也是人们野合尽欢之地。《礼记·乐记》：'桑间濮上之音，亡国之音'，亦是指祭祀场所的男女纵情逸乐歌舞。由于地点固定，久而久之，人们提起此地就想起那些欢快娱乐之事，并径直借用其地名（因常于栎林祭祀，栎由树名而兼指地名）表达那种美好的感受。"①《陈风·东门之枌》中主人公更是明确地邀请恋人在某个特定的良辰节时于"南方之原"进行欢会。诗曰：

　　　　穀旦于差，南方之原。不绩其麻，市也婆娑。

这里的"穀旦"，"是用来祭祀生殖神以乞求繁衍旺盛的祭祀狂欢日"，"同样，诗的地点'南方之原'也不是一个普通的场所"，"这也与祭祀仪式所要求的地点相关"。② 男女恋人就在这样的特定祭祀生殖神之日，到达特定的"南方之原"，载歌载舞，狂欢相会。《东门之枌》将先民们在如歌如舞如巫的神秘而神圣的情境之中所进行的具有本真形态的爱情活动表现无遗。

3.建立在古典生态平等之上的"比兴"艺术表现手法

　　赋比兴为《诗经》之"三用"，即三种表现手法，其中比兴意义更大，充分反映了我国早在初民时代即已有较为成熟的文学艺术

---

①陈双新：《西周青铜乐器铭辞研究》，河北大学出版社2002年版，第178页。
②姜亮夫等：《先秦诗鉴赏辞典》，上海辞书出版社1998年版，第206页。

表现手法,一直影响到后世乃至现代。"诗言志"之"志",主要就是通过"比兴"的艺术途径得以表现的。"比兴"也恰恰反映了中国古代包含在"天人合一"中的生态平等观念。"比"字,在《说文解字》中写作两人相依,释为:"密也。二人为从,反从为比。"清段玉裁注《说文》,释为"比,密也","其本义谓相亲密。余义:俌也,及也,次也,校也,例也,类也,频也,择善而从之也,阿党也"。又认为古文的"比"字"盖从二大也。二大者,二人也"。因此,所谓"比",其本义即为二人亲密相处。《诗经》中所用之"比",则以"比方于物"(《周礼·春官·大师》)为义。如,《周南·桃夭》:

> 桃之夭夭,灼灼其华。之子于归,宜其室家。

这是一首描写姑娘出嫁的诗,用三月盛开的鲜艳桃花比喻新嫁娘的美丽,同时祝福她建立美好的家庭。后两章分别以丰硕的果实与茂密的枝叶祝福新娘多子多福、家庭兴旺。该诗以桃花比喻美丽的女孩子,成为我国文学史上的著名比喻,影响到后世,如唐崔护的名诗:"去年今日此门中,人面桃花相映红。人面不知何处去,桃花依旧笑春风。"这样绝妙的诗句即由此化出。更为重要的是,诗中将姑娘比喻为桃花,这是在两者亲密平等的意义上来作比的。"桃"在中国传统文化中素有福寿之义,直到现在,我们给老人祝寿时常常要敬献"寿桃"。因而,以桃花比喻,不仅取美丽之义,也有祝愿其家庭与个人长远的美好生存之义,可谓寓意深刻。这也就是该诗通过"比"的艺术手法所寄寓的"情志"。

"比"还与中国古典美学的"比德"说有关,"比德"就是将自然之物与人的美好道德相比。孔子在《论语·雍也》篇说:"知者乐水,仁者乐山。知者动,仁者静;知者乐,仁者寿。"《荀子·法行》篇明确提出"比德"概念,该篇借孔子之口指出:"夫玉者,君子比德焉。温润而泽,仁也;栗而理,知也;坚刚而不屈,义也;廉而不列,行也;折而不桡,勇也;瑕适并见,情也;扣之,其声清扬而远闻,其止缀然,辞也。故虽有珉之雕雕,不若玉之章章。《诗》曰:'言念君子,温其如玉。'此之谓也。"这就将作为自然之物的玉的"温润而泽""栗而理"等比喻为人的"仁""知""义""行""勇""情""辞"等德行、情操、情貌。该文中所引的"言念君子,温其如玉",出自《诗经·秦风·小戎》。该诗写一位妇女思念其出征的丈夫,诗将温润之玉比喻其夫的美好性格,通过这样的比喻蕴含了深厚的爱情与亲情。此后,中国艺术广泛运用比兴、比德等手法。如国画将梅竹松比喻为"岁寒三友",是艺术领域中人与自然为友的又一表现。《诗经》开创的"比"之艺术方法影响深远,在"比兴""比德"等的艺术手法中,寄寓着中国文化基于"天人合一"的人与自然平等、友好的观念,和"天人合德"之深意。

下面再看"兴"。汉人郑众说:"兴者,托事于物。""兴"字,《说文解字》释为"起也",字形像两人共举一物。段玉裁注《说文》,云:《广韵》曰:'盛也,举也,善也。'《周礼》'六诗',曰比曰兴。兴者,托事于物。"《诗经》的"兴",都是运用自然之物来兴起所写之人,通过这一艺术手法共同兴起一种深厚内涵,这就是诗歌艺术的意蕴所在。如,《召南·摽有梅》:

摽有梅,其实七兮。求我庶士,迨其吉兮。

这是一首少女怀春之诗,以梅熟落地起兴逝水年华,少女青春短暂,因而求偶心切,希望年轻的小伙子不要犹豫,以致耽误良辰吉时。后两章反复咏唱,增"迨其今兮""迨其谓之"之句,要求年轻的小伙子不要错过今天,更不要羞于启齿。这样,就以"摽有梅"与"求我庶士"共同兴起少女怀春的急切之情,寄寓着婚偶当及时之深意,体现着人类早期重繁衍生殖的本真生存状态。"怀春之诗"以"摽有梅"一诗为开端,成为中国古代文学的重要"母题"。从中国古文字学的角度看,"比"与"兴"的字义,如"两人也""相亲密也""共举也",不仅讲人与人的关系,而且讲人与物的关系。《诗经》的比兴的运用,大多是以自然物象比人,比人心,比人与人之间的关系,包含着运用艺术表现手法以自然为友,将自然物看作是与人平等、无贵贱之分的朋友。这包含着一种古典形态的"主体间性"的美学思想,东方生态智慧之丰富由此可见一斑。

4.对于"生于斯,养于斯"之家园之怀念的"怀归"诗

德国哲人海德格尔在分析人之生存状态时以"在世界之中"进行界定。他对这个"在之中"解释道:"'在之中'不意味着现成的东西在空间上'一个在一个之中';就源始的意义而论,'之中'也根本不意味着上述方式的空间关系。'之中'〔"in"〕源自 innan一,居住,habitare,逗留。'an'〔"于"〕意味着:我已住下,我熟悉、我习惯、我照料;它有 colo 的如下含义:habito〔我居住〕和 diligo〔我照料〕。我们把这种含义上的'在之中'所属的存在者标识为我自己向来所是的那个存在者。而'bin'〔我是〕这个词又同'bei'〔缘乎〕联在一起,于是'我是'或'我在'复又等于说:我居住于世界,我把世界作为如此这般熟悉之所而依寓之、逗留之。"①人之生存,本就有在"家园"之中的意思。"家园"一词,同生态学密切相关。从辞源学追溯,德语"生态学"(okologie)一词来自希腊语"oikos",原义是"人的居所、房子或家务"。因此,从生态学的角度看,所谓"人的居所"就是适宜于人与自然万物共生,并适宜于人之生存的"家园"。无论是物质的家园或者是精神的家园,都是人

①〔德〕海德格尔:《存在与时间》,陈嘉映、王庆节译,生活·读书·新知三联书店 1987 年版,第 67 页。

之美好生存的依托。因此,有关"家园"的文学主题成为自古以来
文学的"母题"。《诗经》中就有着大量的与"家园"有关的诗篇。
其时,社会处于急剧分化时期,由于战争的频繁与劳役的繁重,广
大人民长期离开家园,甚至流离失所。因此,《诗经》中"怀归"之
诗特别多,成为我国文学史上"怀归"思乡文学的源头。《小雅·
四牡》即是非常著名的"怀归"诗。

　　　　四牡騑騑,周道倭迟。岂不怀归,王事靡盐,我心伤悲。

该诗的抒情主人公是为王事而长期在外辛苦奔波的离人,他骑着
飞快奔跑的马匹,在长长的无边无际的周道上奔波,而内心却思
家心切。马的疲劳,周道的漫长,与王事的无尽无休,衬托了离人
的思乡之情,因而发出"岂不怀归"的内心呼喊。离人怀归的原因
是什么呢? 原来是"不遑将父""不遑将母",也就是说,因为年迈
的老父老母需要奉养而特别思归。因此,离人在急速行路之中看
到翩翩飞翔的"孝鸟"雅而更加伤悲,真是有人不如鸟的感慨。主
人公"怀归"的根本原因,也是该诗最重要的主旨,那就是"怀归"
是为了奉养双亲。在《诗经》产生的年代,经济社会还非常落后,
整个社会还依靠血亲关系来维持。所以,在那样的时代,"父慈子
孝"成为最重要的道德准则,也是人类社会生态之链得以维系的
重要原因,与这种"父慈子孝"相联系的"怀归"与"思乡"之情也成
为扣动无数人心扉的共同情感。试看《小雅·采薇》所写雨雪中
匆匆归乡的一位游子与离人的心情:

　　　　昔我往矣,杨柳依依。今我来思,雨雪霏霏。行道迟迟,
　　载渴载饥。我心伤悲,莫知我哀!

这位急于返乡的离人,忍受着道路的漫长艰苦,忍受着不断袭来
的饥渴,更是忍受着记挂父母妻儿的悲哀,但回想起离家时的杨
柳依依与现今回家时的雨雪纷飞,两相对照更是悲上加悲。"昔

我往矣,杨柳依依。今我来思,雨雪霏霏"成为传唱千古的"怀归"诗之名句,其原因就在于诗句以鲜明生动的对比加重了离人的"怀归"之悲,从而给人以深深的感染。是的,无论我们每个人离家多远多长,家乡都是我们心中最隐秘处的永久的思念。这就是通常所说的"桑梓"之情。《小雅·小弁》写道:

> 维桑与梓,必恭敬止。靡瞻匪父,靡依匪母。

原来那遍栽桑树梓树之处就是父母生我养我并至今仍生活于此之地,是我们每一个人的永远的怀念与向往。

5. 反映先民营造宜居环境的"筑室"之诗

与"怀归"诗相近的是《诗经》中保留的一些"筑室"之诗。这类诗歌多为颂诗,是用以歌颂周王带领部族开疆建都的功绩。诗歌在描写选址建都时,体现了先民们在当时"天人合一"观念指导下择地而居、营造宜居环境的古典生态人文主义思想。众所周知,我国古代对于房屋的建设是非常重视环境的选择与建筑的结构的,努力追求天人、乾坤、阴阳的协调统一。《周易》泰卦卦辞"泰,小往大来,吉,亨",《象传》说:"天地交而万物通也,上下交而其志同也。内阳而外阴,内健而外顺,内君子而外小人。君子道长,小人道消也。"从人居环境建筑来理解,这些文字提示我们,古人在筑室中要做到"泰",就必须处理好天地、大小、阴阳、内外等各方面的关系,达到有利于家庭及其成员美好生存的目的。《大雅·绵》描写周王朝自汾迁岐定都渭河平原之事:

> 周原膴膴,堇荼如饴。爰始爰谋,爰契我龟。曰"止"曰"时","筑室于兹"。

这里写到,选择渭河平原的原因,是那里有肥沃的土地和丰富的物产,于是,经过占卜,获得吉兆之后,决定"筑室于兹"。《小雅·斯干》从自然与人文等多个层面介绍了贵族宫室的适宜人居住的优点:

> 秩秩斯干,幽幽南山。如竹苞矣,如松茂矣。兄及弟矣,
> 式相好矣,无相犹矣。

这里讲到了清清的流水、幽幽的南山,茂盛的竹林,也讲到了兄弟亲人的和睦诚信相处。如此自然与人文相统一的环境,才是君子们的好居所,所以"君子攸芋"。

6. 反映古代农业生产规律的"农事"之诗

我国是以农为本的文明古国,历来对农事非常重视,而所有的农事活动都非常重视按自然生态规律办事。《礼记·月令》载,孟春之月,"天子乃以元日祈谷于上帝。乃择元辰,天子亲载耒耜,措之于参保介之御间,帅三公、九卿、诸侯、大夫躬耕帝籍。天子三推,三公五推,卿、诸侯九推。反,执爵于大寝,三公、九卿、诸侯、大夫皆御,命曰劳酒。是月也,天气下降,地气上腾,天地和同,草木萌动。王命布农事,命田舍东邻,皆修封疆,审端径术,善相丘陵、阪险、原隰土地所宜,五谷所殖,以教导民,必躬亲之。田事既饬,先定准直,农乃不惑"。《礼记·月令》、《吕氏春秋》的十二《纪》、《淮南子·时则》等记载,证明我国古代就有按照天时以安排农事,遵循自然规则以狩猎的生态文化传统。《诗经》中"农事"诗,就是在这一传统之下产生的,反映了当时的生产活动和生态观念。《周颂·载芟》较为详细地描写了当时农业生产从开垦、春耕、播种、田间管理、收获到祭祀上天与先祖等等过程。诗中写道:

> 载芟载柞,其耕泽泽。千耦其耘,徂隰徂畛。

这是两千多人除草耕地的壮观情景，"匪今斯今，振古如兹"，自古以来就是这样劳作。《豳风·七月》是最为典型的农事诗。该诗极为细致地描写了当时农事活动的比较完整的过程，诸如耕地、采桑、纺纱、染布、缝衣、采药、摘果、种菜、打谷、修房、酿酒、修房与祭祀等活动，都必须遵循农时按月令进行。诗还在此基础上描写了当时的社会阶级关系，抒发了贫苦农民要给贵族公子缝衣、织裘，自己缺衣少食，妻女还有可能被霸占的痛苦。诗的首章写道：

> 七月流火，九月授衣。一之日觱发，二之日栗烈。无衣无褐，何以卒岁？三之日于耜，四之日举趾。同我妇子，馌彼南亩，田畯至喜。

我国古代以星象的位置来确定节气、月令与农时，农历九月之时火星已经下坠，十一月寒风凛冽应该穿上冬衣，但穷苦的农人无衣无裤怎么过冬呢？三月开春应该修理耕地的农具，四月就应来到田头，老婆孩子随着送饭，田官看到大家忙活喜上眉头。以下依次写了每个季节需要进行的农事活动，提醒人们不违农时。正因为当时是农业立国，因此，我国古代先民对于土地有着特殊的眷恋之情，蕴含着《周易》坤卦卦辞"坤厚载物"所表示的对大地之养育功德的赞颂。《小雅·信南山》对于周代先民耕于斯养于斯的南山的良田进行了满怀深情的歌颂。诗写道：

> 信彼南山，维禹甸之。畇畇原隰，曾孙田之。我疆我理，南东其亩。

> 上天同云，雨雪雰雰。益之以霢霂，既优既渥，既霑既足，生我百谷。

可以说，这首诗充分表达了先民们对养育自己的南山下这片肥沃

土地的深厚感情,歌颂了先祖大禹赐给如此沃土。这片土地广阔
平整,雨水充沛,庄稼苗壮,是后辈栖息繁衍生存发展的良好
家园。

7. 敬畏上天的"天保"之诗

《诗经》产生的时代为前现代之农业社会,生产力低下,科学
极其不发达,人们在思想观念上有着浓厚的自然神灵崇拜,认为
万物有灵,对自然极为敬畏,并将自己的命运寄托在上天的保佑
之上。因此,《诗经》中有很多企求上帝保佑的"天保"之诗。如,
《小雅·天保》就是一位臣子为君王祈福,其中包含了企求上天保
佑的重要成分。诗曰:

> 天保定尔,俾尔戬谷。罄无不宜,受天百禄。降尔遐福,
> 维日不足。

> 天保定尔,以莫不兴。如山如阜,如冈如陵。如川之方
> 至,以莫不增。

在这里,诗人明确表示只有在上天的保佑下国家才能安定稳固,
君王才能享有福禄与太平,并且对于这种上天的降福进行了热情
的歌颂,将其比作高如山巅、厚如丘陵。相反,如果违背天道,那
就必然遭到惩罚。《小雅·雨无正》是"刺幽王"之作,是一位臣子
对周幽王的倒行逆施进行的批评,幽王"不畏于天",因而天降灾
难,造成国家混乱,民不聊生。诗曰:

> 如何昊天,辟言不信? 如彼行迈,则靡所臻。凡百君子,
> 各敬尔身。胡不相畏,不畏于天?

面对人民的丧乱饥馑、周室的败落、大夫的离居、各种灾难的降
临,诗人认为根本的原因是"辟言不信""不畏于天"。十分明显,
诗人在这里表现的是一种人类早期的"天命观",带有时代的局限

性与落后性。我们当然不能将人类的命运都寄托在"天命"之上，也不能一味地敬畏于天。但是，"天命"也可以理解为不以人的意志为转移的自然规律，那么，这段诗歌就提示我们，人类应该主动地依循这种规律生活，而且对作为人类母亲的大地与自然保持适度的敬畏。如果做到这一点，人类肯定会获得更加美好的生存。这也许就是《诗经》之中"天保"一类的诗篇所能给予我们的启示。

8. 秉天立国之"史诗"

很多民族都有自己的由神话、传说以及历史故事构成的史诗，如古代希腊的《荷马史诗》等。《诗经》之中也有一些具中华民族史诗性质的诗篇，如《大雅》中的《生民》《公刘》《绵》《皇矣》《文王》《大明》等。这些诗篇大都以歌颂周民族的开创者为其主旨，贯穿了一种"秉天立国"的观念，成为中华民族的精神根源之一。《生民》是周人歌颂其民族始祖后稷，叙述其神奇经历以及在农业上的贡献的长诗。该诗首先叙述了后稷的神奇诞生：

　　　　厥初生民，时维姜嫄。生民如何？克禋克祀，以弗无子。
　　履帝武敏，歆，攸介攸止，载震载夙，载生载育，时维后稷。
这里讲的是后稷的神奇诞生。其母姜嫄踩到了上帝的脚印因而孕育后稷，这几乎与《圣经》之中耶稣的诞生有些类似。凡是圣人都是上天之子，这正是后稷得以秉天立国的根本。后世许多学者积极考证"履帝武敏"的具体含义，试图搞清楚这是否暗示野合或者是与神尸交合而怀孕等等，其实是没有太大必要的。因为，这里讲的仅仅是一个民族始祖诞生的神话传说。其后叙述了后稷的三次被弃，三次被救，这与很多民族祖先的神奇经历是一致的。再后，叙述了后稷带领华夏儿女从事农业种植，这是在上天的帮助下进行的：

　　　　诞降嘉种,维秬维秠,维穈维芑。恒之秬秠,是获是亩。
　　恒之穈芑,是任是负,以归肇祀。

诗的内容是说,上天赐予良种,而且赐予了丰收,因此,丰收之后
应该祭祀上天与祖先。下面接着的两篇是《公刘》与《绵》。前者
主要描写后稷的子孙公刘如何由邰迁都到豳,开创基业。如,公
刘的选址建都:

　　　　笃公刘,逝彼百泉,瞻彼溥原。乃涉南冈,乃觏于京。京
　　师之野,于时处处,于时庐旅。于时言言,于时语语。

诗里说,憨厚的公刘在有泉、有原、有冈这样美好的豳地建立都
城。这确是最好的有利于民族生存的选择,所谓"于时处处,于时
庐旅",因而,上上下下都欢声笑语,所谓"于时言言,于时语语"。
《大雅·绵》描写周王朝十三世祖古公亶父带领本族人民定居渭
水之原的故事,下面一段讲述有利于民族发展的沃土的选择:

　　　　古公亶父,来朝走马。率西水浒,至于岐下。爰及姜女,
　　聿来胥宇。

　　诗写了古公亶父与新婚妻子清晨一起骑马在渭水之滨岐山
脚下寻找并确定民族定居之地的情形,说明土地乃民族生存发展
之本,正是滚滚的渭水与辽阔的平原养育了周民族的祖先。

9.表现古代巫乐诗舞相统一的"乐诗"

　　在中国古代,巫乐诗舞是统一的,这种统一也是当时人们最
重要的生存方式。巫术、宗教祭祀是当时人们最重要的生活内
容,可以说贯穿了人从出生、成人、结婚、生产劳作、习俗节日等一
切方面。先民正是在这种如歌、如舞、如诗的带有宗教性质的氛
围中不断实现自己与上天相通的愿望的。《周易·系辞上》借用
孔子的话指出:"圣人立象以尽意,设卦以尽情伪,系辞焉以尽其

言,变而通之以尽利,鼓之舞之以尽神。""鼓之""舞之"等,正是祭祀中的实际情况,是当时人与天、人与神沟通的主要方式。《诗经》保存了相当数量的这种如歌如舞的祭祀之诗。《小雅·楚茨》描写了祭祀祖先时的歌乐,在详细叙写了祭前的准备后就写到祭祀中的乐舞:

> 礼仪既备,钟鼓既戒。孝孙徂位,工祝致告。神具醉止,
> 皇尸载起。鼓钟送尸,神保聿归。

这里写到,各种准备工作完成后,祭礼开始,钟鼓齐鸣,在音乐声中完成祭礼,然后再以音乐送走祭主。《周颂·执竞》描写的对先王的祭礼,也是在舞乐歌诗中进行的:

> 钟鼓喤喤,磬筦将将。降福穰穰,降福简简。

这里,描写了钟、鼓、磬与筦四种乐器,在"喤喤""将将"的乐声中,祭祀活动达到热烈隆重,充分体现出颂诗之"美盛德之形容,以其成功告于神明"的景象。《小雅·鼓钟》具体叙写了雅乐的演奏情况:

> 鼓钟钦钦,鼓瑟鼓琴,笙磬同音。以雅以南,以籥不僭。

这里写到雅乐所用的鼓、钟、瑟、琴、笙、磬、籥七种乐器,七乐齐鸣并伴之歌舞,和谐合拍美妙悦耳,其盛况可见一斑。这些都是祭祀所用的"庙堂之乐",日常生活中则还有燕息之乐。《王风·君子阳阳》就具体描写贵族燕息时的音乐:

> 君子阳阳,左执簧,右招我由房。其乐只且!
> 君子陶陶,左执翿,右招我由敖。其乐只且!

这里描写了家庭燕息之乐,是一种舞乐齐备的场景,乐师边唱边舞边奏,有的手持簧乐,有的手持翿这种舞具载歌载舞,其乐无穷。普通老百姓也有自己的乐舞生活,《陈风·宛丘》描写孟春之月纪念生殖神时在桑间濮上的祭祀歌舞与欢会,一位女性舞者在

野外山坡之上翩翩起舞：

> 子之汤兮，宛丘之上兮。洵有情兮，而无望兮。
>
> 坎其击鼓，宛丘之下。无冬无夏，值其鹭羽。
>
> 坎其击缶，宛丘之道。无冬无夏，值其鹭翿。

这位在野外载歌载舞的漂亮女子到底是谁呢？一般认为是女巫，我们也可以猜度她或许也是"桑间濮上"被许多青年男子所爱慕的女子吧。

三、《诗经》作为"源始"的
生态美学意蕴

综上所述，从生态存在论审美观的角度解读《诗经》，真的使我们感觉耳目一新、收获颇丰。从总的方面来说，《诗经》所表现的是一种"天人合一"之"情志"，是一种古典形态的生态人文主义。对它，我们可以从"诗体"、"诗意"与"诗法"三个方面来理解。从"诗体"的角度看，《诗经》为我们提供了"风体诗"这种特有的以反映人的本真的生存状态为其内涵的原生态性的诗歌艺术，这是一种巫乐舞诗相结合的古代艺术，是我国古代先民的基本生活方式；从"诗意"的角度来看，《诗经》几乎是全方位地描写了我国先民的生活，反映了他们的情感，特别是表现了普通人民与自然及人之本性密切相关的生活状况与欲望情感。大体包括情、家、食、劳、巫与乐等各个方面。所谓"情"，主要指天真烂漫本真的爱情，即所谓"桑间濮上"之诗；而"家"则指"家园"之情，归乡之诗、离人之诗、怨妇之诗、筑室之诗均属于这个范围；所谓"食"，则为"饥者歌其食"，主要指那些扣动人心的饥者之歌；所谓"劳"。则指"劳者歌其事"，包括劳动之歌、抨击剥削者之歌等等；所谓"巫"，主要指描写祭祀活动之诗歌。当时祭祀是人们的主要生活内容,所谓"国之大事,在祀与戎"(《左传·成公十三年》),祭祀更是当时人们与天沟通的主要途径,因而,《诗经》中有许多描写祭祀活动的诗篇。所谓"乐",其实与巫是紧密相连的。如果说巫主要指庙堂与贵族宫廷活动的话,那么,"乐"则是当时普通人民的基本生活方式,反映了当时普通人民的本真的生活状态。从"诗法"的角度看,《诗经》主要给我们提供了"比兴"这样的诗歌表现手法,而且是从人与自然平等的古典"主体间性"的角度来进行比兴,包含了与自然为友的精神,难能可贵,成为中国诗艺在人与自然平等交流中创造出诗情画意的经久不衰的优良传统。"比兴"之法直接影响到后世的"意境"之说,在人与对象、意与境的交融融合之中蕴含着诗之深情厚谊,即所谓"意在言外""境外之情"等。

对于《诗经》的重新解读,给予我们许多启发,使我们进一步认识到,长期以来影响极广的实践美学,及其所强调的美是"人的本质力量的对象化",以及"主体性"的理论只有部分的正确性,用这些理论是无法恰当地解释像《诗经》这样的古代文学经典的。《诗经》并不完全是劳动之歌,更说不上是什么人的本质力量对象化的产物,它主要是从人的本性发出的原生态的歌唱。它也不是什么人类改造战胜自然的产品,更不完全是人的自我颂歌。它是人出于天性的生命之歌、生存之歌,是对于"天人合一"的期盼,甚至是对渺茫宇宙与上天的祈祷。它对天的歌颂远远超过了对于人的歌颂,根本不存在什么"人类中心主义"。因此,《诗经》是生命之歌,是对人与自然和谐的祈盼之歌,包含着极为丰富的生态存在论美学内涵。正是从这样的角度,我们认为,本世纪中期海德格尔在东方哲学与美学,特别是中国道家思想启发下,其思想发生的由"人类中心"到生态整体的转变,所提出著名的"天地神人四方游戏"说等,意义十分重大。我们认为,既然海氏可以从东方获得启发从而实现对思想突破,我们如欲对生态存在论审美观进一步加以深入阐释,继续从东方艺术中寻找灵感,应该是重要途径之一,本书对于《诗经》的研究就是这样一种积极的尝试。《诗经》产生的文化背景与道家思想大体相近,而其基本思想内涵也与道家"道法自然"之说相关。因此,《诗经》展现给我们的"风体诗"、"桑间濮上"诗、"怀归"诗、"比兴"手法等,都包含着极为浓郁的"天人合一"精神的具体的艺术与审美的经验,这些经验对当代生态存在论审美观的建设将给予非常重要的启示。

　　当然,《诗经》毕竟是创作于3000多年前的作品,当时我们的先民们还生活在前现代的极其落后的生活条件之下,思想也处于较为蒙昧的状况,笼罩着浓厚的神秘与迷信色彩,不可避免地要反映到《诗经》之中,渗透于它的艺术审美经验之中,因而不可避免地有很多局限性。但这并不能抹杀其重要价值,不能抹杀其在建设当代生态存在论审美观之中的重要思想资源作用。

第三章　唐诗——"生生论诗学"的集中呈现

　　中国到底有没有自己的诗学与美学，中国的诗学与美学应该如何书写？这是学术界一个有争议的问题。黑格尔曾言，在美的艺术方面，理想的艺术在中国是不可能兴盛的；鲍桑葵说，近代中国与日本等东方审美意识，"还没有上升到思辨理论的地步"①。在中国传统诗学与美学的书写方面，长期以来遵循着"以西释中"之路，以现实主义与浪漫主义的二元对立来阐释中国传统诗学与美学，从而走上误读与曲解之路。宗白华认为，中国诗学与美学不以纯理论的形式呈现，而是主要存在于具体的艺术与艺术理论之中。因此，本文试图从中国最重要的艺术成果——唐诗来解读中国传统诗学与美学。

　　众所周知，唐诗是中国文学艺术的高峰。它不仅包括极为丰富的诗歌作品，而且也包括与之有关的诗学成果，从而成为中国诗学与美学的高峰。中国传统"生生论诗学"发展到唐代，也达到高峰。在理论上，唐代"意境"论诗学的出现使得"生生论诗学"走向成熟；在艺术呈现上，唐诗以其豪放雄浑的时代艺术精神，以李杜为代表的一大批诗人的光耀宇宙的伟大作品而给予"生生论诗

---

① (英)鲍桑葵:《美学史》，张今译，商务印书馆 1985 年版，"前言"第 2 页。

学"无比广阔的艺术空间。唐诗"气度恢弘,意境深远,文辞优美。这种繁荣景象,既是一个国力强盛的王朝给人以充分自信的必然结果,也是诗歌艺术发展历经变迁走向成熟的标志"①。要了解中国诗学特别是"生生论诗学",必须走进唐诗。

一、"意境"论诗学的出现标志着
"生生论诗学"走向成熟

"生生论美学"与"生生论诗学"最早于上世纪由方东美提出。他论"生生"之德与审美的关系,将"生之理"列为中国哲学诸义之首,"故《易》重言之曰生生"。又说:"一切艺术文化都是从体贴生命之伟大处得来。"②有鉴于此,我们于近期提出"生生美学",认为"生生美学是一种天人相和的整体性与有机性文化行为"③。"生生论美学"与"生生论诗学"肇始于"天人合一"的文化传统,诞生于《周易》的"生生"之学,所谓"生生之谓易也"(《周易·系辞上》),"天地之大德曰生"(《周易·系辞下》)。《礼记·中庸》之"中和位育"使得"生生"之学与"生生论诗学"更加丰富,所谓"中也者,天下之大本也;和也者,天下之大道也。致中和,天地位焉,万物育焉"。通过《中庸》,"生生"之学特别是"生生论诗学"具有了天地之"大本"、"大道"的地位,以及使"天地位"、"万物育"的重要内涵。刘勰《文心雕龙》的出现,使得"生生论诗学"趋于确定。

---

① 章培恒、骆玉明:《中国文学史》(上卷),复旦大学出版社 2006 年版,第441 页。
② 方东美:《生生之美》,李溪编,北京大学出版社 2009 年版,第 47、108 页。
③ 曾繁仁:《解读中国传统生生美学》,《光明日报》2018 年 1 月 7 日。

《文心雕龙·原道》之"人文之元,肇自太极;幽赞神明,易象为先"表明,它的诗学与《周易》"生生"之学有渊源关系;《文心雕龙·隐秀》篇阐明了它的"生生论诗学"之实际内涵。《隐秀》篇云:"故互体变爻,而化成四象;珠玉潜水,而润表方圆。"这表明,"隐秀"之美与《周易》之爻变成象的关系。《隐秀》的"隐也者,文外之重旨也;秀也者,篇中之独拔者也",以及"情在词外曰隐,状溢目前曰秀"等,也阐述了"生生论诗学"的"文外之旨"与"词外之意"的不同凡响的内涵。这在后来"意境"论中得到新的发展与充实。

　　唐代诗歌的高度发展,并达到极高水平,使之成为中国诗学、美学理论发展与总结的前提。而佛学在唐代的发展与禅宗的出现,也使得"生生论诗学"在唐代达到理论高峰,由此诞生了"意境"论,并逐步走向成熟。佛教的传入、发展与中国化,特别是禅宗的出现,是"意境"论产生的契机。但毋庸置疑,"意境"论是儒释道三教统一交融的成果。盛唐时,王昌龄首先提出"意境"概念。他的《诗格》提出了"三境"说:"诗有三境:一曰物境。欲为山水诗,则张泉石云峰之境,极丽绝秀者,神之于心,莹然掌中,然后用思,了然镜象,故得形似。二曰情境。娱乐愁怨,皆张于意,而处于身,然后驰思,深得其情。三曰意境。亦张之于意,而思之于心,则得其真矣。"此三境,一般认为分别指写景、抒情与写意之三种不同的诗境,但实质上是"三种趋向于真境旨归的程度分类"①。"三境"均指向"真境",只是程度不同而已。王昌龄将"境"这个重要概念引入诗学,非常重要。"境"乃佛学概念,梵语

①王振复:《中国美学范畴史》(第2卷),山西教育出版社2006年2月版,第394页。

为"visaya"，即指"主体作用于对象所形成的区域范围"①，是"禅定入静后所体验的心灵世界"②。"境"不是实体世界之"境域"，而是指超越于"境域"的"心灵世界"，也就是"境外之境"、"文外之旨"与"词外之意"。一个"外"字，道出了"意境"之"境"的真义。王昌龄用一个"境"（真境）字揭示了"意境"论之真髓，并强调了"意"与"心"的作用，所谓"张之于意，而思之于心"。王昌龄《诗格》还提出"忘身"的重要问题，所谓"夫作文章，但多立意。令左穿右穴，苦心竭智，必须忘身，不可拘束"。这里的"忘身"，即禅宗之"禅定"与"顿悟"，也是道家之"坐忘"与"心斋"。中唐诗僧皎然《诗式》明确地提出"诗工创心"之论，所谓"夫诗工创心，以情为地，以兴为经，然后清音韵其风律，丽句增其文采"。皎然还阐述了"取境"问题，丰富了"意境"论。其后，权德舆《送灵澈上人庐山回归沃州序》提出了"乘理以诣，因言而悟"的重要问题，将佛学之"悟"引入"意境"问题，基本完成了"意境"论的建构。"悟"乃佛学用语，此处指禅宗南宗之"顿悟"。《六祖坛经》有言："迷闻经累劫，悟则刹那间"。"顿悟"是一种"刹那间"的生命感悟。刘禹锡《秋日过鸿举法师寺院便送归江陵诗引》更加明确地提出"因定而得境，故翛然以清"。南宋严羽《沧浪诗话·诗辨》论学诗之道，提出"从顶颃上做来，谓之向上一路"的学诗路径，认为此路径"谓之直接根源，谓之顿门，谓之单刀直入也"。"顿门"即顿悟之门，严羽认为，只有"从顶颃上做来"，学习最优秀的作家作品，才能找到

---

① 王振复：《中国美学范畴史》（第2卷），山西教育出版社2006年2月版，第390页。

② 王振复：《中国美学范畴史》（第2卷），山西教育出版社2006年2月版，第395页。

"顿悟"之门,即刹那间生命领悟或生命颤动。晚唐司空图《与李生论诗书》提出"辨于味而后可以言诗",诗之"醇美"在"咸酸之外",即"近而不浮,远而不尽"的"韵外之致"、"味外之旨"。其《与极浦书》提出"象外之象,景外之景"之说,标志着"意境"论诗学已经走向成熟。本文从司空图的总体诗学倾向出发,认同《二十四诗品》为司空图所作。《二十四诗品》虽然反映了司空图对于"澄淡"之美的偏爱,但总体上是以唐诗成就为基础,总结了"意境"论诗学也即"生生论诗学"的基本风格特点。因此,我们可以以《二十四诗品》为据认识和审视唐代特别是盛唐之"意境"论诗学的艺术呈现。严羽之《沧浪诗话》主要继承司空图诗学成就,总结唐诗特别是盛唐诗的巨大成就,提出"妙悟"、"兴趣"、"气象"等说,进一步丰富了"意境"论诗学。

　　司空图笃信道家思想,其诗歌创作以消极退隐的山水诗为代表,趋向自然澄淡的风格。那么,这是否意味着其"意境"论诗学偏于道家,风格上偏于山水诗之澄淡?学术界有人持这样一种看法,我认为,这样看是偏颇的。"意境"论诗学尽管成熟于晚唐之司空图,但它却是整个唐代甚至是整个中国诗学的成果,所谓"诚以廿四品者:诗家之总汇,诗道之筌蹄"①。它是儒释道统一之唐代文化乃至中国文化的反映。"意境"论诗学更不是只适应山水诗与澄淡的风格,而是适应于包含了整个唐代乃至整个中国的传统诗歌与艺术,特别是盛唐,又特别是李杜。对于"意境"的内涵,宗白华曾经简洁地将之概括为"气韵生动就是生命的节奏或有节

---

①（清）孙联奎、杨廷云:《二十四诗品臆说》,《司空图诗品解说两种》,孙昌熙、刘淦校点,山东人民出版社 1962 年版,第 5 页。

奏的生命"。① 有唐一代,诗歌格律发生重大变化,近体诗之绝句
与律诗的产生,使得诗歌格律更加具有强烈的节奏,成为生命的
咏唱。因节律产生的丰富的生命情感,成为唐诗的重要特点。刘
禹锡《秋日过鸿举法师寺院便送归江陵诗引》说:"词妙而深者,必
依于声律",说明声律成为意境之必要条件。钱钟书言道:"唐诗
多以丰神情韵擅长。"②方东美说:"一切艺术都是从体贴生命之
伟大处得来的,我认为这是所有中国艺术的基本准则。"③我们可
以将方东美此言看作是对于"意境"的一种现代阐释。此处的"体
贴",可以理解为"一种刹那间的生命体悟与震颤"。"意境就正是
在自我否定了意与境后,刹那生命之间的瞬息照面。"④"意境"论
诗学成为唐代诗歌理论最重要的成就,也是对唐诗的一种艺术的
总结,光照此后的中国诗歌艺术历史,并惠及后代。它通过"思与
境偕"(司空图《与王驾评诗书》)之主题,理论地阐明了中国传统
美学无比含蓄性的东方特点。"思与境偕"之"境"包含两个方面
的内涵:首先,"境"乃心所面对之"实境"(或者是具体的世事);其
次,"境"是心造的"虚境",乃"象外之象,景外之景",具有极为广
阔的精神空间。这恰是中国传统诗学与美学的独特与伟大之处,
彻底击破了黑格尔关于中国古代无美学的误读。这种在心之"妙
悟"与"忘身"中产生的"象外之象,景外之景",在西方,直到 20 世
纪初期现象学美学的产生,才有了通过现象学之"悬搁",主体在

---

①宗白华:《美从何处寻》,山东文艺出版社 2020 年版,第 208 页。

②钱钟书:《谈艺录》(补订本),中华书局 1984 年版,第 2 页。

③方东美:《生生之美》,李溪编,北京大学出版社 2009 年版,第 295 页。

④王振复:《中国美学范畴史》(第 2 卷),山西教育出版社 2006 年 2 月版,第
　395 页。

时间中通过阐释对于存在意义由遮蔽到澄明的逐步领悟。前现代之中国美学与后现代之西方美学在 20 世纪相遇了。

"意境论诗学"是"生生论诗学"的发展与丰富,也是其最高形态,具有重要的价值意义。它是中国文学之巅峰唐诗的艺术总结,充分彰显了唐诗巨大的主体创造性与丰富的艺术拓展性特点。"诗工创心",唐诗体现了一种主体的巨大创造性,唐代那个高度繁荣发展的时代,造就了一批具有巨大主体自由创造力的伟大诗人,唐诗就是他们的精神产品。

二、"盛唐气象"是"生生论诗学"的集中呈现

"盛唐气象",即盛唐诗总体的"雄浑悲壮"之风貌,成为宋元明清各代评论盛唐诗之流行术语,也成为"意境"论诗学或"生生论诗学"集中的艺术体现。它首先由南宋严羽提出。严羽在《沧浪诗话·考证》中说:"'迎旦东风骑蹇驴'绝句,绝非盛唐人气象,只似白乐天语。"杜甫《画像题诗》之"迎旦东风骑蹇驴",表现一种迟缓不前的状态,不似盛唐之高昂迅疾之姿态。严羽在《答出继叔临安吴景仙书》中对"盛唐气象"进行了阐释。他说:"又谓:盛唐之诗,雄深雅健。仆谓此四字,但可评文,于诗则用'健'字不得。不若《诗辨》'雄浑悲壮'之语,为得诗之体也。"又说:"盛唐诸公之诗,如颜鲁公书,既笔力雄壮,又气象浑厚。"严羽认为,"雄浑雅健"不适合评诗而只适合评文,这是因为"健"字表达一种清晰的分寸,而诗歌乃"唯在兴趣","不涉理路,不落言筌",故而不适合评诗。严羽用"雄浑悲壮"概括"盛唐气象"之内涵,这是一种具有盛唐之时代特点的诗歌风貌。严羽《沧浪诗话·诗评》论诗歌

的时代性问题,他说:"大历以前,分明别是一副言语;晚唐,分明别是一副言语;本朝诸公,分别是一副言语。如此见,方许具一只眼。""一幅言语",即指诗歌之时代特点。把握到这种时代性,就是"具一只眼",即别具慧眼。显然,严羽认为,"雄浑"是盛唐气象的最基本特征。"雄浑"在《二十四诗品》列于首位,其地位相当于《文心雕龙》之《原道》,是司空图对盛唐诗的总体风貌的概括。《雄浑》云:"大用外腓,真体内充。返虚入浑,积健为雄。具备万物,横绝太空。荒荒油云,寥寥长风。超以象外,得其环中。持之非强,来之无穷。""雄浑"是"真气"之巨大作用,也是道之强劲力量,是一种非外力之强迫,具有无穷无尽的内在力量。所谓"雄浑",显然是主要指"意境"创作中最主要因素即诗人主体所必须具备的基本要求,即内充"真气","返虚入浑,积健为雄"。司空图的《雄浑》塑造了一个具有高度代表性的盛唐时代诗人的形象,这个诗人好似得道之"真人",秉天地之真气,驾长风乘飞云,遨游于宇宙太空,对宇宙生命之瞬间刹那间感悟,犹如把握枢纽之环中,从而"超以象外",得"味外之旨"、"象外之象、景外之景"。这样的诗人与作品就是"盛唐气象"之体现。这里,既有道家的"真体内充","超以象外,得其环中",更有儒家引道入儒,将出世的道家思想引向入世的盛唐气象的创造。

　　严羽对"盛唐气象"之阐释,联系到"盛唐风骨"与"唐人尚意兴"等特点。他说:"顾况诗多在元白之上,稍有盛唐风骨处。""风骨"本为魏晋之时评品人物的用语,刘勰首先在《文心雕龙》之中将之用于文论。他在《风骨》篇中言道:"是以怊怅述情,必始乎风;沉吟铺辞,莫先于骨。故辞之待骨,如体之树骸;情之含风,犹形之包气。结言端直,则文骨成焉;意气骏爽,则文风清焉。""风骨"乃言文之正气健骨,生命力之强劲。如果说"魏晋风骨"还多有悲凉,那么"盛唐风骨"则更多豪壮之气概。严羽显然将"盛唐风骨"视为"盛唐气象"之必要组成部分,使正气健骨、生命强劲成为"盛唐气象"之义涵。严羽还提出"唐人尚意兴而理在其中","意兴"着重在"意"。王昌龄论"意境",即强调"张之于意,而思之于心";王维论画,也主张"凡画山水,意在笔先"。"意兴"之中,无疑"意"是最重要的,"意"左右了"兴"。"兴者,托事于物",陈之昂与李白论诗,均提出"兴寄"即"兴"之"意"寄托于具体的物象之上,更加突出了"兴"的作用。因此,"意兴"显然是"意"寄托于物,包含了更多的寄托之意,并凭借物象而产生"言外之意"、"味外之旨"。"风骨"与"意兴"成为"盛唐气象"的主要内涵,标志着强大的生命之力在物象之上的瞬间寄托与勃发。总之,"意境"、"气象"、"兴趣"、"意兴"与"妙悟"都是同格的,反映了艺术创造与欣赏的不同侧面。

　　"盛唐气象"之"风骨"、"意兴"几乎贯穿整个唐代始终,只是在盛唐得到更加集中的体现。初唐陈子昂的《登幽州台歌》:"前不见古人,后不见来者。念天地之悠悠,独怆然而泪下。"该诗写于公元697年,陈子昂仕途遇挫,登上古幽州台这个特定的历史场所。诗人站在这个特定的包含无限历史意蕴的高台之上,面对茫茫的北国大地,回想曾经盛极一时的历史人物,从空间与时间两个维度都感到一种空前的孤独之感,不免感时愤世。"念天地之悠悠,独怆然而泪下",成为亘古绝唱。本诗尽管是写境遇不顺之孤独,但却充分体现了陈子昂对于"骨气端翔,音情顿挫,光音朗练,有金石声"(陈子昂《与东方左史虬〈修竹篇〉序》)的追求,该诗塑造了一个面对苍茫大地满怀悲怆之情的抒情主人公形象,虽然悲情满怀但却胸怀宇宙历史,骨气耿直,不卑不亢,充满豪情地面对未来。由此,该诗被誉为"洪钟巨响",一扫齐梁绮靡之风,成为初唐之名诗。该诗短短的四句凸显了诗人在特定的时空被幽州台所触发了强烈的生命感怀——空前的孤独感，这就是刹那间的生命震颤，对于生命伟大处的瞬间感触！

盛唐诗人王湾的《次北固山下》云："客路青山外，行舟绿水前。潮平两岸阔，风正一帆悬。海日生残夜，江春入旧年。乡书何处达，归雁洛阳边。"明胡应麟称此诗"形容景物，妙绝千古"①。该诗大约写于开元元年即公元713年，王湾刚中进士，由吴地乘舟沿江北归洛阳，时在岁末拂晓之时。首联言旅途舟停青青的北固山外，前路为一片涛涛绿水，青绿均形容生命蓬勃的心情感受。第二联言江之景象，所谓潮平岸阔，风正帆悬，"潮平两岸阔，风正一帆悬"象征着盛世世道太平人心安定的境况。第三联"海日生残夜，江春入旧年"，以"生"来形容一轮海日从残夜中生起，不是"升"而是"生"，充分说明朝阳以无比的生命力量代替更换旧有的残夜，新的时代以巨大无比的蓬勃朝气代替旧的时代；同时，"入"字写江上的春天已经进入旧年，同样具有无比强大的生命力量，新的春意是一种主动的进取的无法阻挡的巨大力量。这一联广为传颂，殷璠《河岳英灵集》称"诗人以来，少有此句"，并说当时名臣张说"手题政事堂，每示能文，令为楷式"②。王夫之称其"以小景传大景之神"③。末联表达轻轻的乡愁。总之，王湾此诗也是一种生命力的触发，不仅是"以小景传大景之神"，而且是传时代之神，成为"盛唐气象"的典型代表。

---

①（明）胡应麟：《诗薮》，上海古籍出版社1958年版，第59页。
②（唐）殷璠：《河岳英灵集注》，王克让集注，巴蜀书社2006年版，第346页。
③（清）王夫之：《姜斋诗话》，戴鸿森笺注，上海古籍出版社2012年版，第93页。

李商隐身处晚唐黑暗政治之中,仕途坎坷,潦倒终身,中年早逝。他的诗大多揭露政治之黑暗,哀婉自身的怀才不遇,诗语凄切婉转,意境朦胧模糊,辞藻精丽华美。李商隐的诗歌表现了晚唐黑暗的时代与悲苦的人生,总体较为低沉。但他的诸多无题诗以凄婉的语言、委曲的比喻,表现了美好的爱情与纯洁的友谊,给人以某种期望,闪耀出些许亮色。如,其《无题》:"相见时难别亦难,东风无力百花残。春蚕到死丝方尽,蜡炬成灰泪始干。晓镜但愁云鬓改,夜吟应觉月光寒。蓬山此去无多路,青鸟殷勤为探看。"全诗写恋人别离与别后的痛苦思恋,最后是一种诗意的期望。最感人的句子"春蚕到死丝方尽,蜡炬成灰泪始干",是坚守爱情的永恒的誓言。其他如"身无彩凤双翼飞,心有灵犀一点通","春心莫共花争发,一寸相思一寸心"等,还有歌颂友谊的"何当共剪西窗烛,却话巴山夜雨时"等等,均说明李商隐在晚唐走向衰败的特定历史语境之中仍然保持着某种文人"风骨",并创造出具有生命共鸣的诗歌名篇,永存诗史。

最后看晚唐诗人杜荀鹤的《自叙》:"酒瓮琴书伴病身,熟谙时事乐于贫。宁为宇宙闲吟客,怕作乾坤窃禄人。诗旨未能忘救物,世情奈值不容真。平生肺腑无言处,白发吾唐一逸人。"杜荀鹤出身寒微,科第不顺,四十六岁才中进士,入仕为官,很多诗作反映了晚唐社会的黑暗与人民的疾苦。该诗是杜荀鹤自述人生态度,诗写自己穷愁病困,只能以酒瓮书琴相伴病身;但自己的节操还在,宁为宇宙间的闲客,也不愿做白拿俸禄不报效国家之人;自己虽从未忘诗人济世救民的宗旨,但奈何世情黑暗不能真正实现自己的愿望;肺腑之言无法倾诉,只能做一个满头白发的闲逸之人。该诗艺术水平不算高,基本上是直叙胸臆,但甘于清贫恪守道德的风骨还在,关心人民疾苦的情感仍然存留心怀,表现了盛唐气象的余韵。陆侃如先生说："他的诗在技巧上也许不如杜牧，但在内容上却更富于积极的意义。他结束了唐诗三百年光荣的历史"。①

三、飘逸与沉郁——唐代"生生诗论学"艺术表现的两种基本形态

盛唐是唐代诗歌光辉闪耀之时，以李白与杜甫为最重要的代表。李白之飘逸与杜甫之沉郁是盛唐诗歌最主要的特点，是"生生论诗学"两种基本形态，也是唐诗所表现的两种最基本的生命形态，成为"意境论诗学"的主要呈现。严羽《沧浪诗话·诗辨》言："诗之极致有一，曰入神。诗而入神，至矣，尽矣，蔑以加矣！惟李杜得之，他人得之盖寡也。"其《沧浪诗话·诗评》又言："子美不能为太白之飘逸，太白不能为子美之沉郁。"将李杜在唐诗中独占鳌头的地位，及其一为飘逸一为沉郁的特点均表述明白。

首先是李白之飘逸。严羽《沧浪诗话·诗评》言道："观太白诗者，要识真太白处。太白天才豪逸，语多卒然而成者。学者于每篇中，要识其安身立命处可也"。所谓"真太白处"、"安身立命处"，即"天才豪逸"。李白同时的安徽都督马公称"李白之文，清雄奔放，名章俊语，络绎间起，光明洞彻，句句动人"（李白《上安州裴长史书》），李白《经乱离后天恩流夜郎忆旧游书怀赠江夏韦太守良宰》赞扬韦良宰的"荆山作"为"清水出芙蓉，天然去雕饰"。这两段赞语，无疑更适合揭示李白诗"天才豪逸"、清新自然的风格，与《二十四诗品》之"飘逸"颇多相近之处。《飘逸》云："落落欲

---

① 陆侃如、冯沅君：《中国诗史》，山东大学出版社2009年版，第264页。

往,娇娇不群。缑山之鹤,华顶之云。高人惠中,令色烟缊。御风蓬叶,泛彼无限。如不可执,如将有闻。识者期之,欲得愈分。""飘逸"之诗人:"离群绝俗,犹如缑山之鹤,华顶之云;秀外而惠中,美丽而气度不凡;如御风之蓬叶,飘荡在无垠;似得似失,似见似闻;可期不可待,似离似分。"这是一位飘逸在天际的神仙,李白就是这样的神仙。李白诗如神仙般的飘逸自由是唐诗之奇迹,也是中国诗歌史上的奇迹,当然也是盛唐那个相对自由繁盛的时代之音。盛唐之时,经济繁荣,国力强盛,文化开放,各种民族文化实现空前交融,政治上较为宽松,并以诗取士,给诗人以相对的创作、生活与发展空间。包括李白与杜甫在内的很多诗人都漫游各地,扩大了交往,增长了见闻。相对自由的时代产生了神仙般飘逸的诗人李白,也产生了神仙般飘逸的李白诗歌。这种飘逸的诗歌,具有风骨力度,气吞山河,诗句随手拈来,不受任何束缚,具有超群的艺术想象力,上天入地,由古及今,无所不包,无所不写,皆成文章,充分表现了"盛唐气象"与"意境"之"风骨"与"意兴"。

李白一生写了将近 1000 首诗作,反映了盛唐之无比强大的生命力量,成为豪放飘逸诗歌与人生的代表之作。其《蜀道难》写于天宝初年,是盛唐诗歌的典型代表。诗云:

> 噫吁戏,危乎高哉! 蜀道之难,难于上青天! 蚕丛及鱼凫,开国何茫然! 尔来四万八千岁,不与秦塞通人烟。西当太白有鸟道,可以横绝峨眉巅。地崩山摧壮士死,然后天梯石栈相钩连。上有六龙回日之高标,下有冲波逆折之回川。黄鹤之飞尚不得过,猿猱欲度愁攀援。青泥何盘盘,百步九折萦岩峦。扪参历井仰胁息,以手抚膺坐长叹。问君西游何时还? 畏途巉崖不可攀。但见悲鸟号古木,雄飞雌从绕林间。又闻子规啼夜月,愁空山。蜀道之难,难于上青天,使人

听此凋朱颜。连峰去天不盈尺，枯树倒挂倚绝壁。飞湍瀑流
争喧豗，砯崖转石万壑雷。其险也若此，嗟尔远道之人胡为
乎来哉！剑阁峥嵘而崔嵬，一夫当关，万夫莫开。所守或匪
亲，化为狼与豺。朝避猛虎，夕避长蛇，磨牙吮血，杀人如麻。
锦城虽云乐，不如早回家。蜀道之难难于上青天，侧身西望
长咨嗟！

对于此诗，解读有多种。我们认为，从意境之视角解读该诗，其主
题应该是李白根据对于蜀道之难的亲身体验抒发自己对于高及
天涯的蜀道的歌颂与自己攀越蜀道的人生理想。其时李白正当
壮年，还没有实现自己抱负，或者说正在等待与创造这样的机会。
该诗抒发"蜀道之难难于上青天"之感叹，完全是基于李白作为蜀
人的亲身的经历与切身的体验，形象而逼真地抒写了跨越蜀道的
生命震颤！诗从难、险、危与恶等四个层次抒发这样的生命震颤，
可以说几乎每一句都抒写了这种震颤，第一句"噫吁嚱，危乎高
哉！蜀道之难难于上青天！"这就是一种发自生命深处对蜀道之
难的惊叹！只有亲自爬过高山的人，才会有这样的惊叹与体验。
它马上将我们带进攀爬高山的境界，与作者一同历险，经历攀爬
蜀道的艰难险阻。这是该诗的第一个生命的感叹。下面对古代
蜀地蚕丛、鱼凫的古国历史的追述，从"尔来四万八千岁"的无比
夸张的历时的维度加强"噫吁嚱，危乎高哉"之生命惊叹；接着，又
从鸟道、天梯、石栈、回川与青泥等地的无比惊险的角度强化了
"噫吁嚱，危乎高哉"之生命惊叹。继而发出"扪参历井仰胁息，以
手抚膺坐长叹"之情怀，蜀道之高，几乎能用手触摸到参历二星，使
人只能仰头叹息，抚胸长叹！这是该诗第二个蜀道之险的生命惊
叹！接着，通过"畏途巉岩"、"悲鸟号古木"与"子规夜啼月"等发
出"蜀道之难难于上青天，使人听此凋朱颜"的惊叹。这是诗人的

第三个蜀道之危的生命惊叹！最后，诗人通过"枯树倒挂"、"飞瀑湍流"、"转石万壑雷"、"剑阁峥嵘"、"一夫当关万夫莫开"与"磨牙吮血，杀人如麻"等，发出第四个蜀道前途之恶的生命惊叹："蜀道之难难于上青天，侧身西望长嗟叹！"最后只剩得"西望长嗟叹"。李白通过这四个生命惊叹，抒发了他自己对于蜀道的惊叹与出蜀追求人生理想的愿望。这是该诗的"风骨"与"意兴"之所在，彰显了李白飘飘若仙的诗人风貌。

再看《庐山遥寄卢侍御虚舟》。卢虚舟曾与李白一起游过庐山，公元760年，李白流放夜郎，中途遇赦放还，途经庐山，故作诗遥寄卢虚舟。诗云：

> 我本楚狂人，凤歌笑孔丘。手持绿玉杖，朝别黄鹤楼。五岳寻仙不辞远，一生好入名山游。庐山秀出南斗旁，屏风九叠云锦张，影落明湖青黛光。金阙前开二峰长，银河倒挂三石梁。香炉瀑布遥相望，回崖沓嶂凌苍苍。翠影红霞映朝日，鸟飞不到吴天长。登高壮观天地间，大江茫茫去不还。黄云万里动风色，白波九道流雪山。好为庐山谣，兴因庐山发。闲窥石境清我心，谢公行处苍苔没。早服还丹无世情，琴心三叠道初成。遥见仙人彩云里，手把芙蓉朝玉京。先期汗漫九垓上，愿接卢敖游太清。

该诗是李白晚年作品。此时，李白经过流放夜郎，仕途严重受挫，退隐的思绪占据上风。因而，此诗以成仙得道作为基本追求，其关键点即"早服还丹无世情，琴心三叠道初成"。也就是，追求一种服丹修炼摒弃世情与心平气的学道目标，这是此诗的"兴寄"所在，是该诗丰富奇特的景物描写背后的东西。首先，李白写道："我本楚狂人，凤歌笑孔丘"，开诚布公表明自己的立场——扬道弃儒。他以楚之狂人接舆自比，超然世外，漫游群山峻岭，追求成仙得道,即所谓"手持绿玉杖,朝别黄鹤楼。五岳寻仙不辞远,一生好人名山游"。接着描绘了庐山的著名景观:屏风九叠,明湖青黛,金阙二峰,银河倒挂,回崖沓嶂,翠影红霞,白波九道等,如诗如画,美轮美奂,如在目前。最后,点出本诗之诗眼:"琴心三叠道初成"。这首诗明确地以成仙得道作为主旨。

　　杜甫与李白并称,被赞为"诗圣"。他一生信奉儒家思想,所谓"法自儒家有,心从弱岁疲"(《偶题》),明确追求诗歌的社会价值"致君尧舜上,再使风俗淳"(《奉赠韦左丞丈二十二韵》)。杜甫追求诗歌的意境与韵律之美,要求诗歌象王昌龄《诗格》所说的那样"出万人之境,望古人于格下",所谓"觅句新知律,摊书解满床"(《又示宗武》)。杜甫《进雕赋表》称:"至于沉郁顿挫,随时敏捷,而扬雄、枚皋之徒,庶可跂及也。"严羽即以"沉郁"为杜诗之风格:"子美不能为太白之飘逸,太白不能为子美之沉郁。"(《沧浪诗话·诗评》)。司空图《二十四诗品》有《沉著》品,大体可以与"沉郁"相应。《沉著》:"绿林野屋,落日气清。脱巾独步,时闻鸟声。鸿雁不来,之子远行。所思不远,若为平生。海风碧云,夜渚月明。如有佳语,大河前横。"这里描述了"沉着"诗品的脱俗、淡定与含蓄的品格,体现了司空图的道家审美趣味,却没有反映杜甫的"致君尧舜上,再使风俗成"的入世追求。严羽《沧浪诗话·诗辨》以"沉着痛快"与"优游不迫"为"诗之大概",并显然以杜甫、李白为两种典型风格之代表。陈廷焯《白雨斋词话》云:"所谓沉郁者,意在笔先,神余言外。写怨夫思妇之怀,寓孽子孤臣之感。凡交情之冷淡,身世之飘零,皆可于一草一木发之。而发之又必若隐若现,欲露不露,反复缠绵,终不许一语道破。匪独体格之高,亦见性情之厚。"显然,陈廷焯对"沉郁"的阐释,更符合杜诗意境之深沉与积极的入世"性情"。

"沉郁顿挫"是一种不同于李白诗"优游不迫"的诗歌境界与生命形态。我们据此来看杜甫的诗歌,先来看《兵车行》:

> 车辚辚,马萧萧,行人弓箭各在腰。爷娘妻子走相送,尘埃不见咸阳桥。牵衣顿足拦道哭,哭声直上干云霄。道旁过者问行人,行人但云点行频。或从十五北防河,便至四十西营田。去时里正与裹头,归来头白还戍边。边庭流血成海水,武皇开边意未已。君不闻汉家山东二百州,千村万落生荆棘。纵有健妇把锄犁,禾生陇田无东西。况复秦兵耐苦战,被驱不异犬与鸡。长者虽有问,役夫敢申恨?且如今年冬,未休关西卒。县官急索租,租税从何出?信知生男恶,反是生女好。生女犹得嫁比邻,生男埋没随百草。君不见青海头,古来白骨无人收。新鬼烦怨旧鬼哭,天阴雨湿声啾啾。

据萧涤非先生考证,该诗大约写于天宝十年,即751年。史载天宝十载四月,唐玄宗发动南昭之战,死伤无数,杨国忠遣御史捕人,于是行者愁怨,父母妻子送之,哭声振野,此诗即为此事而作。[①] 该诗包括记事、记言与写感三个部分。该诗前五句悲愤地记录了官府征兵拉夫的凄苦场面,有听觉之"车辚辚,马萧萧"与"牵衣顿足拦道哭,哭声直上干云霄";有视觉之"行人弓箭各在腰,爷娘妻子走相送,尘埃不见咸阳桥",形象突出,画面感极强,直逼人之感官。记言方面,通过行人与过者的答问,交代了征兵的频繁,边廷流血成海,役夫负担的沉重,赋税地租不堪重负,以至田园荒芜,万户荆棘。抒感方面,抒发了穷兵黩武所导致的生灵涂炭,给人民所造成的深重的社会痛苦。此诗具有极高的思想

---

①萧涤非:《杜甫诗选注》,人民文学出版社1979年版,第27页。

与艺术价值，思想上，艺术家凭借高度敏锐预感到李唐王朝衰败
之运，大胆地揭露统治者的暴行，表现了杜甫的正义感与关爱人
民的情怀。这在那样一个时代是极为可贵的；艺术上，该诗情景
交融，形象突出鲜明，寓意深刻深邃，成为繁华时代的悲歌，几乎
预言了安史之乱发生的历史必然性。该诗在鲜明形象之外，包含
着不凡的言外之意。这就是杜甫的正义感与同情心，特别是对于
社会政治的高度敏锐与预感。这正是伟大艺术的标志，也是杜甫
诗"沉郁"之意境的典型表现。

再看《茅屋为秋风所破歌》：

　　八月秋高风怒号，卷我屋上三重茅。茅飞渡江洒江郊，
高者挂罥长林梢。下者飘转沉塘坳。南村群童欺我老无力，
忍能对面为盗贼，公然抱茅入竹去。唇焦口燥呼不得，归来
倚杖自叹息。俄顷风定云墨色，秋天漠漠向昏黑。布衾多年
冷似铁，娇儿恶卧踏里裂。床头屋漏无干处，雨脚如麻未断
绝。自经丧乱少睡眠，长夜沾湿何由彻！安得广厦千万间，
大庇天下寒士俱开颜，风雨不动安如山！呜呼！何时眼前突
兀见此屋，吾庐独破受冻死亦足！

该诗作于肃宗上元二年即公元761秋八月。安史之乱后，杜甫流
寓成都，在浣花溪畔建草堂而居，但八月的一场秋风将草堂屋顶
茅草刮飞，导致全家遭雨淋。杜甫既感叹自身的遭遇，又由此抒
发"安得广厦千万间，大庇天下寒士俱开颜"的志向。该诗分三部
分，第一部分是秋风破屋，刮走屋顶茅草；第二部分写破屋后的居
住困难，床头屋漏，长夜难安。第三部分由己及人，抒写"安得广
厦千万间，大庇天下寒士俱欢颜"之向往。该诗充分表现了杜甫
博爱精神、崇高的境界，"安得广厦千万间，大庇天下寒士俱开颜"
正是该诗之"兴寄"所在，进一步体现了杜甫"沉郁顿挫"风格的深

永内涵与不凡魅力。

　　李白与杜甫成为中国诗歌史的一代伟人,各有千秋,各具风流,构成唐代乃至中国诗歌史与文学史上的两座高峰。李白之"飘逸"与杜甫之"沉郁"均是时代的成就,是中国文化的骄傲,它们互相衬托,互为补充,各领风骚。萧涤非先生说,李杜二人"分道扬镳,各奔前程,而有各有千秋。正是'离之则双美,合之则两伤'。因此,我现在认为,在谈论这两位大诗人时,最好不要把他们扭作一团,分什么你高我低"①。

四、冲淡与劲健——生生论诗学的补充形态

　　盛唐之诗丰富繁荣,呈现了多种生命样态。严羽《沧浪诗话·诗评》言道:"唐人好诗,多是征伐、迁谪、行旅、离别之作,往往能感动激发人意。"所以,唐诗除上述"飘逸"与"沉郁"风格之外,还有多种样态,其中"冲淡"与"劲健"就是主要的两种,可以作为唐诗"生生论诗学"的补充形态。"冲淡"是唐代田园诗的基本风格,是意境的重要形态,以王维为其代表,对于后世影响极大。司空图《二十四诗品》之《冲淡》:"素处以默,妙机甚微。饮之太和,独鹤与飞。犹之惠风,荏苒在衣。阅音修篁,美曰载归。遇之匪深,即之愈希。脱有形似,握手已违。""冲淡"在《二十四诗品》中位列第二,是与"雄浑"并列的最为基本的诗歌境界,其基本点即是"素处以默,妙机甚微。饮之太和,独鹤与飞",这是一种超越现实,修炼得道,把握太和,与仙鹤同飞的超凡境

---

①萧涤非:《杜甫诗选注》,人民文学出版社1979年版,第357页。

界。后文是对冲淡境界的具体描述，表明了它的美妙与若即若离。司空图《与李生论诗书》说："王右丞、韦苏州，澄淡精致，格在其中，岂妨于遒举者？"在司空图看来，王维与韦应物之田园诗在冲淡中仍然保留着遒劲之力。王维信佛，对于禅宗之"妙悟"深有体会，并运用于艺术创作。他的《山水诀》论画，云："妙悟者不在多言，善学者还从规矩。"王维精擅诗画乐，且道佛兼信，对于独特诗境的体悟与创造必然不同凡响。他的《使至塞上》："单车欲问边，属国过居延。征蓬出汉塞，归雁入胡天。大漠孤烟直，长河落日圆。萧关逢候骑，都护在燕然。"此诗作于737年，王维以监察御史身份出使边关宣慰。前四句即言此事，后四句即言所见边塞风光。"大漠孤烟直，长河落日圆"，成为诗歌史上名句。此句所写为夕阳西下之时作者在边塞的瞬间观感，茫茫无垠的大漠之上，孤烟直上云霄；大漠之上，分外显眼的落日仿佛落入长河之中。这仿佛一幅图画，色彩鲜明：苍茫的大漠，直上的狼烟，红红的落日，灰色的长河，互相衬托，互为映照。这也体现了王维诗歌中的"静"，茫茫大漠中的悄无声息，只有静静的孤烟与落日。这是初上塞外的王维的直接的生命体验，也是一种"妙悟"。

　　王维晚年，大量创作田园诗，其《鸟鸣涧》："人闲桂花落，夜静春山空。月出惊山鸟，时鸣春涧中。"此诗描写王维辋川别业的景象，诗人对鸟鸣涧中的瞬间感受：春天夜晚时分，静静的涧中桂花飘落，反衬出诗人之闲与山中之静，以致月亮的出现使山鸟惊起，不时有鸟儿叫声鸣响在山涧之中。"月出惊山鸟，时鸣春涧中"，突出一个"静"字，以落花、月出、鸟鸣衬托山涧之静。陆侃如先生认为，解开王维诗的钥匙就是"静"字。他说："这钥匙便是个'静'字。我们翻遍全集，知道我们的诗人最爱用'静'字。唯其能静，故能领略到一切自然的美。"①这个山涧之"静"就是王维在这个春夜山涧间的生命体验。

　　总之,王维以对于自然之静的追求,体现了他的"冲淡"的艺术风格。当然,这"静"也是其田园诗所追求的田园之外的"景外之景"、"言外之意",不仅体现了他的超越世俗的风骨,而且也体现了他对于诗歌"意兴"的追求。

　　下面再看"劲健"。《二十四诗品·劲健》云:"行神如空,行气如虹。巫峡千寻,走云连风。饮真茹强,蓄素守中。喻彼行健,是谓存雄。天地与立,神化攸同。期之以实,御之以终。""劲健"风格之确立,要求诗人能与天地并立,在人生修养上"饮真茹强,蓄素守中",才有所谓的"存雄"、"行健",发之为诗,呈现为充实、磅礴的气势,如"走云连风"般神行于天地之间。岑参边塞诗之代表作《走马川行奉出师西征》可称为"劲健"品之典范:

　　　　君不见走马川,雪海边,平沙莽莽黄入天。轮台九月风夜吼,一川碎石大如斗,随风满地石乱走。匈奴草黄马正肥,金山西见烟尘飞。汉家大将西出师,将军金甲夜不脱,半夜军行戈相拨,风头如刀面入割。马毛带雪汗气蒸,五花连钱旋作冰,幕中草檄砚水凝。虏骑闻之应胆慑,料知短兵不敢接,车师西门伫献捷。

这是天宝十三年即公元754年,岑参任安西北庭节度使判官时为出征的封常青送行而作,被誉为典型的"盛唐之声"。该诗充分描写了战场的环境之苦,雪海无边,黄沙莽莽,狂风吹动乱石纷走;又道出边境战事之艰苦,将军金甲不脱,壮士半夜军行,风刀割面,严寒使马汗、砚水结冰;更以简短的笔触抒写了高昂的士气:

────────

① 陆侃如、冯沅君:《中国诗史》,山东大学出版社2009年版,第322页。

虏骑丧胆，西门迎捷。该诗充分体现了"劲健"风格的"行神如空，行气如虹。巫峡千寻，走云连风"之特征。

五、"悲慨"——唐代"生生论诗学"最后的余韵

司空图《二十四诗品·悲慨》："大风卷水，林木为催。适苦欲死，招憩不来。百岁如流，富贵冷灰。大道日丧，若为雄才？壮士拂剑，浩然弥哀。萧萧落叶，漏雨苍苔。""悲慨"之作品，狂暴大风卷起巨浪，无数的林木被尽数摧毁；苦难到来，生不如死，让人无法得到平定；漫长的生命如无序的流水，富贵也不过是冷寂之灰；大道日渐沦丧，救世的雄才又在哪里？即便是手握利剑，也因空有浩然之气而无限凄悲；心境如秋天的萧萧落叶，也似屋里漏雨滴在滑湿的苍苔。这是一种由如狂风大水般的恶势力而引起的人类悲哀，使得林木被摧毁，安定生活被破坏，生命财产丧失了价值，道德沦丧，雄才无奈，凄苦悲凉。如果说这里有所谓"风骨"的话，那就是司空图的清醒与正义，而所谓"景外之景"，就是在凄凉中包含着的某种朦胧的对于未来的期望。其实，早在安史之乱前后，这种"悲慨"诗风即已出现，杜甫的"三吏""三别"就是这样的诗歌。白居易《卖炭翁》也是"悲慨"诗风的代表：

　　卖炭翁，伐薪烧炭南山中。满面尘灰烟火色，两鬓苍苍十指黑。卖炭得钱何所营？身上衣裳口中食。可怜身上衣正单，心忧炭贱愿天寒！夜来城外一尺雪，晓驾炭车碾冰辙。牛困人饥日已高，市南门外泥中歇。两骑翩翩来是谁？黄衣使者白衫儿。手把文书口称敕，回车叱牛牵向北。一车炭重千余斤，宫使驱将惜不得！半匹红纱一丈绫，系向牛头充炭直！

这是白居易写于元和四年即公元 809 年的一首讽喻诗,批判当时唐代最高统治者一种强取豪夺,随便攫取老百姓的财物的所谓"官市"。卖炭翁饥寒交迫,卖炭谋生,但却被"黄衣使者"以所谓皇敕抢夺一空,反映了唐代社会已经无药可救。这是一种无限悲凉的情景,恰符合《悲慨》之"大风卷水,林木为摧"。再看皮日休的《卒妻怨》:

> 河湟戍卒去,一半多不回。家有半菽食,身为一囊灰。官吏按其籍,伍中斥其妻。处处鲁人髽,家家杞妇哀。少者任所归,老者无所携。况当札瘥年,米粒如琼瑰。累累作饿殍,见之心若摧。其夫死锋刃,其室委尘埃。其命即用矣,其赏安在哉。岂无黔敖恩,救此穷饿骸。谁知白屋士,念此翻欻欻。

这首诗道尽了晚唐社会的凄凉悲苦无奈,批判色彩浓厚。因此,皮日休的作品被鲁迅称为"一塌糊涂的泥塘里的光彩和锋芒"①。

唐代"意境"论诗学与司空图《二十四诗品》鲜明地表现了中国诗学与美学的书写方式。这种书写方式就是非工具理性的紧密结合作品实际进行论述描绘的书写方式,这也就是严羽《沧浪诗话》所谓的"不涉理路,不落言筌"、"羚羊挂角,无迹可求"。"不涉理路,不落言筌"与"羚羊挂角,无迹可求"形象地阐释了"兴趣"的内涵,"兴趣"亦即"别趣",也就是"妙悟",指诗人在诗歌创作的瞬间体悟和生命的瞬间震颤。李杜与王维等盛唐诗人将这种瞬间体悟与震颤,以诗歌的语言描绘出来,即成为传颂千古之作。正是"意境"论诗学与"生生论美学"的艺术呈现,成为特有的中国

---

① 鲁迅:《小品文的危机》,《鲁迅全集》(第 4 卷),人民文学出版社 2005 年版,第 591 页。

式诗歌书写方式。这种书写方式具有广阔的阐释空间，与西方后现代文论之"描述"十分接近。司空图的《二十四诗品》在某种程度上就是通过对于唐诗风格的描绘来进行中国式的理论总结，阐释了在何种状态下诗人能够创作出这种美学风格的诗歌，而不是直接对于某种美学风格进行理论阐释。《二十四诗品》中虽然个别品类阐释了创作技巧，但基本是描摹诗歌的风格与意境。由此说明，中国传统"生生论诗学"尽管没有西方理论那样的工具理性，但绝不能由此抹杀其价值。

总之，唐诗是中国传统生生论诗学的高峰，它以其极为丰富的诗歌创作和理论成果，呈现了中国传统生生诗学的特殊风貌。特别是在唐代诗歌基础上产生的的"意境"之论与司空图的《二十四诗品》等，以其紧密结合诗歌作品的特殊形态与"味外之旨"、"韵外之致"、"象外之象，景外之景"等的特殊东方内涵而具有无限的魅力，而其表述的"不涉理路，不落言筌"，以诗歌的语言、描述性形象暗示，使之具有后现代的生命力量。

第四章　宋词的境界之美——
　　　生命情感的"要眇宜修"

唐之中后期，一种音乐与文学交相融合的新的艺术形式——词悄然兴起。发展到唐末宋初，词的创作蔚然成风，所谓"凡有井水处，即能歌柳词"。目前，搜集最称完备的唐圭璋《全宋词》所辑词人逾千家，篇章已逾两万。从清代后期起，就有学者把汉赋、唐诗、宋词与元曲作为最能代表中国各个时代文学成就的艺术形式。

宋词之所以成为"一代之文学"，就因其具有自己独有的区别于诗之"言志"的抒发"隐幽"之情的美学特质。这种美学特质，在王国维的《人间词话》中得到了较为系统的阐发。他认为，"词之为体，要眇宜修。"又说："词以境界为上。"①这就指出了词这种文体的"要眇宜修"之美学特质。"要眇宜修"，原义指爱情中的女性为了美而刻意地修饰完美；"境界"，则是指词之特有的"富于兴发感动之作用的作品中之世界"②。也可以说，是指词之生命情感之美所达到的"疆界"。由此，我们可以把宋词的境界之美概括为

①施议对：《人间词话译注》，岳麓书社 2008 年版，第 3、179 页。
②叶嘉莹：《叶嘉莹谈词》，南开大学出版社 2013 年版，第 40 页。

生命情感的"要眇宜修"。

一

　　宋词之"要眇宜修"的境界之美是如何逐步形成的呢？这要回到唐末五代之《花间集》。当时，词已经逐步兴盛发展，遂由赵崇祚编为《花间集》。词人欧阳炯在为《花间集》所写的序中，指出了词之"合鸾歌"、"谐风律"的"依声填词"的音乐性特点，"纤手玉指"与"娇娆之态"的歌女之歌的歌唱主体，以及"香径红楼"的词之主题。这就彰显了词区别于诗的娱乐性与艳词的基本面貌。最早明确地从理论上突出词作为一种文体的独立性的，当是著名女词人李清照。她在北宋末年所作《论词》一文，明确提出词"别是一家"的基本观点。她总结了词之产生历程、基本特点，评价了当时的著名词人，然后提出了词"别是一家，知之者少"的观点。她认为，词应该"协音律"，并以此作为词与诗的区别。她说："盖诗文分平侧，而歌词分五音，又分五声，又分六律，又分清浊轻重。"①这就指出了词即"歌词"的音乐性与抒情性特点。此后的词学围绕着李清照"别是一家"的观点展开了深入地研究探讨。宋末张炎作有著名的《词源》，是对南宋之前词之理论总结，特别是在词之协律上用力更深，明确要求"词之作必须合律"，"簸弄风月，陶写性情，词婉于诗"，"词欲雅而正"以及"清空"与"意趣"等

①（宋）魏庆之：《魏庆之词话·李易安评》，唐圭璋编《词话丛编》（第1册），中华书局1986年版，第202页。

艺术要求。①

李清照与张炎的词论总结了有宋一代的词学思想,奠定了词"别是一家"的基本理论,引出了有清一代词学理论的发展与词之特殊"要眇宜修"的境界之美的出台。清代常州词派代表张惠言在《词选序》中提出了著名的言内意外与比兴寄托的观点。他说:"词者,盖出于唐之诗人,采乐府之音以制新律,因系其词,故曰词。传曰:'意内而言外谓之词。'其缘情造端,兴于微言,以相感动,极命风谣里巷男女哀乐,以道贤人君子幽约怨悱不能自言之情,低徊要眇以喻其致。盖诗之比兴,变风之义,骚人之歌,则近之矣。"②这里,不仅道出了词之协律的基本特点,而且充分说明了词之内容的特殊性:缘情造端,兴于微言;幽约怨悱,不能自言之情;低徊要眇以喻其致;等等。

叶嘉莹认为,"词是一种很微妙的文学体式,比诗更加微妙。因为诗是显意识的,是言志的。可是词是不知不觉之间流露出来的,早期的词都是如此。这就是我们讲到的张惠言的词论。他的词论虽然有牵强比附的地方,但是他确实体会到了词的一种美学特质,所谓词的美学特质就是说它能给读者很多、很丰富的联想,是作者不必有此意,而读者何必无此想。这是词的一种特殊性能。"③她划清了诗与词的界限,所谓诗是"言志"的、"显意识"的,而词的特殊的美学特质是作者不必有此意,而读者却能作此联

① (宋)张炎:《词源》(卷下),唐圭璋编《词话丛编》(第1册),中华书局1986年版,第255—267页。

② (清)张惠言:《张惠言论词·附录》,唐圭璋编《词话丛编》(第2册),中华书局1986年版,第1617页。

③ 叶嘉莹:《叶嘉莹谈词》,南开大学出版社2013年版,第17—18页。

想。也就是说,词表达的"言外之意"是一种潜意识。这就是词特有的美学特质与性能。这大概就是王国维所称的词之"内美"。他说:"词乃抒情之作,故犹重内美。无内美而有修能,则白石耳。"①对于词体的这种"内美",王国维给予界定道:"词之为体,要眇宜修。能言诗之所不能言,而不能尽言诗之所能言。诗之境阔,词之言长。"②这就明确回答了词"别是一体"及其"内美"的基本特征,划清了词与诗的界限。首先,词这种文体的基本特征是"要眇宜修"。"要眇宜修",来自屈原《九歌·湘君》。《湘君》写道:"君不行兮夷犹,蹇谁留兮中洲?美要眇兮宜修,沛吾乘兮桂舟。""横流涕兮潺湲,隐思君兮悱恻。"《湘君》抒写湘水女神——湘夫人对于爱人湘君的期盼相思之情。诗中写焦急等待夫君的湘夫人猜测夫君为什么迟迟未到:也许夫君还在中洲之地等待未行?我要将美貌无比的自己再装饰打扮,在激流中驾驭美丽芬芳的桂舟迎接我的夫君!但天时地利等原因以致相会不顺,我只能让泪水像潺潺泉水般在面颊横流,对你的思念之苦难言而又凄切悲伤。据称,"湘君"与"湘夫人"是先秦时代汉族神话中湘水边的男女神,以其为篇名的诗歌是屈原《九歌》十一首的组成部分,是祭祀之歌,描述男女的凄苦的思念之情,绘声绘色地表达了那种隐思悱恻、驰神遥望、祈之不来、盼之不见的惆怅的心情。王国维将这种情感用"要眇宜修"这种具有动作性的语言加以概括,并以之为词的"内美"。"要眇",女性之美也;"宜修",修饰完美也。"要眇宜修",即言女性之美的修饰提升,形象生动,内涵丰富,表现了词这种文体的特殊的"内美"。同时,也划清了诗与词这两种

①施议对:《人间词话译注》,岳麓书社 2008 年版,第 257 页。
②施议对:《人间词话译注》,岳麓书社 2008 年版,第 179 页。

文体的界限:词表达某种私密的诸如男女之爱的隐情,缠绵悱恻,这是"诗之所不能言"的;但词又"不能尽诗之所能言"。例如,不能言诗所常言的宏大的报国忠君之志等等。所以,"诗之境阔,词之言长"。

词的"要眇宜修"之"隐思悱恻"具有情感的生命原初性特点,具有生命论的内涵。王国维将之归结为一种"赤子之心",他说:"词人者,不失其赤子之心者也。故生于深宫之中,长于妇人之手,是后主为人君所短处,亦即为词人所长处。"①《孟子·离娄下》中有言:"大人者,不失其赤子之心者也。""赤子之心"是孟子"性善"论的观念,言人之生命本性即为赤子之心。王国维认为,李后主词表现的那种缠绵悱恻的情感,即是其赤子之心的生命本性的表现。同时,王国维也提到清代词人纳兰容若词的自然之情。他说:"纳兰容若以自然之眼观物,以自然之舌言情。此由初入中原,未染汉人风气,故能真切如此。北宋以来,一人而已。"②纳兰容若为清代满族著名词人,其词自然清丽、情感真切,诚如王国维所言,"以自然之眼观物,以自然之舌言情"。如,"荒原茫茫,雨峡蒙蒙,千秋黄壤,百世青松;我是人间惆怅客,断肠声里忆平生"等,表现了一种自然的生命本真的情感。这也是王国维所言的富有生命气息的"要眇宜修"的"内美"。

王国维不仅从中国传统文化论说"要眇宜修"之"内美"的生命特性,还从西方语境吸收资源论说这种"内美",主要是吸收西方近代叔本华与尼采的生命意志的学说。前面提到的"赤子之心",王国维曾用叔本华近似言论来说明。叔本华指出:"天才者,

①施议对:《人间词话译注》,岳麓书社2008年版,第43页。
②施议对:《人间词话译注》,岳麓书社2008年版,第128页。

不失其赤子之心也。"在叔本华看来，天才犹如七龄之童，智力已经发达，但受欲望意志影响尚少，"即彼知力之作用，远过于意志之所需要而已。故自某方面观之，凡赤子皆天才也"①。要之，所谓天才，乃未受欲望之浸染的原初生命的形态也。更进一步，王国维引用德国著名生命意志论哲学家与美学家尼采的关于文学乃"以血书之"的观点，他说："尼采谓：'一切文学，余爱以血书者。'后主之词，真所谓以血书者也。宋道君皇帝《燕山亭》词亦略似之。然道君不过自道身世之戚，后主则俨有释迦、基督担荷人类罪恶之意，其大小固不同矣。"②尼采所谓"以血书"之文学，即其在《悲剧的诞生》中谈到的悲剧精神乃惊骇与狂喜为特点的生命的强力意志。尼采在《悲剧的诞生》中说道："酒神因素比之于日神因素，显示为永恒的本原的艺术力量，归根到底，是它呼唤整个现象世界进入人生。在人生中，必须有一种新的美化的外观，以使生气勃勃的个体化世界执着于生命。"③王国维将尼采关于悲剧产生与生气勃勃的酒神精神借用以论词，使词之"要眇宜修"之"内美"具有了生命力量的内涵。他还借用了叔本华关于佛教与基督教对于人类罪恶的解脱作用，认为李煜之词有"释迦、基督担荷人类罪恶之意"。有研究者认为，王国维此处夸大其词。其实，王氏赋予词的"要眇宜修"之美以"生命意志"之内涵，本身即含有超脱人类苦难的作用之意。当然，王氏自己也认为担荷人类

---

①转引自王国维：《叔本华与尼采》，《中国现代美学名家文丛·王国维卷》，聂振斌选编，浙江大学出版社2009年版，第47页。

②施议对：《人间词话译注》，岳麓书社2008年版，第48页。

③［德］尼采：《悲剧的诞生》，周国平译，生活读书新知三联书店1986年版，第107页。

罪恶一说有不确之嫌。他说："然叔氏之说，徒引据经典，非有理论的根据也。试问释迦示寂以后，基督尸十字架以来，人类及万物之欲生奚若？其痛苦又奚若？吾知其不异于昔也。"①今人叶嘉莹在词学研究中独居慧眼，创获颇多，她独到地将"要眇宜修"解释为一种"弱德之美"。她说："我讲词时曾经提到过'弱德之美'。弱德之美不是弱者之美，弱者并不值得赞美。'弱德'，是贤人君子在强大压力下仍然能有所持守、有所完成的一种品德，这种品德自有它独特的美。……也就是贤人君子处于压抑屈辱中，而还能有一种对于理想之坚持的'弱德之美'，一种'不能自言'的'幽约怨悱'之美。"②也就是说，所谓"弱德之美"即是一种"弱势之美"，是处于弱势而又能坚持完成自己理想的美。被王国维称道的李后主就是这种"弱德之美"的典型代表。其著名的《破阵子》云："四十年来家国，三千里地山河。凤阁龙楼连霄汉，玉树琼枝作烟萝，几曾识干戈。一旦归为臣虏，沈腰潘鬓消磨。最是仓皇辞庙日，教坊犹奏别离歌，挥泪对宫娥。"该词为李煜被俘沦为亡国奴后的生活与感受，有着对于被俘前四十年繁华生活的回忆留恋，对于失国之悔恨，以及沦为臣虏的痛苦，表达了特殊的处于弱势又坚持离恨的"弱德之美"。中国词学到王国维与叶嘉莹，对词之"别是一体"之"要眇宜修"之"内美"作了较为充分的阐释。

---

① 王国维：《〈红楼梦〉评论》，《中国现代美学名家文丛·王国维卷》，聂振斌选编，浙江大学出版社 2009 年版，第 127 页。
② 叶嘉莹：《叶嘉莹谈词》，南开大学出版社 2013 年版，第 36—37 页。

二

　　下面，我们要谈一下词之"要眇宜修"的"境界"之美的何以产生。首先，从政治经济来看，北宋结束了五代割据，统一中国，从960年至1125年历经了百余年的太平盛世，经济得到繁荣，城市不断发展，市民社会逐步形成。杭州、汴京、成都等大城市非常繁华。据说，当时杭州已经发展到百余万家，非农业人口十有五六，市民队伍壮大，茶馆、教坊遍地，娱乐文化不断发展。孟元老在《东京梦华录序》中写道："正当辇毂之下，太平日久，人物繁阜，垂髫之童，但习歌舞；斑白之老，不识干戈。时节相次，各有观赏。灯宵月夕，雪际花时，乞巧登高，教池游苑，举目则青楼画阁，绣户珠帘，雕车竞驻于天街，宝马争驰于御路，金翠耀目，罗绮飘香。新声巧笑于柳陌花衢，按管调弦于茶坊酒肆。八荒争凑，万国咸通。集四海之珍奇，皆归市易；会寰区之异味，悉在庖厨。花光满路，何限春游；萧鼓喧空，几家夜宴。伎巧则惊人耳目，侈奢则长人精神。"汴京的繁华奢侈，市井中青楼画阁，柳巷花衢，茶饭酒肆，绣户珠帘，这些，正是"要眇宜修"的词得以产生的经济与物质基础。

　　当时的宋代社会，也有歌词之产生的条件。据史载，赵匡胤夺取政权建立赵宋王朝后，由于担心他的佐命大臣效法他从"孤儿寡妇"手中夺权，因而，除了"杯酒释兵权"之外，又引导王宫大臣们"及时行乐"，使他们流连"淫坊酒肆"与"歌舞场所"，过上了"浅斟低唱"的生活。宋初贵族子弟、官宦达人"养歌姬"，"玩舞嬛"，乃至直接"填词作令"与"借歌寄愁"，几成风气。官方开设教坊，公开教养众多歌姬，很多官场的迎来送往都在教坊进行，蓄养歌姬,听歌唱词,成为官方许可的活动。这些,都成为"要眇宜修"之词得以盛行的条件。

同时,有宋一代党争激烈。北宋中期以后,政坛分改革派与保守派,两派政争直贯北宋灭亡,激烈的党争导致多数士人政治地位经常上下起伏。如,苏轼因不满"新法",被罗织罪名,诬以诗文讥刺皇帝和朝廷,因而被逮捕关押到御史台受审。"乌台诗案"历时半年,辑录苏轼交代材料数万字,查抄诗词一百多首,涉及官员 39 人,包括相国与驸马等高官。这给广大文人造成极大影响,诚如苏轼自言,"世事一场大梦,人生几度秋凉"。他从此由儒转道佛,作品也由"积极出世,洪钟大吕"转向"佛庄禅意,青山秀水"。正是这种激烈的党争与仕途的险恶,使得众多文人更加倾向于"低徊要眇以喻其致"的词之创作。

对于词这种文体的形成,王国维说:"凡一代有一代之文学:楚之骚,汉之赋,六代之骈语,唐之诗,宋之词,元之曲,皆所谓一代之文学,而后世莫能继焉者也。"①王国维在《人间词话》中写道:"四言蔽而有《楚辞》,《楚辞》蔽而有五言,五言蔽而有七言,古诗蔽而有律绝,律绝蔽而有词。盖文体通行既久,染指遂多,自成习套。豪杰之士,亦难于其中自出新意,故遁而作他体,以自解脱。一切文体所以始盛终衰者,皆由于此。故谓文学后不如前者,余未敢信。但就一体论,则此说固无以易也。"②在这里,王国维发展了中国传统的文学"通变"之说。《文心雕龙·通变》有言:"文律运周,日新其业。变则其久,通则不乏。趋时必果,乘机无怯。望今制奇,参古定法。"文体的发展创新乃历史之必然,只有

---

① 王国维:《宋元戏曲史》,岳麓书社 2010 年版,《自序》第 1 页。
② 施议对:《人间词话译注》,岳麓书社 2008 年版,第 133 页。

变革才能促进文学的发展，必须跟随时代发展抓住机遇才能持续发展而不至于疲乏无力。王国维在《人间词话》中也揭示了词的应时而生，又应时而衰的发展规律。他说："诗至唐中叶以后，殆为羔雁之具矣。故五代北宋之诗，佳者绝少，而词则为其极盛时代。即诗词兼擅如永叔、少游者，词盛于诗远甚。以其写之于诗者，不若写之于词者之真也。至南宋以后，词亦为羔雁之具，而词亦替焉。此亦文学升降之一关键也。"①这就充分说明，词之产生亦是文学自身发展的结果。时代发展了，人的感情需要更加多样丰富，词应运而生。其初，唐之末期乃至五代，音乐的发展，教坊的普遍，歌词成为文人表达思想感情的重要手段，发展迅速，填词成为当时文人的一种重要生活方式。这种以描写妇女日常生活感情为特点带有绵软风格的词被称为"花间词"，后由文人编辑为《花间集》，影响巨大。到了宋代，词更受到文人墨客甚至官员的喜爱，填词蔚然成风，迅速发展。例如，欧阳修官至枢密副史，执掌内阁决策之权，但官场的复杂，人生的颠簸，内心苦痛的不可排解，使他选择了词这样一种抒发情感的渠道。他的著名的《蝶恋花》乃是借词抒愁之作。该词写道："庭院深深深几许。杨柳堆烟，帘幕无重数。玉勒雕鞍游冶处，楼高不见章台路，雨横风狂三日暮。门掩黄昏，无意留春住。泪眼问花花不语。乱红飞过秋千去。"词写歌伎思念情人之事，"章台"即歌伎生活之处。这个思妇内心无比痛苦，重重的高楼封锁住她的无尽的思念；尽管泪眼模糊但却无处倾诉，连飘落的花儿都不愿意给她回答，充分反映了欧阳修的无尽的无法排解的痛苦。这是一种特殊的被叶嘉莹称为"双重性别"与"双重语境"的文学表达方式。欧阳修位居高官，

---

① 施议对：《人间词话译注》，岳麓书社 2008 年版，第 166 页。

为文坛领袖,在诗文中以言道标榜,所谓"大抵道胜者,文不难而自至也"(《答吴充秀才书》),但却在其词《蝶恋花》中借一位思念的歌伎之口表达了自己在官场与生活中被压抑的苦闷之情。诚如叶嘉莹所言,"词人要说的是什么? 是大家都写的美女和爱情。可是很奇妙,当一个词人在游戏笔墨,随随便便给一个歌曲填上一首歌辞的时候,有时在无意之中反而把内心最深隐、最细微的一种感受、感情或体会流露出来了。这正是词的妙用,也是一首好词所具备的一种特殊的美学特质。"①欧阳修内心最深隐最细微苦闷的痛苦之情借助歌伎这种特殊身份与词这种特殊的艺术形式,自然而充分地表达出来。这恰是词的"要眇宜修"的美学特质得以实现的重要的社会与文学因素。

词的产生,特别是其"要眇宜修"美学特质的形成还有一个重要原因,就是唐代以来,特别是宋代胡乐的输入。诚如陆侃如所说,"词的产生主要是因为唐代民间诗人创造了新的乐章,附带也因为有外族音乐的输入";"由于民间诗人的创作,加上外族音乐的影响,在诗史上便产生了新的体裁"②。据《宋史》记载,唐代以来的音乐几乎被龟兹人传来的琵琶乐所笼罩,而依曲填词的发展也同这种琵琶曲的传播分不开。北宋平定五代割据势力的同时,也收用了旧时的乐工与他们保留的旧曲,使得宋初教坊发达,旧曲翻唱,导致了音乐的繁荣,促进了词的发展。

词这种音乐性与文学性结合的艺术形式,最初是以音乐性见长的,基本上是一种抒情的歌曲,而且是以歌女的歌唱为主,这种抒情性及其歌女教坊演唱为主的游戏特点,使得词的"要眇宜修"

---

① 叶嘉莹:《叶嘉莹谈词》,南开大学出版社 2013 年版,第 13 页。
② 陆侃如:《中国诗史》,山东大学出版社 2009 年版,第 326、331 页。

与"幽约怨悱"的美学特质更加鲜明。

三

　　"境界"是王国维在著名的《人间词话》中提出的。王国维为什么要用"人间"来标识他的词作与词话著作呢？这应该与王国维继承叔本华之生命意志论哲学美学，将人生视为欲望之无法满足而产生无尽痛苦，主张借助美之艺术为之作短暂之解脱有关。"人间"，乃指人间之关怀与解脱也。王国维在著名的《〈红楼梦〉评论》中说道："生活之本质何？欲而已矣。欲之为性无厌，而其原生于不足。不足之状态，苦痛是也。"又说："有兹一物焉，使吾人超然于利害之外，而忘物与我之关系。此时也，吾人之心，无希望，无恐怖，非复欲之我，而但知之我也，此犹积阴弥月，而旭日呆呆也；犹覆舟大海之中，浮沉上下，而漂著于故乡海岸也；犹阵云惨淡，而插翅之天使，赍平和之福音而来者也；犹鱼之脱于罾网，鸟之自樊笼出，而游于山林江海也。然物之能使吾人超然于利害之外者，必其物之于吾人无利害之关系而后可，易言以明之，必其物非实物而后可。然则非美术何足以当之乎？"①由此说明，在王氏看来，只有被其称作美术之艺术才能使人生超越欲望，解脱痛苦。

　　这种艺术解脱论，使我们能更好地理解王国维的"境界"论。《人间词话》的开首即言："词以境界为上。有境界则自成高格，自有名句。五代、北宋词所以独绝者在此。"这里指出了"境界"乃词

---

①王国维：《〈红楼梦〉评论》，《中国现代美学名家文丛·王国维卷》，聂振斌选编，浙江大学出版社 2009 年版，第 115—117 页。

之核心,词有境界才有高的格调,才能称之为好词,这是五代与北宋之词独领风骚的原因。"境界"一词,在汉语中原指土地的界线与疆域的边线,佛学以该词指六识感知、认识和辨别的对象等。"境界"与"意境"有关系,也有区别。王国维常常两者兼用。王国维有言:"冯正中词虽不失五代风格,而堂庑特大,开北宋一代风气。"①"堂庑特大",指冯延巳之词境的广度。王国维认为,"境界"是对词的"探本"之论。他说:"沧浪所谓'兴趣',阮亭所谓'神韵',犹不过道其面目,不若鄙人拈出'境界'二字,为探其本也。"②又说:"言气质,言神韵,不如言境界。境界,本也;气质、神韵,末也。有境界而二者随之矣。"③"兴趣",是南宋严羽倡导的一种含蓄之美;"神韵",则是清代王士祯所倡导的一种冲淡、含蓄的风格。王国维认为,"兴趣"、"神韵"都不像"境界"那样能揭示出词之根本特征。而所谓作为词之根本的"境界",或者说词之超越性,我们认为,是指生命的情感的超越性所达到的高度与广度。王国维在论述"境界"之时,运用了"真感情"之说。他说:"境非独谓景物也,喜怒哀乐,亦人心中之一境界。故能写真景物、真感情者,谓之有境界;否则谓之无境界。"④所谓"真感情",即明代李贽所说的"童心",也就是王国维所说的"赤子之心",即真诚之情感与生命自然之心。在王国维看来,没有真情实感的词,即为"游词"。"词人之忠实,不独对人事宜然。即对一草一木,亦须有忠

---

①施议对:《人间词话译注》,岳麓书社 2008 年版,第 51 页。

②施议对:《人间词话译注》,岳麓书社 2008 年版,第 24 页。

③施议对:《人间词话译注》,岳麓书社 2008 年版,第 182 页。

④施议对:《人间词话译注》,岳麓书社 2008 年版,第 18 页。

实之意，否则所谓'游词'也。"①"忠实"，即真诚，指忠于事物之本然状态。王氏不仅要求写人写事须忠实，即使仅写一草一木也要忠实，否则即为"游词"。

最能体现"境界"之生命情感之意涵的，是王国维的"出入说"："诗人对宇宙人生，须入乎其内，又须出乎其外。入乎其内，故能写之；出乎其外，故能观之。入乎其内，故有生气；出乎其外，故有高致。"又说："诗人必有轻视外物之意，故能以奴仆命风月。又必有重视外物之意，故能与花鸟共忧乐。"②陈伯海认为，这便是王国维由生命体验向生命超越的演进。他说："这里所说的'入'和'重视'，是指生命的自我投入，投入后始能感受人生，流连物象，拟容取心，得其生气；而所说的'出'和'轻视'则是指生命的自我超越，超越后也才能观照世情，凌暴万类，洞察玄机，以显其高致。显然，这正是审美活动发自内在体验而终须外在超越的意思。"③王氏的"出入"说尽管也有中国古代文化的渊源，如庄子所说的"超以象外，得其环中"，主要应该是运用了叔本华生命意志论哲学与美学的"审美观审"的思想。叔本华将审美与艺术当作慰藉于人类的花朵，补偿于人类欲望缺失的途径，而其前提则是审美与艺术要有超越性，审美对象要超越于个别事物，成为非根据律的"理念"，审美主体要超越于意志与欲求，成为无意志的主体，审美成为"在直观中浸沉，是在客体中自失，是一切个体性的忘怀，是遵循根据律的和把握关系的那种认识方式的取消"，"人们或是从狱室中，或是从王宫

① 施议对：《人间词话译注》，岳麓书社 2008 年版，第 248 页。
② 施议对：《人间词话译注》，岳麓书社 2008 年版，第 145、147 页。
③ 陈伯海：《生命体验与审美超越》，三联书店 2012 年版，第 42 页。

中观看日落，就没有什么区别了。"①这种观审是对于个体生命意志的超越，也是对于个体生命意志的慰藉。显然，叔本华的"观审"正是王国维"出入"说之哲学、美学之根据，而由诗人之"出入"所创造出的词之"境界"正是生命之"真感情"的活动与呈现。我们从王国维关于词之"境界"的一系列论述中都可以看到这一点。

王国维说："有有我之境，有无我之境。'泪眼问花花不语，乱红飞过秋千去'，'可堪孤馆闭春寒，杜鹃声里斜阳暮'，有我之境也；'采菊东篱下，悠然见南山'，'寒波澹澹起，白鸟悠悠下'，无我之境也。有我之境，以我观物，故物皆著我之色彩；无我之境，以物观物，故不知何者为我，何者为物。古人为词，写有我之境者为多，然未始不能写无我之境。此在豪杰之士能自树立耳。"②实际上，"有我之境"与"无我之境"都是生命真情感的投入。在诗人之创作中，我之真情感与自然之景象融为一体，须臾难分，主客合一，即为"无我之境"。如，陶渊明"采菊东篱下"，其闲适之真情感已与菊花、东篱、南山与飞鸟，化而为一，难分难离，我之真情感已经化为南山之景。如果真情感浓烈，自然景象皆为情感染化、笼罩，即为"有我之境"。如王国维所列举的欧阳修的《蝶恋花》、秦观的《踏莎行》中词句。

至于词之"境界"呈现之"隔"与"不隔"，实质上仍与"真情感"之贯注紧密相关。他说："白石写景之作，如'二十四桥仍在，波心荡，冷月无声'，'数峰清苦，商略黄昏雨'，'高树晚蝉。说西风消

①（德）叔本华：《作为意志和表象的世界》，石冲白译，商务印书馆 2009 年版，第 173 页。
②施议对：《人间词话译注》，岳麓书社 2008 年版，第 8 页。

息',虽格韵高绝,然如雾里看花,终隔一层。梅溪、梦窗诸家写景之病,皆在一'隔'字。"①王国维所举出的姜夔诸词,用典较多,影响到真情感与景物的融为一体,故而"终隔一层"。王国维又说:"问'隔'与'不隔'之别,曰:陶、谢之诗不隔,延年则稍隔已;东坡之诗不隔,山谷则稍隔矣。'池塘生春草'、'空梁落燕泥'等二句,妙处唯在不隔,词亦如是。即以一人词论,如欧阳公《少年游》(泳春草)上半阕云:'阑干十二独凭春,晴碧远连云。千里万里,二月三月,行色苦愁人。'语语都在目前,便是不隔。至云'谢家池上,江淹浦畔',则隔矣。白石《翠楼吟》'此地。宜有词仙,拥素云黄鹤,与君游戏。玉梯凝望久,叹芳草、萋萋千里',便是不隔。至'酒祓清愁,花销英气',则隔矣。然南宋词虽不隔处,比之前人,自有深浅厚薄之别。"②这里所列之诗词之"不隔",均因情景交融一体,真感情灌注始终,而所谓"隔"者多因借典与用事,使得真情感无法直接表达。例如,所举的欧阳修词《少年游》,借咏春草而抒离别之情。上片直抒离情,主人公凭栏远眺,远望连云。"千里万里"言路途之远,"二月三月"言时光之长。想到远人的行色之苦,几乎直抒离情,因此"不隔";下片,则借助三个典故,以池上江浦、疏雨黄昏等,言思妇对于离人的相思。同一首作品有"隔"有"不隔",全看是否灌注了真情感。

　　对于王国维的"境界"之说,学术界关注颇多,评价不一。叶嘉莹有自己的见解,她以"世界"来解"境界"。她说:"王氏所提出之'境界',乃是特指在小词中所呈现的一种富于兴发感动之作用的作品中之世界,而并非泛指一般以'言志'为主的诗中之'意境'

①施议对:《人间词话译注》,岳麓书社2008年版,第998页。
②施议对:《人间词话译注》,岳麓书社2008年版,第101页。

或'情景'之意。"①又说："境界就是说一个世界，但这个世界不是我们大千世界的种种的现实的世界，这是作品的一个世界。……这个世界是作者心灵或者意识跟外在的现象接触所产生的一个带着感动的世界。……我说过，诗，是言志的，是有一个明显的意识的活动，他有一个志意在里面。……而词呢？是作者写给歌女唱的歌词，……但不知不觉间也流露了他自己本人的一份性格修养在其中了，所以造就词里面的一种境界，就是词里面所表现作者心灵感情的真正本质的质素的一个世界。"②叶氏又进一步将"境界"及"世界"之说扩大到现象学之意识性之中的经验世界。她说："由此可知所谓'境界'实在乃是专以意识活动中之感受经验为主的。所以当一切现象中之客体未经过吾人感受经验而予以再现时，都并不得称之为'境界'。像这种观念，与我们在前文所提出的艾迪伦介现象学所说的'现象学所说的既不是单纯的客体，而是在主体向客体投射的意向性活动中主体与客体之间的关系以及其所构成的世界'之说，岂不是也大有相似之处。"③叶氏之"世界"乃现象学意向性中之世界，是一种主体构成之世界与相互主体性之世界。其实，叶氏用"世界"阐释"境界"有其借鉴叔本华的根据，叔本华即说"世界是我的表象"、"世界是我的意志"，叔本华的"世界"即为主体的世界。他认为，"主体是世界的支柱"。因此，叔本华所谓的"世界"即是主体的意志的世界，与现象学之世界具有共同前提。叶氏"境界"乃"世界"之说，可以说是对于王国维"境界说"的当代新解。如果从中国语境理解，

①叶嘉莹：《叶嘉莹谈词》，南开大学出版社2013年版，第40页。
②叶嘉莹：《叶嘉莹谈词》，南开大学出版社2013年版，第87页。
③叶嘉莹：《叶嘉莹谈词》，南开大学出版社2013年版，第133页。

也可以将叶氏的"世界"之说理解为"天人合一"语境下的"世界"，是一种"与天地合德"的"世界"。这，也许符合叶嘉莹乃至王国维的原意。

四

宋词"要眇宜修"的境界之美的呈现无疑是在其无比多姿多彩的词作之中，大体表现为婉约与豪放之别。明人张誕在《诗余图谱》中言道："词大略有二：一体婉约，一体豪放。盖词情蕴藉、气象恢弘之谓耳。然亦在乎其人，如少游多婉约，东坡多豪放。东坡称少游为今之词手，大抵以婉约为正也。"①这里提出词体以"婉约为正"之问题，学术界多有争论。从历史实际来看，词之产生于唐末五代即以歌女之歌词呈现，当然是美女爱情，婉约为宗。宋词之发展，就因其"要眇宜修"，"低徊要眇以喻其致"，从而在某种特定空间中得到迅速发展。从宋初来看，词确然是以婉约为宗。那时词尚未成为正宗文体，不上大雅之堂，多是一种游戏之作。北宋后期，词逐渐进入正统文人视野，纳入社会生活，遂变而为正宗。豪放之词应时代之需要，横空出世。但词之婉约仍然占据重要地位。即便是豪放派词人，还是以抒情为主，叙事与言志为辅，否则即是"以诗入词"，词便面临瓦解。正如《四库提要》所言，"词自晚唐五代以来，以清切婉丽为宗。至柳永而一变，如诗家之有白居易；至轼而又一变，如诗家之有韩愈，遂开南宋辛弃疾

---

① （清）王又华：《古今词论》，唐圭璋编《词话丛编》（第 1 册），中华书局 1986
　年版，第 596 页。

一派。寻源溯流,不能不谓之别格。"①

先说宋词的婉约之美。宋沈义父在《乐府指迷》中指出,作词之标准,"音律欲其协,不协则成长短之诗;下字欲其雅,不雅则近乎缠令之体;用字不可太露,露则直突而无深长之味;发意不可太高,高则狂怪而失柔婉之意"②。这可说是对于婉约之美的一种总结:协律、字雅、情长、意柔。现在来看李煜词。李煜是南唐后主,公元974年国亡被俘,成为宋朝的阶下囚。他的重要的词作多创作于这段时间。其词哀怨悲切,辗转悱恻,充满国破家亡之感慨,为词坛之佳作,被王国维多所称许。他的著名词作《虞美人》:"春花秋月何时了。往事知多少。小楼昨夜又东风。故国不堪回首月明中。雕栏玉砌应犹在,只是朱颜改。问君能有几多愁,恰是一江春水向东流。"这首词是李煜被俘到汴京后所作,以"愁"字贯穿始终,表达其亡国与沦陷之愁。全词充满问句,自问自答,是一种心灵的叩击。小的方面的"愁"是其失国之痛,大的方面的"愁"是人类失去自由之痛。该词巧用虚字,如"只是"、"问君"、"恰是"等等,强化了物是人非,愁上加愁的感情,成为千古名词与千古名句。再如,写于同期的《浪淘沙》:"帘外雨潺潺,春意阑珊。罗衾不耐五更寒,梦里不知是客,一晌贪欢。独自莫凭栏,无限江山,别时容易见时难。流水落花春去也,天上人间。"这是一首与江山永别之词,以"别"情贯穿始终,抒写家国沦亡之痛;以最美的词汇,表达了"天上人间",家国无法再见的最深的痛苦。总之,上述两首词都表达的是一种"幽约隐微"之情,但却将其中

①(清)纪昀总纂:《四库全书总目提要》,河北人民出版社2000年版,第5449页。
②(宋)沈义父:《乐府指迷》,唐圭璋编《词话丛编》(第1册),中华书局1986年版,第277页。

的"忧愁"和"别离"提升到人类共有之高度，并以传颂永恒愁情的名句镌刻在人们的心中，也许王国维说"后主则俨有释迦、基督担荷人类罪恶之意"，即言此也。

秦观被称为"婉约之宗"，是北宋婉约词的代表人物。陆侃如将秦观词的特点概括为"第一，凄绝；第二，婉约"。① 先来看他的《江城子》："西城杨柳弄春柔。动离忧，泪难收。犹记多情，曾为系归舟。碧野朱桥当日事，人不见，水空流。韶华不为少年留。恨悠悠，几时休。飞絮落花时候，一登楼。便做春江都是泪，流不尽，许多愁。"这是抒发"别恨"的恋歌，抒情主人公抒发他对早年恋人的无尽的思念。韶华流逝人已老，但离恨犹在无法排解，登楼远望春江，满江之水都化成流不尽的眼泪。秦观的《鹊桥仙》："纤云弄月，飞星传恨，银汉迢迢暗渡。金凤玉露一相逢，便胜却、人间无数。柔情似水，佳期如梦，忍顾鹊桥归路。两情若是久长时，又岂在朝朝暮暮。"这首词借牛郎织女每年的短暂相聚传说写爱情的永恒。这是一种反写，以牛郎织女七夕相会的珍惜喻爱情的坚贞。爱情的永恒性是该词价值所在。词的反写，是作者的创意。李清照词以婉约缠绵著称。《如梦令》："昨夜雨疏风骤，浓睡不消残酒。试问卷帘人，却道海棠依旧。知否，知否。应是绿肥红瘦。"此词是李清照南渡前作品，表现了她慵懒的贵夫人生活。黄苏《蓼园词选》称："绿肥红瘦，无限凄婉，却又妙在含蓄。"② 李清照后期的《声声慢》："寻寻觅觅，冷冷清清，凄凄惨惨戚戚。乍暖还寒时候，最难将息。三杯两盏淡酒，怎敌他、晚来风急。雁过也，正伤心，却是旧时相识。满地黄花堆积，憔悴损，如

---

① 陆侃如：《中国诗史》，山东大学出版社2009年版，第408页。
② 参见夏承焘选编《宋词三百首》，中华书局2018年版，第191页。

今有谁堪摘。守着窗儿,独自怎生得黑。梧桐更兼细雨,到黄昏,点点滴滴。这次第,怎一个愁字了得。"该词集中反映了"要眇宜修,微言幽约,以喻其至"的美学特质。李清照充分发挥了词之抒情性、音乐性特点,以扣人心弦的语句表达了国破家亡后孤独凄凉的境遇。最后以"这次第,怎一个愁字了得"作结,成为千古名句。万数《词律》评道:"此逋逸之气,如生龙活虎,非描塑可拟。其用字奇横而不妨音律,故卓绝千古。"①

再看宋词豪放派之美。苏轼之词,打破了宋词婉约缠绵的传统,别开生面,走上豪放之旅。宇文豹《吹剑录》记载:"东坡在玉堂日,有幕士善歌,因问:'我词何如柳七?'对曰:'柳郎中词,只合十七八女郎执红牙板,歌'杨柳岸晓风残月';学士词,须关西大汉,铜琵琶,铁绰板'唱大江东去'。东坡为之绝倒。"②此论绘声绘色地将苏词豪放之特征形象地表达出来。苏轼《念奴娇》:"大江东去,浪淘尽、千古风流人物。故垒西边。人道是,三国周郎赤壁。乱石穿云,惊涛拍岸,卷起千堆雪。江山如画,一时多少英雄豪杰。遥想公瑾当年,小乔初嫁了,雄姿英发,羽扇纶巾,谈笑间,强虏灰飞烟灭。故国神游,多情应笑我,早生华发。人生如梦,一樽还酹江月。"此词怀古抒怀,以对赤壁之战风采的怀想,抒发自己的报国立业之志。该词几乎完全是抒发豪放之志,"人生如梦"的感慨只是一种淡化的表达,有"隐约微言",但不明显。本词境界宏阔,但言志压倒了抒情,显露出"以诗入词"之势。苏词亦有凄绝哀婉之作,其悼亡词《江城子》:"十年生死两茫茫。不思量。

①参见夏承焘选编《宋词三百首》,中华书局 2018 年版,第 197 页。
②转引自章培恒主编《中国文学史》(中卷),复旦大学出版社 2008 年版,第 192 页。

自难忘。千里孤坟,无处话凄凉。纵使相逢应不识,尘满面,鬓如霜。夜来幽梦忽还乡。小轩窗。正梳妆。相顾无言,唯有泪千行。料得年年断肠处,明月夜,短松冈。"这是苏轼悼念亡妻病逝十年之作。先是抒发了悼念相思之痛,但更重要的是抒发了"千里孤坟,无处话凄凉"之情,这种满腔忧愁无处抒发的痛苦,无限的悲凉凄婉。这应属于词所能表达的"微言幽隐"之"要眇宜修"。

豪放派通过自己的特殊方式在词作中体现了"诗直词婉"的特点。辛弃疾词充满报国立功的战斗精神与收复失土还我河山的豪迈情怀。宋代刘克庄在《辛稼轩集序》中称颂辛词:"公作大声鞺鞳,小声铿訇,横绝六合,扫空万古,自苍生以来所无。"①辛弃疾《破阵子·为陈同甫赋壮语以寄》:"醉里挑灯看剑,梦回吹角连营。八百里分麾下炙,五十弦翻外声,沙场秋点兵。马作的卢飞快,弓如霹雳弦惊。了却君王天下事,赢得生前生后名。可怜白发生。"该词是对于昔日沙场点兵、征战塞外激烈战斗的回忆。上片回忆当年沙场点兵,八百里战队,五十弦壮乐,威武雄浑;下片继续写当年战事,快马如飞,强弓霹雳,一心为了赢得报国的大事,博取效国的功名。但这一切均成往事,如今白发丛生,词人的不满之情跃然纸上。王国维对辛弃疾之词有很高的评价:"幼安之佳处,在有性情,有境界。即以气象论,亦有'横素波,干青云'之慨,宁后世龌龊小生所可拟耶?"②辛词亦有假借闺怨表达忧虑国事的凄婉一面。《祝英台近·晚春》:"宝钗分,桃叶渡,烟柳暗南浦。怕上层楼,十日九风雨。断肠片片飞红,都无人管,倩谁唤、流莺声住。鬓边觑,试把花卜归期,才簪又重数。罗帐灯昏,

①引自《宋代文艺理论集成》,中国社学出版社 2001 年版,第 1066 页。
②施议对:《人间词话译注》,岳麓书社 2008 年版,第 110 页。

哽咽梦中语。是他春带愁来,春归何处。却不解、将愁归去。"这里词人借思妇之口,写思妇晚春之际在闺中看风雨时至,绿肥红瘦片片花落,流莺啼鸣声声报春归去,但斯人归期无定,音问难通,闺怨无尽,用以抒发国事难折,报国无期的愤懑之情。这是典型的豪放派词人的"要眇宜修"。

宋词的"境界"之美乃中国文学史之奇葩,美轮美奂,至今让人流连不已,它包含的境界之美、要眇宜修、弱德之美、婉约与豪放等美学范畴将永留青史,惠及后代。

第五章 作为"生命之舞"的
中国书法

书法是中国特有的线的艺术,举世无双。在中国传统社会,书法是文人的生存方式之一。丰子恺赞扬书法是中国"最高的艺术",是相对于作为"西部高原"的音乐的"东部高原"①。熊秉明更是肯定,"书法是中国文化核心的核心"。② 我们中国人因为有书法这样的艺术而自豪。中国传统社会将书法提到很高的位置,甚至认为书法是国家之盛业。唐代书法家张怀瓘在《文字论》中言道:"阐坟典之大猷,成国家之盛业者,莫近乎书。"③由此可见,书法在中国传统社会中之地位之高。书法是我们中华民族特有的一种艺术形态与审美形态,当然也是中国传统"生生美学"的艺术呈现。

一、书法的生命艺术本质

书法艺术的本质是什么呢? 一种说法认为,书法是现实生活的

---

① 丰子恺:《艺术的园地》,见萧培金编:《近现代书论精选》,河南美术出版社
  2013年版,第193—194页。
② 熊秉明:《中国书法理论体系》,天津教育出版社2002年版,封面语。
③（唐）张怀瓘:《文字论》,见王伯敏等主编:《书学集成·汉—宋》,河北美术
  出版社2002年版,第197页。

反映。这一观点突出了书法的象形特点。显然,这一看法是不符合中国书法的实际情况的。因为中国书法尽管包含了部分象形功能,但据许慎所言,中国文字有指事、象形、形声、会意、转注与假借六种功能,并非都是象形。而且,书法对于现实生活也不完全是一种象形的反映;另一种说法认为,书法犹如现代西画,是一种抽象的艺术。但中国书法并非运用西方抽象艺术的象征手法,而是一种特有的举世无双的东方艺术形式。既有象形之意,又得抽象之神。书法不是像西方抽象艺术那样凭借画面的抽象,而是呈现为一种线的走势,墨的浓淡,结体与布白的特有形态等等,是一种笔与墨的阴阳相生。因此,书法是中国特有的抽象艺术。

那么,书法是一种什么样的艺术呢?我们说,书法作为传统的中国古代艺术,运用古代艺术之"一阴一阳之谓道"的特有的根本规律而产生一种生命之力,是一种中国古典的生命的艺术。林语堂说:"书法不仅为中国艺术提供了美学鉴赏的基础,而且代表了一种万物有灵的原则。"①这种万物有灵的原则就是生命的原则,书法的艺术本质是东方的生命艺术。叶秀山说:书法"是一种活动的线条的舞蹈,那么,很自然地就会以草书作为它的范本"。② 叶先生的比喻十分恰当。首先,关于草书是书法艺术的范本问题。张怀瓘曾将书法的发展归结为"母子相生,孳乳浸多"③,就是认为中国书法的发展是一种生命的历史的过程,在历

①林语堂:《中国书法》,见萧培金编:《近现代书论精选》,河南美术出版社 2013 年版,第 164 页。
②叶秀山:《说"写字":叶秀山论书法》,中国人民大学出版社 2007 年版,第 90 页。
③(唐)张怀瓘:《文字论》,见王伯敏等主编:《书学集成·汉—宋》,河北美术出版社 2002 年版,第 197 页。

史的长河中繁育发展，由甲骨到篆隶，至汉代出现草书，草书由章草到狂草，成为一种特有的艺术形式。这就使书法由艺术与应用相兼发展为纯艺术。有一种说法认为，书法在草书之前的篆、隶与楷的阶段，没有艺术功能，只有到草书阶段才有艺术功能。这种说法也是不全面的。应该说，书法从甲骨文开始就已经具有某种艺术的功能。因为，其时，线的艺术特征已经形成，但仍然受到字体等规范的制约。只是到了草书阶段，线才具有更多的自由的灵动性，呈现出变幻莫测的生命张力。可以说，草书集中地表现了书法之生命艺术的本质特征，成为鲜活而灵动的笔之舞蹈。唐代著名书法家张旭就因观公孙大娘舞剑器而草书大进，成为草圣。杜甫在《观公孙大娘弟子舞剑器行序》中写道："往者吴人张旭，善草书帖，数常于邺县见公孙大娘舞西河剑器，自此草书长进，豪荡感激，即公孙可知也。"杜甫在《饮中八仙歌》中写道："张旭三杯草圣传，脱帽露顶王宫前，挥毫落纸如烟云。"在这里，杜甫已经将张旭称之为"草圣"了。书法史告诉我们，书法之中有草圣，但并无"隶圣"与"楷圣"等，说明草书之艺术含量与特殊地位。这里需要说明的是，唐代公孙大娘之剑器舞是一种中国古代的劲舞，其遒劲有力与虎虎有生气，恰能给草书的龙腾虎跃之势以启迪。对于草书的充满生命力的舞动之态，多见于唐代文献关于张旭之狂草的描绘。李颀在《赠张旭》写道："兴来洒素壁，挥笔如流星"，形象地描绘了张旭在素壁前挥笔疾走如流星般狂写草书的状态，完全是一种充满生命力的舞蹈。韩愈更是在《送高闲上人书》中形象地描绘了张旭将生命感悟投入草书创作的状态。他说："往时张旭善草书，不治他技。喜怒窘穷，忧悲愉佚，怨恨思慕，酣醉无聊，不平有动于心，必于草书焉发之。观于物，见山水崖谷，鸟兽虫鱼，草木之花实，日月列星，风雨水火，雷霆霹雳，歌舞战斗,天地万物之变,可喜可愕,一寓于书。故旭之书,变动犹鬼神,不可端倪,以此终其身而名后世。"我们再来看东汉傅毅在《舞赋》中对古代之劲舞的描写:"纡形赴远,漼似摧折。纤縠蛾飞,纷焱若绝。超鸟集,纵弛殟殁。委蛇姌袅,云转飘忽。体如游龙,袖如素霓。"将这些描写与唐人对张旭草书形态之描写相对比,可以看出书法,特别是草书与古之劲舞何其相似。因此,我们可以说,书法是笔的生命之舞。

书法,特别是草书的生命之力,主要来自于中国古代艺术特有的"一阴一阳之谓道"的生命之力。《周易》有言:"一阴一阳之谓道,继之者善也,成之者性也"(《周易·系辞上》),说明"一阴一阳"交通感应动变之"道"为一切事物与艺术之道即根本规律,遵循这一规律就能取得成功,成功地运用这一规律是由于人的顺应自然的本性。由此说明,阴阳之道是事物与艺术的根本之道,是阴阳对立中的生命之道。书法作为线的艺术恰是通过线之迟速、浓淡、白黑、粗细之对比,表现一种生命之力。蔡邕在《九势》中说道:"夫书肇于自然,自然既立,阴阳生矣。阴阳既生,形势出矣。藏头护尾,力在其中。下笔用力,肌肤之丽。故曰:势来不可止,势去不可遏。惟笔软则奇怪生焉。"①蔡邕认为,书法之妙源于自然。这里的"自然",有人解释为"自然界",其实是一种阴阳相生的自然法则。"自然既立,阴阳生矣",说明阴阳相生是一种自然法则。所谓"阴阳既生,形势出矣",说明阴阳相生才产生笔之势。"藏头护尾,力在其中",说明笔锋的两头藏锋,在藏与收、逆与顺的阴阳对立中做到"力在其中"与"肌肤之丽"的结合,书法作品才

---

① (汉)蔡邕:《九势》,见潘运告编注:《中国历代书论选》上册,湖南美术出版社 2007 年版,第 9 页。

能绽放出生命的光丽。所谓"势来不可止，势去不可遏，惟笔软则奇怪生焉"，说明书法奇妙的生命之力来源于中国书法所用之笔是一种软性的毛笔，这种软性的毛笔使得书法家能够发挥无限的创造力，创造出富有无限生命力的笔之舞蹈。毛笔成为笔之生命之舞的重要工具。所谓"工欲善其事，必先利其器"，毛笔就是伟大的中国书法艺术彰显生命力的利器。

这里还有一个问题需要说明，那就是书法与国画的工具都是毛笔，自古就有"书画同源"之说。两者确有相同之处，它们不仅使用相同的工具，而且都是中国传统艺术的组成部分，都是线的艺术，而阴阳之道与气韵生动又是它们的共同指归。但书与画之用笔，还是有着明显的差异。首先，国画需要借助外在的现实图像，而书法之象不是现实图像而是一种特有的线之运动；其次，国画在方法上是一种描绘，是可逆的，而书法则是生命的书写，时间的流淌，是不可逆的。总之，一个是画，一个是字。尽管宋元之后，题款题词成为绘画的重要组成部分，也使书画相映成趣，但书画毕竟不能等同。

二、"笔势"的生命之美

书法的生命之美的基本表征由"笔势"所体现，"笔势"成为书法美学最基本的范畴。康有为说，"书法之妙，全在运笔"，又说："古人论书，以势为先。"①所谓"势"，是指一种书法笔画的带有方向性的趋势，也是一种力的呈现。"笔势"既是一种趋向性的笔之

---

① 康有为：《广艺舟双楫·缀法》，见王伯敏等主编：《书学集成·清》，河北美术出版社 2002 年版，第 662、664 页。

走向,也是一种笔力的表现,是生命力的呈现。有学者指出:"力,指书法线条形体中蕴涵的一种可感的力量。势,指书法线条形体中呈现的一种运动的趋势。力,主要表现为内蓄;势,主要表现为外露。力是势的基础,势是力的显示。它们都是构成书法本体的重要因素,共同孕育和展现出书法艺术的生命色彩,也是直接使人精神上产生刺激和振奋的原因所在。"[1]

　　东汉时期著名书法家崔瑗在我国最早的书法论文《草书势》中对于草书之笔势进行了形象而生动的描述。崔瑗根据"观其法象"的原则,论述了草书特殊的外观,即是一种非对称性的形态。他说:"方不中矩,圆不中规。抑左扬右,望之若欹。竦企鸟跱,志在飞移;狡兔暴骇,将奔未驰。或蜘蛛点南,状似连珠,绝而不离。"这里讲了两种非对称性的法象:一种是方圆左右不对称,犹如人之耸肩,鸟之待飞,兔之欲奔;另一种是线之似断似连,绝而不离,实则是意念中一线相贯。这都是草书笔势的趋向性特点,实则是两种趋向性,即力的趋向与方向的趋向。人之耸肩、鸟之待飞、兔之欲奔,是一种力的趋向;而线之绝而不离,则是一种方向的趋向。两种笔势的结合,最终导致了一种力的呈现,所谓"或凌邃而揩栗,若据槁而临危。傍点邪附,似螳螂而抱枝。绝笔收势,余綖虬结。若山蜂施毒,看隙缘巇,腾蛇赴穴,头没尾垂"等等。崔瑗最后强调了草书的自由性的特点,即所谓"一画不可移"[2]。

　　魏晋时卫夫人写有著名的《笔阵图》,将书法比喻为行军打仗

①韩盼山:《书法辩证法释要》,河北大学出版社 2001 年版,第 41 页。
②(汉)崔瑗:《草书势》,见王伯敏等主编:《书学集成·汉—宋》,河北美术出版社 2002 年版,第 2 页。

之列阵。王羲之的《题卫夫人〈笔阵图〉后》一文，以战争之中的两军对阵厮杀说明笔势之力。军阵之刀剑齐举，来往杀戮，你死我活，刀刀用力，剑不落空，充满杀伐之势。而笔势的杀伐之力："夫纸者，阵也；笔者，刀矟也；墨者，鍪甲也；水砚者，城池也；心意者，将军也；本领者，副将也；结构者，谋略也；扬笔者，吉凶也；出入者，号令也；屈折者，杀戮也。"①王羲之将书法比作战阵，以战争中之列阵、刀矟、鍪甲、城池比喻战争有形的物质器物，又以将军、副将、谋略比喻战争之无形的内容，再以吉凶、杀戮比喻战争之过程与后果，可谓绘声绘色，将书法的力的艺术与生命艺术特点彰显无遗。

　　笔势在书法实践过程中落实到落笔结字之上，即具体的写法之上。蔡邕在《九势》中归结了九种可使书写过程中"无使势背"的笔法，也就是在书写过程中不使背离笔势的力之趋势。具体言之，就是落笔结字之"递相映带"，转笔之"左右回顾"，藏锋之"欲左先右"，藏头之"笔心常在点画中行"，护尾之"画点势尽，力收之"，疾势之先慢后快，掠笔之"趯缓峻趯用之"，横鳞之"竖勒之规"等②。需要说明的是，蔡邕此处着重讲的是隶篆。相对来说，草书的笔势，体现在用笔上更加自由放松，笔力也会更加强劲。

　　书法之笔势呈现出一种特有的生命韵律与节奏，这是一种生命的样态，生命艺术的基本特征。书法笔势之起落、放收、浓淡、曲折、蜿蜒、虚实、黑白等，都如生命活动之一呼一吸、起伏有序。

①（晋）王羲之：《题卫夫人〈笔阵图〉后》，见王伯敏等主编《书学集成·汉—宋》，河北美术出版社2002年版，第26页。

②（汉）蔡邕：《九势》，见潘运告编注《中国历代书论选》上册，湖南美术出版社2007年版，第9页。

这就是东方艺术特别是书法艺术特有的规律与特征,犹如舞蹈,也像似音乐。叶秀山说:"书法艺术在技术上的特点,就在于线条按照既定的字形结体运动,这就是'势'。'势'是指线条按字体形状的运动的韵律和趋向。"因此,书法可以说是"看得见的音乐"。①　叶先生之所言切中要旨。对于线条之生命呼吸之特点,清人沈宗骞在《芥舟学画编·取势》中有比较精致的说明:"天地之故,一开一合尽之矣。自元会运世,以至分刻呼吸之顷,无往非开合也。""笔墨相生之道,全在于势。势也者,往来顺逆而已。而往来顺逆之间,即开合之所寓也。生发处是开,一面生发,即思一面收拾,则处处有结构而无散漫之弊。收拾处是合,一面收拾,又即思一面生发,则时时留余意而有不尽之神。"又说:"作书发笔,有欲直先横、欲横先直之法。作画开合之道亦然。如笔将抑,必先作俯势;笔将俯,必先作仰势。以及欲轻先重,欲重先轻,欲收先放,欲放先收之属,皆开合之机。"②沈宗骞这里主要讲绘画的"取势"问题。书画虽异,但它们不仅都使用线条,而且也都具有共同的生命韵律的特点。因而,在"取势"问题上,二者有相通之处。沈宗骞所说的"欲仰先俯""欲俯先仰"等,正是阴阳开合之道,是书法笔势必有的创造规律。清人笪重光在《书筏》中说道:"起笔为呼,承笔为应。或呼疾而应迟,或呼缓而应速。"又说:"将欲顺之,必故逆之;将欲落之,必故起之;将欲转之,必故折之;将欲擎之,必故顿之;将欲伸之,必故屈之;将欲拔之,必故厌之;将

---

① 叶秀山:《说"写字":叶秀山论书法》,中国人民大学出版社 2007 年版,第 72、74 页。

② (清)沈宗骞:《芥舟学画编》,见王伯敏等主编:《书学集成·汉—宋》,河北美术出版社 2002 年版,第 602—604 页。

欲束之，必故拓之；将欲行之，必故停之。书亦逆数也。"①总之，书法笔势的开合、起承、呼吸与逆应等，正是生命艺术的基本特征。

有学者曾言，书法艺术是"笔势流程式的时间性艺术"。② 正是因为笔势是书法艺术的最主要艺术手法与特征，所以笔势的趋向性就必然形成一种时间性。书法的书写是一种时间的过程，这种过程性记录在书法艺术之中，表现为笔势的疾迟、顿挫与墨的浓淡、转折。这是一种生命的绵延。人们在形容唐代书法家怀素的草书时写道："奔蛇走虺势入坐，骤雨旋风声满堂"（张渭《赠怀素》），"笔下唯看激电流，字成只畏盘龙走"（朱遥语，见怀素《自叙帖》）。这里的奔蛇走虺、骤雨旋风、激电之流、盘龙飞走等等都是一种历时性的描写，是一种过程。书法创造也是一种历时性过程，事后是难以追摹的。当时人们描写怀素创造狂草，就是一种"此在"式的行为，所谓"心手相师势转奇，诡形怪状翻合宜。人人欲问此中妙，怀素自言初不知"（戴叔伦语，见怀素《自叙帖》），所谓"狂来轻世界，醉里得真如"（钱起语，见怀素《自叙帖》）。笔势的时间性特点，还表现在笔势决定了书法的结体与布白。众所周知，书法艺术有笔势、结体与布白三要素。笔势是书法之笔的走向与疾迟，结体是字的构成，而布白则是整个书法的格局分布、安排等等。笔势是一种时间的走向，而结体与布白则是一种空间的布置。书法艺术的笔势决定了结体与布白，时间决定了空间。如

①（清）笪重光：《书筏》，见王伯敏等主编：《书学集成·清》，河北美术出版社2002年版，第21页。

②陶尔圣：《对书法艺术的时间性领悟——兼析书法创作中的空间理性误区》，《哲学动态》2012年第11期。

果忽视了书法艺术的时间艺术特点,忽视其时间决定空间的特点,而将结体与布白放到笔势之前,必然脱离的书法艺术的基本轨道而走偏方向,某些绘画式的书法就是走偏方向的表现。《文心雕龙·定势》篇尽管讲的是文体之势,但也涉及了时间决定空间的道理。所谓"情致异区,文变殊术,莫不因情立体,即体成势也",说明空间性的文体的变化来自于时间性的情致。清人沈道宽曾言:"用笔之法,不越仰俯、向背、开合、贯串、避让诸诀,而结体已寓其间。"①这说明,用笔决定了结体,时间决定了空间。蒋衡更明确地指出:"有从无笔墨处求之者,曰意,曰气,曰神,曰布白。从有笔墨处求之者,曰丝牵,曰运转,曰仰覆向背、疏密、长短、轻重疾除,参差中见整齐,此结体法也。"②如果不重视书法的笔势,只能将意、气、神与布白等作为整体性书法艺术一体的内涵一个个孤立起来,分割开来;而重视书法笔势,则是将之融为一体,构成丝牵、运转、仰覆等笔之走势,而结体也就寓于其中。这就说明,书法作为线的时间的艺术在时间的流逝中结构了空间,解决了结体与布白的问题。如果将之分割则反而弄巧成拙,走向反面。

总之,书法的这种由笔势所奠定的线性之美,决定了中国古代美学线性美与时间美的基础。诚如元代陈绎曾所言:"势,形不变而势所趋背各有情态,以一为主,而七面之势倾向之也。"③这

①(清)沈道宽:《八法筌蹄》,见王伯敏等主编:《书学集成·清》,河北美术出版社 2002 年版,第 473 页。

②(清)蒋衡:《书法论》,见王伯敏等主编:《书学集成·清》,河北美术出版社 2002 年版,第 225 页。

③(元)陈绎曾:《翰林要诀》,见王伯敏等主编:《书学集成·元—明》,河北美术出版社 2002 年版,第 170 页。

说明，线性美是一种由笔势决定的以历时性"一"为主，而其他七个方向都向其倾力的艺术形态。这是一种历时的，不可逆的，在时间中记录了生命的美学。

三、"筋血骨肉"的古典
形态身体美学

书法笔势以其特有的趋向走势、点画的轻重与形态的蜿蜒曲折，仿佛构成人的筋血骨肉，刚劲有力，形成一种特有的古典形态的身体—生命之美。这是中国书法特有的美学与艺术特征，是东方的古典形态身体美学。宗白华指出："中国古代的书家要想使'字'也表现生命，成为反映生命的艺术，就须用他所具有的方法和工具在字里表现出一个生命的骨、筋、肉、血的感觉来。但在这里不是完全像绘画，直接模写客观形体，而是通过较抽象的点、线、笔画，使我们从情感和想象里体会到客体形象里的骨、筋、肉、血，就像音乐和建筑也能通过诉之于我们情感及身体直感的形象来启示人类的生活内容和意义。"[1]可见，书法的所谓"筋肉骨血"，是通过抽象的点、线、笔画形成的想象中的筋血骨肉。

最早提出书法之"筋血骨肉"问题的，是魏晋时之卫夫人。她在《笔阵图》中说道："善笔力者多骨，不善笔力者多肉；多骨微肉者谓之筋书，多肉微骨者谓之墨猪；多力丰筋者圣，无力无筋者病。"[2]这里提

---

①宗白华：《中国书法里的美学思想》，见王德胜编选《宗白华美学与艺术文选》，河南文艺出版社 2009 年版，第 111 页。

②（晋）卫铄：《卫夫人笔阵图》，见王伯敏等主编：《书学集成·汉—宋》，河北美术出版社 2002 年版，第 23 页。

出骨、肉与筋三个范畴,都是用以形容笔力的。所谓"骨",是指善
笔力,是一种笔力强劲之意;所谓"肉",是指不善笔力者,是一种
笔力贫乏之意。"多肉微骨"者犹如一头肥满乏力的猪,这一比喻
非常形象,常被后代书评者袭用,形容那种笔力软弱、字形臃肿之
书体;所谓"筋",指笔迹的瘦劲,与笔力联系在一起,因此有"多力
丰筋者圣,无力无筋者病"的说法。总之,卫夫人所强调的筋骨肉
之美,崇尚一种笔力强劲之美。元代陈绎曾在《翰林要诀》特别提
出"血法",指出"字生于墨,墨生于水,水者字之血也。笔尖受水,
一点已枯矣。水墨皆藏于副毫之内,蹲之则水下,驻之则水聚,提
之则水皆入纸矣。捺以匀之,抢以杀之、补之、衄以圆之。过贵乎
疾,如飞鸟惊蛇,力到自然,不可少凝滞,仍不得重改"。① 所谓
"血",主要指水墨之用,要求既不可使之枯,亦不可使之聚,做到
"如飞鸟惊蛇,力到自然,不可少凝滞,仍不得重改",还指具有一
种力道自然、飞鸟惊蛇之美,是一种恰当的力之美。总之,书法之
筋血骨肉是对于强劲笔力的一种比喻,是根据人的生命与身体之
美对书法之美的形象比喻。康有为在《广艺舟双楫》中指出,"书
若人然,须备筋骨血肉,血浓骨老,筋藏肉莹,加之姿态奇逸,可谓
美矣"。② 唐徐浩在《论书》中更加明确地论述了筋骨之重要,他
说:"初学之际,宜先筋骨。筋骨不立,肉何所附。"③ 晋代杨泉明
确地将"骨"比喻为人的脊柱、建筑的柱基,他在《草书赋》中说:

---

① (元)陈绎曾:《翰林要诀》,见王伯敏等主编:《书学集成·元—明》,河北美
　术出版社 2002 年版,第 162 页。
② (清)康有为:《广艺舟双楫》,见王伯敏等主编:《书学集成·清》,河北美术
　出版社 2002 年版,第 656 页。
③ (唐)徐浩:《论书》,见王伯敏等主编:《书学集成·汉—宋》,河北美术出版
　社 2002 年版,第 268 页。

"其骨梗强壮,如柱础之丕基。"①刘勰在《文心雕龙·风骨》篇中指出:"故辞之待骨,如体之树骸",将"骨"看作是文章的脊梁。同样,"骨"也是书法的脊梁。

　　书法的"筋血骨肉"之说,是中国古代的一种古典形态的身体美学。它首先表现于由笔势所决定的书法的形态之上,同时也表现于书法的创作之上。书法的创造是一种以手运笔、"身笔合一"的创作过程。这种"身笔合一",也是一种古典形态的身体美学。清代包世臣在《自题〈笔阵图〉》诗中说道:"全身精力到毫端,定气先将两足安。悟入鹅群行水势,方知五指力齐难。"②这是说用笔之"身笔合一",书写过程中需要全身精力集中到笔毫之端,行笔之时需要集中气息,两足踏地着力,不可悬空,全身着力于手掌,犹如鹅之行水之势,前脚着力,奋力前行,五指齐力前推。这就形象地描写了书法之"身笔合一"的书写过程。宋人姜夔则在《续书谱》中更加具体地阐述了"身笔合一"的具体要领:"执之欲紧,运之欲活。不可以指运笔,当以腕运笔。执之在手,手不主运;运之在腕,腕不知执。"③这里突出了腕是"身笔合一"的关键。这样的"身笔合一"之用笔,达到笔笔着力、力透纸背的效果。陈绎曾提出了执笔的"拨镫法":"拨镫法,笔管著中指名指尖,园活易转动也。镫即马镫,笔管直,则虎口开如马镫也。又足踏马镫浅,则易

---

①(晋)杨泉:《草书赋》,见王伯敏等主编:《书学集成·汉—宋》,河北美术出版社 2002 年版,第 44 页。

②(清)包世臣:《艺舟双楫》,见王伯敏等主编:《书学集成·清》,河北美术出版社 2002 年版,第 442 页。

③(宋)姜夔:《续书谱》,见王伯敏等主编:《书学集成·汉—宋》,河北美术出版社 2002 年版,第 622 页。

出入；手执笔管亦欲浅，则易拨动也。"①这就将"身笔合一"更加具体化了，要求用笔犹如马镫，足踏马镫浅易于出入着力。拨镫法还要求用笔犹如拨灯芯，既着力又不用死力，点到为止。又要求做到笔管在中指与无名指间，依凭虎口，这样就能有既易着力又易转动之优势，从而做到笔笔有力。

　　总之，我国1700多年前提出的书法艺术"筋血骨肉"之理论从形体论与创造论的不同角度论述了书法艺术中的古典形态的身体美学，彰显了东方美学特有的内涵与魅力。这种美学观念，即使到今天，也仍然并不过时。书法艺术在今天仍然是活的艺术，"筋血骨肉"的古典身体美学对于建设当代具有强健体魄的民族艺术与民族美学都具有重要价值。

四、"波势"的形态之美

　　"波势"，或称"波磔"，是指书法笔画的起伏绵延、轻重缓急，它构成中国书法特有的形体之美。"波势"与笔势有关，是笔势呈现的一种形态。但笔势重在笔之趋势的力量，是一种力量之美，而"波势"则呈现为于书法之形态，是一种形体之美。"波磔"之"波"指左撇，"磔"指右捺，结合起来就是指书法之笔画，是一种形态之美。曹利华指出："波势是书法线条、结体、章法美的重要因素，是文字与书法的主要区别所在，是书法美与不美的衡量尺度。"②"波势"或"波磔"，也可称作起伏波折，从汉代隶书开始才

---

① （元）陈绎曾：《翰林要诀》，见王伯敏等主编：《书学集成·元—明》，河北美术出版社2002年版，第203页。
② 曹利华：《美学与书法经典探寻》，中央编译出版社2013年版，第115页。

有波磔,直到魏晋时期真、楷、草等书法形体的出现,波磔进一步发展成熟。邓以蛰指出:"又如汉分乃有波磔。波者言横笔有波动起伏之意;磔者言笔之收势,如横笔之作捺势,直笔之作垂势。总之,波磔指分书之姿态不似篆势之均匀平板之处。若究波磔之所由来,则毛笔之使然也。……人之所用笔者,正求其整齐美观,如秦石汉碑莫不然者,此篆隶之所以为形式美之书体也。"又说:魏晋之际,"一方面汉魏之交书家辈出,书法已完全进入美术之域,笔法间架,讲究入神,如卫夫人之笔阵。他方面,魏晋人士浸润于老庄思想,入虚出玄,超脱一切形质实在,于是'逸笔余兴,淋漓挥洒,或妍或丑,百态横生'之行草书体,照耀一世"。① 从汉隶八分之开始有波磔,到章草之"逸笔余兴,淋漓挥洒,百态横生",可谓书法之波势发展到极致,其形体之美,也照耀一世。唐太宗李世民在评论王羲之书法时,指出:"详察古今,研精篆、素,尽善尽美,其唯王逸少乎! 观其点曳之功,裁成之妙,烟霏露结,状若断而还连;凤翥龙蟠,势如斜而反直。玩之不觉为倦,览之莫识其端。"②李世民将王羲之书法之波势概括为"烟霏露结,若断还连,凤翥龙蟠,如斜反直"。所谓"烟霏露结",是一种总体上对王羲之字的感觉,是一种烟云弥漫、云蒸霞蔚的美感。"凤翥龙蟠"等则点出了王羲之字的绵延曲折、若断若连、若斜若直、龙飞凤舞之神奇状态。可见,王羲之书法在波势上曲尽其妙、美不胜收。

　　具体来说,书法的波势是一种不平衡的状态,由篆而隶而章

---

① 邓以蛰:《书法之欣赏》,《邓以蛰全集》,安徽教育出版社 1998 年版,第166 页。

② (唐)李世民:《王羲之传赞》,见王伯敏等主编:《书学集成·汉—宋》,河北美术出版社 2002 年版,第 101 页。

草而狂草,即是一个由平衡到不平衡的过程,也是书法艺术内在的生命之力由弱到强的过程。崔瑗在《草书势》已经谈到了草书之方不中矩、圆不中规、抑左扬右等不平衡之特点。魏晋时期书法突变,钟繇则在《用笔法》中用"八分"概括当时隶书之形态:"繇解三色书,然最妙者八分也。点如山摧陷,摘如雨骤,纤动如丝,轻如云雾,去若鸣凤之游云汉,来若游女之入花林,灿灿分明,遥遥远映者也。"[①]隶书之八分,即不平衡的形态。关于"八分",历来有多解。但看钟繇的上述说法,应是由笔势之相背所呈现的不平衡的书法整体形态。胡小石说:"八分之八,在此不可读为八九之八,乃以八之相背,状书之势者。"又说:"今人言八,犹以拇指与食指分张,示相背之意,故知'八分'者非言数而言势。……盖字形有以波挑翩翻为美者。"[②]当然,发展到草书,波势中的相背之处比比皆是,并形成龙飞凤舞之状。

　　书法波势之形成显然受到自然界各种曲折奇巧富含力度的形状之启发,它在书法整体构成中形成各具特色的形态,如银钩虿尾、屋漏痕、锥画沙等等,展现出无限的生命力量。晋人索靖自称其书为"银钩虿尾"。宋人姜夔在《续书谱·用笔》中生动地描写了波势对于各种自然现象的模仿。他说,"用笔如折钗股,如屋漏痕,如锥画沙,如壁坼。……折钗股者,欲其屈折圆而有力;屋漏痕者,欲其无起止之迹;锥画沙者,欲其匀而藏锋;壁坼者,欲其无布置之巧。然皆不必若是,笔正则藏锋,笔偃则锋出,一起一

---

① 王伯敏等主编:《书学集成·汉—宋》,河北美术出版社 2002 年版,第11 页。

② 胡小石:《书艺略论》,见萧培金编:《近现代书论精选》,河南美术出版社2014 年版,第 75—76 页。

倒，一晦一明，而神奇出焉。"①银钩虿尾是一种弯曲之象，屋漏痕是曲折而绵延之态，锥画沙者是藏而不漏之形状，壁坼者隐喻一种壁与壁之间的自然之界，无布置之巧，自然成趣。这些形态体现了笔锋之藏偃、笔势之起伏与笔墨之晦明等等不平衡之波势。这种不平衡就构成一种隐含的力量，使其波势起伏有力。用西方格式塔心理学之理论理解，自然现象之曲折包含着一种隐含着有倾向性的力，书法的波磔与自然世界、社会生活的某些形态构成同形同构，并因此与人的心理之中的力量构成同形同构，于是就成为一种力量的象征。

书法波势的不平衡性蕴含着无限的力量，成为其生命美学的形体原因，也是草书之所以特具生命之力的原因。因为草书尤其是狂草可以说彻底打破了书法的平衡性，因而就更富含强劲的有倾向的张力。

五、"神采为上"的神韵之美

从书法本体来讲，有"神采"与"形体"两个部分。在两部分的关系中，传统书法理论认为，"神采为上，形质次之"。南朝王僧虔在《笔意赞》中指出，"书之妙道，神采为上，形质次之，兼之者方可绍于古人"②，认为只有做到了"神采"与"形质"兼备，才能成为古人的继承者。唐代张怀瓘《书议》亦言，"风神骨气者居上，妍美功

---

① （宋）姜夔：《续书谱》，见王伯敏等主编：《书学集成·汉—宋》，河北美术出版社 2002 年版，第 621—622 页。

② （南朝宋）王僧虔：《笔意赞》，见潘运告编注：《中国历代书论选》上，湖南美术出版社 2007 年版，第 68 页。

用者居下"。① 这里，"风神骨气"是一种内在的风姿神韵与刚劲之力，亦是"神采"之意。为了做到"神采为上"，唐欧阳询提出了著名的"意在笔先"的主张。他在《八诀》中说道："澄神静虑，端己正容。秉笔思生，临池志逸。虚拳直腕，指齐掌空。意在笔先，文向思后。"②欧阳询认为，书法首先要做到"澄神静虑"，即把自己的思想集中起来，放下各种杂虑，即是所谓"书者散也"，散其心怀，达到道家的所谓"心斋"的境界。然后身体也要放松，即虚拳实掌，指齐掌空，这样才能做到"意在笔先，文向思后"。

"神采为上"的原则，成就了中国书法艺术特有的神韵之美。也就是说，书法之美几乎与书法的内容没有直接的关系，这是中国书法艺术所特有的。当然，书写内容对于形成书法之意仍具有一定的作用。例如，王羲之所写的《兰亭序》"丰神疏逸，姿致萧朗"，与《兰亭序》一文所写的春光之明媚，气氛之祥和，以及作者超旷之情怀等就显然有某种关系。但总体上，书法本身的美与书写内容无直接之关系。五代杨凝式的《韭花帖》，内容是表现午睡刚起，恰逢有人送来韭花食品，既可充饥，也甚为可口，故书写以示谢意。这样的特别家常的内容，与其书法的"萧散有致"并无直接关系。总的来说，书法艺术的美是在书写内容之外的，是一种形外之意，味外之旨，神韵之美。

在书法理论之中，"意"与"神采"是同格的。"意"为书家的内在的精神，正如扬雄所言"书，心画也"，而神采则是"意"内蕴于书

---

① (唐)张怀瓘：《书议》，见王伯敏等主编：《书学集成·汉—宋》，河北美术出版社 2002 年版，第 193—621 页。
② (唐)欧阳询：《八诀》，见王伯敏等主编：《书学集成·汉—宋》，河北美术出版社 2002 年版，第 112—621 页。

法形体之中。这就说明，中国书法艺术是一种特有的"神韵式艺术"，相异于西方古代写实的"镜像式艺术"。这里的"意"与"神采"尽管与书体密切相关，但却是一种味外之旨、言外之意、字外之神。"意"与"神采"来自于书者的修养。清人刘熙载在《书概》中说道："书，如也。如其学，如其才，如其志，总之曰如其人而已。"①也就是说，"神采"来源于书者的修养与精神状态，来源于书者的精神寄托。张怀瓘在《书议》中结合草书论述了这种书者的修养和寄托，他说："草则行尽势未尽。或烟云雾合，或电激星流，以风骨为体，以变化为用。有类云蒸雾散，触遇成形；龙虎威神，飞动增势。岩谷相倾于峻险，山水各务于高深；囊括万殊，裁成一相。或寄以骋纵横之势，或托以散郁积之怀；虽至贵不能抑其高，虽妙算不能量其力。是以无为而用，同自然之功；物类其形，得造化之理。皆不知其然也。可以心契，不可以言宣。观之者似入庙见神，如窥谷无底，俯猛兽之牙爪，逼利剑之锋芒。肃然危然，方知草之微妙。"②这段论述大体分三层意思，第一层是说草书之形，可谓云蒸雾散，龙腾虎妖，囊括万殊，裁成一相。第二层是论草书之意。由草书之形体所寄托之意可谓极为丰富，有壮志凌云，纵横驰骋之志，也有郁郁不得其志的苦闷心怀；有贵不可及的富贵心态，也有极富奇妙的计算心机。第三层摹草书之神。草书之神是一种类同于自然万物的无用之大用，也可以说是得到了天地造化之理，是无法把握日常生活规律的特殊的艺术奥妙。

---

① （清）刘熙载：《书概》，见王伯敏等主编：《书学集成·清》，河北美术出版社
　　2002 年版，第 530 页。
② （唐）张怀瓘：《书议》，见王伯敏等主编：《书学集成·汉—宋》，河北美术出
　　版社 2002 年版，第 194—195 页。

对于这种神韵可以意会,不可言传,如庙中之神灵、无尽之深谷,也如猛兽之牙爪、宝剑之锋芒,让人肃然起敬、肃然生威。这就是草书之神采的微妙之处。这一段话,可谓将草书之神采惟妙惟肖地道出,极富启发意义。

书法之意与神采要求有"气"贯穿其中,因为只有"气"才能表现出书法的生命之力与书法创作是一种生命的活动。刘熙载在《游艺约言》中说道:"诗文书画皆生物也,然生不生,亦视乎为之之人,故人以养生气为要。"①在他看来,书法的生命,即"生与不生"完全是由创作书法之人决定的。创作之人即书者养其生气,书法作品自会有其饱满之生气。生气贯通于笔墨之中,清何绍基在《东洲草堂论书钞》中说道:"气何以圆?用笔如铸元精,耿耿贯当中,直起直落可也,旁起旁落可也,千回万折可也,一戛即止亦可也。气贯其中则圆,如写字用中锋然。一笔到底,四面都有,安得不厚?安得不韵?安得不雄浑?安得不淡远?"②这说明只有"气贯其中"才能达到"意在笔先"与"神采为上","意"与"神采"的根源在"气"。

同时,书法之"神采"实际上体现于书法所表现的感情之中。作为艺术品,抽象之意只有体现于可以将之具象之情中。志向、意志等是更加抽象的思想,只能表露于喜怒哀乐的情感之中。书法之情感表现也只能表现于起伏曲折的线条与浓淡粗细的墨迹之中。刘勰在《文心雕龙·神思》篇中说:"夫神思方运,万途竞

---

① 毛万宝、黄君主编:《中国古代书论类编》,安徽教育出版社 2009 年版,第438 页。

② 毛万宝、黄君主编:《中国古代书论类编》,安徽教育出版社 2009 年版,第436 页。

萌；规矩虚位，刻镂无形。登山则情满于山，观海则意溢于海；我才之多少，将与风云而并驱矣。""神思"的运行是在字里行间将其无形与虚位之处填满，而其填入的只能是可以具象的情感，而不是更加抽象的思想与意志。刘勰所谓"登山"与"观海"之"神思"实际上是一种情感活动。上文提到的张怀瓘《书议》中所言的"纵横驰骋，郁积之怀，位高志满，妙算计较"等，其实也是一种由草书笔势所呈现的情怀。张怀瓘在《书断》中对王献之的评价，就集中体现了书者的情感与性情对于书法神采之影响。他说，王献之"偶其兴会，则触遇造笔，皆发于衷，不从于外，亦由或默或语，即铜鞮伯华之行也。初，谢安请为长史，太康中新起太极殿，安欲使子敬题榜，以为万世宝，而难言之，乃说韦仲将题凌云台事。子敬知其指，乃正色曰：'仲将，魏之大臣，宁有此事？使其若此，知魏德之不长。'安遂不之逼。子敬五六岁时学书，右军潜于后，掣其笔，不脱，乃叹曰：'此儿当有大名。'遂书《乐毅论》之与之。学竟，能极小真书，可谓穷微入圣，筋骨紧密，不减于父。如大字，则尤直而少态，岂可同年；唯行、草之间，逸气过也。"①此段说明，王献之先天之耿直诚实的情感秉性，使之创作时"皆发于衷，不从于外"，也使其书法艺术"穷微入圣，筋骨紧密"。书家的情感决定了作品的神采，由此可见一斑。颜真卿为唐代著名书法家，其书端直庄重，影响几代人。在安史之乱中，颜氏一家奋勇抵抗叛军，立下功勋，其侄以身殉国，颜真卿为此创作了著名的《祭侄文稿》。其书直叙胸臆，悲愤欲绝，情感奔涌倾泻，不可遏制。今人郭子绪认为，"中国书法史上唯有此一件作品最为遒劲，且和润"。这件作

①（唐）张怀瓘：《书断》，见王伯敏等主编：《书学集成·汉—宋》，河北美术出版社2002年版，第165—194页。

品之所以有如此神采、意蕴,是与颜真卿的追祭侄子的悲愤真情与忠贞义烈密切相关。这就说明,在书法之神采形成过程中,意、气、情、神之间紧密联系,发挥着决定性的作用。

唐代怀素,是与张旭齐名的著名狂草书法家。其性格旷达,锐意草书,无心修禅,酒肉不忌。其狂草姿态狂放,如惊雷之闪电,咆哮之长河,奔流而下,一泻千里,是书法史上的奇迹。他的狂放豁达的禀赋,决定了他的狂草成为一代神品。李白晚年在被流夜郎途中曾遇到怀素,当时怀素刚刚二十多岁。李白看到他的作品,称他为"少年上人",并认为他超过王羲之、张伯英。李白在《草书歌行》中写道:

> 少年上人号怀素,草书天下称独步。墨池飞出北溟鱼,笔锋杀尽中山兔。八月九月天气凉,酒徒辞客满高堂。笺麻素绢排数箱,宣州石砚墨色光。吾师醉后倚绳床,须臾扫尽数千张。飘风骤雨惊飒飒,落花飞雪何茫茫。起来向笔不停手,一行数字大如斗。恍恍如闻神鬼惊,时时只见龙蛇走。左盘右蹙如惊电,状同楚汉相攻战。湖南七郡凡几家,家家屏障书题遍。王逸少,张伯英,古来几许浪得名。张颠老死不足数,我师此义不师古。古来万事贵天生,何必要公孙大娘浑脱舞?

总之,书法,尤其是草书是中国古代特有的线的艺术、生命的艺术,是笔的生命的舞蹈,是中国古代艺术的源头之一,其中的奥秘值得我们好好学习、继承发扬。

第六章　国画的生态审美意蕴

中国作为文明古国,其文化、艺术与审美观念上一直以"究天人之际"为目标。其中不仅蕴含着丰富的古典生态审美智慧,而且也发展出不同于西方美学与艺术的形态。这一点在中国传统绘画中有着明显的体现。

一、中国特有的"自然生态艺术"

本来,艺术是相对于自然而言的,是一种明显区别于自然的文明形态。西方绘画发展并成熟于文艺复兴与启蒙时期,与工业革命紧密相关,从工具、颜料到著名的"镜子说"的创作原则都充分地说明了这一点。中国绘画由于产生发展并成熟于自然经济条件之下,所以是距离自然最近的一种艺术门类。

先从国画使用的工具来说,所谓"文房四宝",即笔、墨、纸、砚,都是自然的物品,不同于西画的人工制品的画笔与化学颜料。诚如当代著名国画家张大千所言:"笔、墨、纸三种特殊材料,是构成中国画特殊风格的要素。这是为中国绘画所独有,和其他各国区别最大的特征。"①笔是由羊、兔、狼等动物毛发制成的毛笔,墨

①陈滞冬编:《张大千谈艺录》,河南美术出版社 1998 年版,第 95 页。

由松烟、油烟制成,纸则是由植物纤维制作的宣纸,砚也是由自然的崖石或由泥土烧制而成,而颜料也或是来源天然矿物质,或取自植物。从绘画种类来讲,西画以人物画为主,而国画自魏晋后山水画就占据非常重要的位置,成为国画正宗。

再从艺术创作原则来说,国画力主一种"自然"的艺术原则。所谓"自然",清人唐岱《绘事发微》言:"以笔墨之自然合乎天地之自然,其画所以称独绝也。"①在《绘事发微》的《自然》篇,唐岱具体论述道:"自天地一阖一辟,而万物之成形成象,无不由气之摩荡,自然而成。画之作也亦然。古人之作画也,以笔之动而为阳,以墨之静而为阴。以笔取气为阳,以墨生彩为阴。体阴阳以用笔墨,故每一画成,大而丘壑位置,小而树石沙水,无一笔不精当,无一点不生动。"②这里告诉我们,所谓"自然",即为中国古代思想的天地万物由阴阳之气激荡交感而生成化育的自然规律。诚如老子所言,"道生一,一生二,二生三,三生万物。万物负阴而抱阳,冲气以为和"(《老子·第四十二章》)。"自然"的艺术原则在国画中表现得十分明显,国画基本上依靠动与静、笔与墨、浓与淡、墨与彩,以及实与虚等对立双方交互统一而表现出艺术的力量。例如,宋代苏轼的《木石图》,就是极为简洁的枯树一株与顽石一块,画面是大量的空白,但却通过这种画与白、石与树,以及笔与墨的自然形态的对比表现了文人的傲然挺立的精神气质。相反,西画则是一种诉诸科学的画法。正如欧洲文艺复兴时期绘

①（清）唐岱:《绘事发微》,见王伯敏等主编:《画学集成·明—清》,河北美术出版社 2002 年版,第 448 页。

②（清）唐岱:《绘事发微》,见王伯敏等主编:《画学集成·明—清》,河北美术出版社 2002 年版,第 447—448 页。

画大家达·芬奇所说，"绘画的确是一门科学，并且是自然的合法的女儿"，"美感完全建立在各部分之间神圣的比例关系上，各特征必须同时作用，才能产生使观者往往如醉如痴的和谐比例"。①达·芬奇的名作《最后的晚餐》就是这种比例和谐的典范：整幅画以镇静自若的耶稣为中心，分左右两列排列众使徒，透视集中，比例对称，表情各异，充分表现了文艺复兴时期一种特有的惩恶扬善、拯救民众的人文精神。

二、特有的"多点透视法"

"透视"即绘画的视角，反映着不同的艺术观念。西画基本上采用"焦点透视法"，又称"远近法"。这是画家以固定的视角为出发点，根据物体在视网膜上形成的远近大小、近实远虚的现象进行绘画的方法。这种"焦点透视法"，实际上是一种以科学的光学理论与几何学理论为指导的绘画创作方法，为达·芬奇所极力推崇。他在其著名的《绘画论》中指出："实习常常必须站在正确的理论上，而'远近法'是它的引路者，是入门的方法，就绘画来说，没有它，什么事也不能好好进行。"②显然，这是一种科学主义的绘画理论与方法，当然自有其价值，并且也在长期的西画实践中取得了辉煌的成就。但这种方法只允许在画面上有一个视点中心，如果单从远虚近实、远小近大、阳显背蔽的光学与几何学原则来看，当然是没有问题的，但如果从自然万物平等的原则来看，其缺陷则是十分明显的。这种"焦点透视"的画法，对于那些被隐晦

①转引自李醒尘：《西方美学教程》，北京大学出版社1994年版，第137页。
②转引自李浴：《西方美术史纲》，辽宁美术出版社1980年版，第254页。

与遮蔽的物体来说是不公平的,这仍然是一种科学主义与人类中心主义的反映。正如沃尔夫冈·韦尔施所说:"全景的展示取决于观者的眼睛和立足点。人的标准处于整幅画面的中心。这样看来,透视绘画中的人类中心主义是根深蒂固的。一切都不是自然浮现,而是基于我们单方面的感知。画面的每一细节都与我们有关,由我们的视野和立足点决定。被画对象与我们对世界的凝视紧密相关。"①

国画所采取的"多点透视法"与西画的"焦点透视法"不同,它是一种"景随人迁,人随景移,步步可观"的绘画方法,画面上展现多个视角,使得远近之地、阳阴之面,甚至内外之物均有得到显现的机会。张大千曾言:"中国画常常被不了解它的人批评,说国画没有透视。其实中国画何尝没有透视?我们国画的透视,是从四方上下各面看取的,现代抽象画的透视不过得其一斑。"又说:"画树时若是以俯视的方法,只能看到树头,若是以仰视的方法,只能看到树的枝干。若用两个透视结合,既可看到树头,又可看到树干,给人看到的是一棵完整的大树,这有什么不好呢?"②方东美也将这种"多点透视"称作由一个"理想"来俯视和统一的"整体透视"。

中国传统画论对"多点透视法"的表述之一,就是"三远"法。正如宋代著名画家郭熙在《林泉高致》中所言:"山有三远:自山下而仰山巅,谓之高远;自山前而窥山后,谓之深远;自近山而望远山,谓之平远。高远之色清明,深远之色重晦,平远之色有明有

---

① [德]沃尔夫冈·韦尔施:《如何超越人类中心主义?》,见高建平、王柯平主编:《美学与文化·东方与西方》,安徽教育出版社2006年版,第475页。
② 陈滞冬编:《张大千谈艺录》,河南美术出版社1998年版,第4、52页。

晦;高远之势突兀,深远之意重叠,平远之意冲融而缥缥缈缈。其
人物之在三远也,高远者明瞭,深远者细碎,平远者冲淡。明瞭者
不短,细碎者不长,冲淡者不大。此三远也。"①运用"三远"法作
画,画面上出现了多个视角,远近、高低、阴阳、向背、里外等各个
侧面均获得了展示的机会。这在很大程度上是与西画中的科学
主义与人类中心主义相悖的,但也就增强了绘画艺术的表现力
量。所以,就出现了人类绘画史上少有的表现描绘整个城市生活
与整条河流的长卷。例如,宋代张择端的著名的《清明上河图》,
纵20.8厘米,横528.7厘米,反映了宋代京城汴京清明时节汴河
两岸的风光与生活场景,涉及风土人情、民间习俗、房屋桥梁、船
运车马、肩担人挑,以及行医算命、和尚道士、贩夫走卒、车夫轿
夫、船工商人、男女老幼,三教九流,共计550多人,牲畜五六十
匹,马车20多辆,船只20多艘,房屋30多组。人物繁多,场面宏
大。只有采取散点透视或移动透视的方法,才能艺术地反映如此
宏阔的场景,所有汴河两岸的人物场景都在这种散点透视中获得
了平等表现的权利。西画在这一方面的区别就非常明显。例如,
我们所熟知的荷兰著名画家霍贝玛的《乡间村道》就是非常典型
的按照焦点透视法创作的作品,为我们展示了17世纪的荷兰乡
村风光。该画按照近大远小、近实远虚的规律而成,画面的确具
有了某种纵深感,但真正的荷兰乡村对于我们只是一个朦胧的影
子。这也许就是科学主义与人类中心论在绘画中的表现,其局限
导致了后来立体派对于这种焦点透视的突破。

---

①(宋)郭熙:《林泉高致》,见王伯敏等主编:《画学集成·六朝—元》,河北美
　术出版社2002年版,第298页。

三、"气韵生动"的美学原则的
生态审美意蕴

中国古代哲学认为,"天地与我并生,而万物与我为一"(《庄子·齐物论》)。也就是说,在中国古人看来,自然万物与人一样都是有生命的,而且是一体的。在画家眼中,自然界的山山水水与人是有共同性的,他们在观察自然万物的四时变化时,总是将其与人加以比较的。如北宋郭熙《林泉高致》说:"春山艳冶而如笑,夏山苍翠而如滴,秋山明净而如妆,冬山惨淡而如睡。"①这里用人的笑、眼泪的滴、严肃的妆与安静的睡来形容山在四季中不同的形象神情,当然,画山之时要体现山在不同时空中各具神情的生命形态。

在这方面,中国古代画论提出了"气韵生动"的艺术要求。南齐谢赫的《古画品录》最早提出"画有六法"之说,云:"六法者何?一、气韵生动是也;二、骨法用笔是也;三、应物象形是也;四、随类赋彩是也;五、经营位置是也;六、传模移写是也。"②"气韵生动"被列为"六法"之首。谢赫所说的"六法",最初主要是对人物画的要求,后来逐步成为整个中国画的基本要旨。北宋郭思的《图画见闻志·论气韵非师》认为:"六法精论,万古不移。然而'骨法用笔'以下五法可学,如其'气韵',必在生知,固不可以巧密得,复不

---

① (宋)郭熙:《林泉高致》,见王伯敏等主编:《画学集成·六朝—元》,河北美术出版社 2002 年版,第 294 页。

② (南齐)谢赫:《画品》,见王伯敏等主编:《画学集成·六朝—元》,河北美术出版社 2002 年版,第 17 页。

可以岁月到，默契神会，不知然而然也。"①将"气韵生动"推到绘画艺术的最高境界。宗白华先生对"气韵生动"有一个非常重要的阐释："中国画的主题'气韵生动'，就是'生命的节奏'或'有节奏的生命'。"②这就是说，"气韵生动"，实际上就是表现大自然的一种有灵性的生命力。因此，国画并不苛求艺术的形似，但却追求艺术的神似，艺术的神似即是要做到生命气韵。正如唐张彦远《历代名画记》所言："至于鬼神人物，有生动之可状，须神韵而后全。若气韵不周，空陈形似；笔力未遒，空善赋形，谓非妙也。"③"气韵生动"主要在"气韵"，诚如明顾凝远所言："六法中第一'气韵生动'，有气韵则有生动矣。气韵或在境中，亦或在境外，取之于四时寒暑晴雨晦明，非徒积墨也。"④

　　作为"境中"的"气韵"，国画对自然万物的生命力的表现提出了诸多办法，郭熙《林泉高致》说："山以水为血脉，以草木为毛发，以烟云为神采。故山得水而活，得草木而华，得烟云而秀媚；水以山为面，以亭榭为眉目，以渔钓为精神。故水得山而媚，得亭榭而明快，得渔钓而旷落。此山水之布置也。"⑤当然，最重要的是要表现出大自然生命力的根本——"天地之真气也"，也就是要表现

---

①（宋）郭思：《图画见闻志》，见王伯敏等主编：《画学集成·六朝—元》，河北美术出版社 2002 年版，第 316 页。

②宗白华：《艺境》，北京大学出版社 1987 年版，第 118 页。

③（唐）张彦远：《历代名画记》，见王伯敏等主编：《画学集成·六朝—元》，河北美术出版社 2002 年版，第 106 页。

④（明）顾凝远：《画引》，见王伯敏等主编：《画学集成·明—清》，河北美术出版社 2002 年版，第 287 页。

⑤（宋）郭熙：《林泉高致》，见王伯敏等主编：《画学集成·六朝—元》，河北美术出版社 2002 年版，第 297 页。

出自然万物的神韵。清唐岱《绘事发微》说："画山水贵乎气韵。气韵者，非云烟雾霭也，是天地间之真气。凡物无气不生，山气从石内发出，以晴明时望山，其苍茫润泽之气腾腾欲动，故画山水以气韵为先也。"①"真气"就是万物的神韵，需要画家对万物进行长期的观察体悟才能获得，同时也要不断地提升自己的精神境界才能体悟到。近人齐白石画虾，经过长期的观察体悟，以其"为万虫写照，为百鸟张神"的精神，画出了旷世杰作《虾图》——一个个活灵活现、充满生命力地跃然纸上。西方绘画，有静物写生画法。大家熟悉的后印象派画家塞尚的著名静物画《有瓷杯的静物》，画的是放在瓷杯中的水果。尽管作为后印象派画家，塞尚已经在这个静物写生中寄寓了自己较多的主观色彩，但这幅画仍表现为对"永恒形象和坚实结构的追求"。齐白石的《虾图》就有着不同的旨趣，追求着一种蓬勃的生命力量。

四、"外师造化，中得心源"的创作原则与"天人合一"思想

国画最基本的创作原则，是唐代画家张璪提出的"外师造化，中得心源"②。这是非常重要的具有中国特色的艺术创作理论，与中国古代"天人合一"思想是完全一致的。"天人合一"之"天"，内容极为丰富，既包括自然万物，也指自然物象之形貌与神情。

① （清）唐岱：《绘事发微》，见王伯敏等主编：《画学集成·明—清》，河北美术出版社2002年版，第448页。
② 载张彦元《历代名画记》，见王伯敏等主编：《画学集成·六朝—元》，河北美术出版社2002年版，第186页。

所谓"人"，包含人对外物的观察的心得与体悟，内在的精神气韵等等，即所谓"心源"。"外师造化"与"中得心源"是统一的，而不是分开的两个阶段。宋代罗大经《鹤林玉露》记载宋人李伯时为画好御马，每过"国马"所在的"太仆廨舍"，"必终日纵观，至不暇与客语。大概画马者，必先有全马在胸中。若能积精储神，赏其神骏，久久则胸中有全马矣。信意落笔，自尔超妙"。所以，黄庭坚写诗称赞他："李侯画骨亦画肉，下笔马生如破竹。"罗大经认为，黄庭坚的诗"'生'字下得最妙。盖胸中有全马，故由笔端而生，初非想像模画也"。又载曾无疑画草虫："曾云巢无疑工画草虫，年迈愈精。余尝问其有所传乎，无疑笑曰：'是岂有法可传哉？某自少时，取草虫笼而观之，穷昼夜不厌。又恐其神之不完也，复就草地之间观之。于是始得其天，方其落笔之际，不知我之为草虫耶，草虫之为我也。此与造化生物之机缄盖无以异，岂有可传之法哉？'"①曾无疑之画草虫，人与草虫已经化而为一，实际上是草虫之神韵与人之神韵已经化而为一。这也就是清人郑燮所说的，"眼中之竹""胸中之竹"与"手中之竹"的统一。经过这样的创作过程，创作的作品就是天人的统一，神似与形似的统一，渗透出一种少有的神韵。这样的艺术作品与西画中在"镜子说"的指导下创作的作品是风貌有异的。例如，著名的印象派大师莫奈的《日出印象》，尽管已经不同于传统的现实主义作品，但并没有离开具体的物象自身，而是在物象的色彩与光线上进行了创新。唐代画家王维曾作《袁安卧雪图》，在雪景中画芭蕉，以芭蕉之空心映衬雪之白净，蕴含着佛学色空的意韵。这幅画目前已经不存，但明代徐渭的《杂花图》，使牡丹、石榴、梧桐、菊花、南瓜、扁豆、葡

---

① （宋）罗大经：《鹤林玉露》，王瑞来点校，中华书局1983年版，第343页。

萄、芭蕉、梅花、水仙和竹等各种花朵与植物共居一幅，达到"不求形似求生韵"的效果。

五、"可行可望可游可居"的 艺术目标的人与自然 和谐的精神

　　国画没有仅仅将自然景观作为人们观赏的对象，而是进一步拉近人与自然的关系，将自然变成与人密切相关的可亲之物，甚至进一步使之进入人的生活世界。这就是著名的"可观可居可游"之说。宋代郭熙在《林泉高致》中说："世之笃论，谓山水有可行者，有可望者，有可游者，有可居者。画凡至此，皆入妙品。但可行可望，不如可居可游之为得。何者？观今山川，地占数百里，可游可居之处十无三四，而必取可居可游之品，君子之所以渴慕林泉者，正谓此佳处故也。故画者，当以此意造，而鉴者又当以此意穷之。此之谓不失其本意。"①郭熙讲得很清楚，创作的本意之一并不在单纯的艺术鉴赏，而且还在于创造一种与人的生活世界紧密相关的自然景观。这是一种中国式的山水花鸟画的观念，自然外物不是外在于人的，而是与人处于一种机缘性的关系之中，成为人的生活的组成部分。例如，宋代著名画家王希孟所作《千里江山图》，纵 51.3 厘米，横 1191.5 厘米，是一幅长卷，色以青绿为主调，画出了山清水秀的锦绣河山的壮丽景色。尽管画是自然山水，但却是人的生活世界。画中错落着渔村山庄，点缀着道路

---

① (宋)郭熙:《林泉高致》,见王伯敏等主编:《画学集成·六朝—元》,河北美术出版社 2002 年版,第 292—293 页。

小桥人家,间杂着疏离的林木,一副人可观、可望、可居、可游的气派,成为中国画的珍品。西画一般侧重表现自然景物本身的美丽生动,而对与人的关系则并不着意。例如,法国罗梭所作风景画《橡树》,虽出色地刻画了阳光下的草地与浓重的树影,但却并没有刻意表现橡树与人的关系。

六、"意在笔先,寄兴于景":呈现人
　　与自然的友好关系

　　唐代画家王维在《山水论》中指出:"凡画山水,意在笔先"①,强调山水画创作中要处理好"意"与"笔"的关系。所谓"意",为画家的"意兴",而所谓"笔"则为"笔墨"。前者为情感意兴,后者为笔墨形象,两者在国画中是一种"兴寄"的关系。唐陈子昂的《与东方左史虬修竹篇序》提出了诗歌的"兴寄"之说,所谓"兴寄",指一种"托物起兴""借物寓志"的艺术方法。中国山水画的兴起,与魏晋时期的政局纷乱有关。其时政局不稳,战争频发,文人处境艰难,于是寄情于山水之中,山水画得以勃兴。文人画家之画山水,主要不在描摹山水之形象,而是以之寄托情感意兴,情感意兴借助于笔墨形象表现出来,"意"与"笔"两者是一种借喻友好的关系。早在先秦时代,孔子就提出了"智者乐水,仁者乐山"(《论语·雍也》)的问题,以山比喻仁者德行之厚重,以水比喻智者之智慧流动不居。自然与人在艺术中的友好相处,这其实是中国古代人以自然为友的良好传统。李白的诗"众鸟高飞尽,孤云独去

---

① (唐)王维:《山水论》,见王伯敏等主编:《画学集成·六朝—元》,河北美术出版社 2002 年版,第 64 页。

闲。相看两不厌,唯有敬亭山"(《独坐敬亭山》),写的就是诗人与
敬亭山的互敬互爱,物我和谐之美好关系。这在山水花鸟画中表
现得更加明显。清初著名画家石涛在《苦瓜和尚画语录》中指出,
"古之人寄兴于笔墨,假道于山川。不化而应化,无为而有为,身
不炫而名立"①。在石涛看来,画家通过绘画,寄兴于笔墨,借道
于山水,这样能够以不"化"应万化,于"无为"中实现"有为"。事
实上,他自己就较好地运用了绘画的"寄兴"作用。他是著名的黄
山画派代表人物,长期生活在黄山,提出"以黄山为师""以黄山为
友""得黄山之性"等思想。同时,通过自己对于黄山的描绘,通过
飞舞的笔纵、淋漓的墨雨、气势磅礴的山势表达了自己作为明代
遗老的家国之思,所谓"金枝玉叶老遗民,笔砚精良迥出尘"。我
们可以通过他的代表作《泼墨山水卷》来看他的"寄兴"的特点。
当然,还有大家都熟悉的国画中著名的松竹梅三友,古人以此比
喻"君子"能经霜历雪的高洁节操。这当然是先秦以来"比德"之
说在艺术上的体现。明代边景昭著名的《三友百禽图》,写隆冬季
节,百鸟栖于松竹梅之间,或飞或鸣或息,呼应顾盼,各尽其态,表
现了画家高洁的品德气节,用意不凡。张大千曾指出:"中国画讲
究寄托精神所在。譬如说中国历代画家爱画'梅兰竹菊'四君子,
有人认为属于一种僵化的心态,其实不然,这就正是中国画的精
神所在。画家如果画梅、菊赠人,一方面自比梅、菊之傲霜的风骨
和孤标的气节,另一方面也是将对方拟于同等的境界。这是期许
自己,也是敬重对方。中国画这种讲'寄托'的精神,实在是可贵

---

① (清)石涛:《苦瓜和尚画语录》,见王伯敏等主编:《画学集成·明—清》,河
　　北美术出版社 2002 年版,第 308 页。

的传统,也是有别于西画的最大特色。"①

　　总之,中国的传统绘画艺术中饱含着极为丰富的生态审美智慧,这对于发展当代美学有着很深的启发意义。当然,我们肯定中国传统绘画作为"自然生态艺术"的优长之处,并不意味着否定西方绘画的优点。两者各有所长,完全可以在新时代起到互补的作用。1956年,张大千在欧洲举办画展,曾经专门拜访过毕加索,两人互赠画作,相谈甚欢。毕氏对于包括中国画在内的东方艺术给予了高度评价,张大千事后感慨:"深感艺术为人类共通语言,表现方式或殊,而求意境、功力、技巧则一。"②

①陈滞冬编:《张大千谈艺录》,河南美术出版社1998年版,第3页。
②陈滞冬编:《张大千谈艺录》,河南美术出版社1998年版,第129页。

第七章　中国戏曲：“生命之歌”与“生命之画”

关于中国古代美学的特殊内涵，目前学术界多数人认为宗白华的“生命论美学”是一种比较准确的概括。宗白华早在20世纪20—30年代就提出并阐述了中国古代生命论美学。他说，中国美与美术的“特点是在‘形式’、在‘节奏’，而它所表现的是生命的内核，是生命内部最深的动，是至动而有条理的生命情调”。又说，“中国画所表现的境界特征，可以说根基于中国民族的基本哲学，即《易经》的宇宙观：阴阳二气化生万物，万物皆禀天地之气以生，一切物体可以说是一种‘气积’（庄子：天，积气也）。这生生不已的阴阳二气织成一种有节奏的生命”。他还认为：“美学研究不能脱离艺术，不能脱离艺术的创造和欣赏，不能脱离‘看’和‘听’。……中国戏曲也有自己的特点。京剧、昆曲历史悠久，值得研究一番。”①我认为，宗白华的生命论美学其实就是植根于中国古代农业社会与“天人合一”哲学思想的一种“中和论生态生命美学”，这种美学精神是中国古代美学与艺术的生存之根，也是中西美学与艺术相异的根本原因所在。本章将以此为指导探讨中西古典戏剧的相异之表现及其根源，其目的既在进一步建设当代

①宗白华：《艺境》，北京大学出版社1987年版，第110、118、357页。

中国的生态美学，也希望能使得中国古代美学与艺术的特殊光辉得以在新时代得到发扬。

众所周知，中国戏曲是世界三大戏剧形式之一，而且是唯一仍然活跃在现实生活中的古典戏剧形式。从戏剧表演来说，中国戏曲的"虚拟化表演"与"唱念做打歌舞"成为迥异于世界戏剧领域"体验派"与"表现派"的第三种表演体系，具有空前的生命力与群众基础。尤其是京剧，已成为中国的"国粹"与"国宝"。因此，从中西比较的视角探讨中西古代戏剧的区别及其原因是非常必要的。中国戏曲的美学是一种生命论美学，是一种"有节奏的生命"。王国维曾言，"故谓元曲为中国最自然之文学，无不可也"，又说："其文章之妙，亦一言以蔽之，曰：有意境而已矣。"① 所谓"意境"，诚如宗白华所言，就是"艺术家以心灵映射万象，代山川而立言，他所表现的是主观的生命情调与客观的自然景象的交融互渗，成就一个鸢飞鱼跃，活泼玲珑，渊然而深的灵境；这灵境就是构成艺术之所以为艺术的'意境'"。② 由此可见，王国维所谓元曲之"自然"与"意境"其要旨还是"生命力的渗透"。诚如明代戏曲家祁彪佳所言，中国戏曲"盖情至之语，气贯其中，神行其际"。③ 因此，我们可以说，中国戏曲是生命之歌、生命之画。叶秀山先生将之称作"古中国的歌"④，是十分恰当的。我们试从生命之歌与生命之画的角度来阐述中国戏曲的美学特征。

---

① 王国维：《宋元戏曲史》，上海古籍出版社 2008 年版，第 87—88 页。
② 宗白华：《艺境》，北京大学出版社 1987 年版，第 151 页。
③ （明）祁彪佳：《远山堂剧品》，见《中国古典戏曲论著集成》6，中国戏剧出版社 1959 年版，第 140 页。
④ 参见《古中国的歌——叶秀山京剧论札》，中国人民大学出版社 2007 年版。

一、美学追求:"乐"的
生命情感抒发

　　生命论美学的要旨在于"自然",而所谓"自然"即是"道法自然"(《老子·二十五章》),是"道生一,一生二,二生三,三生万物。万物负阴而抱阳,冲气以为和"(《老子·四十二章》)。所以,阴阳相生为自然生命论哲学与美学之核心。中国戏曲的特殊性在于表演与程式的相生相克,从而产生一种特殊的生命之力。中国戏曲是一种高度程式化的艺术形式,唱念做打、生旦净末丑、着衣化妆、舞台布景、出场下场、音乐锣鼓,一举一动均有明确而严格的"程式规范"。程式犹如国画中的"笔墨",演员只有凭借程式才能扮演出五彩缤纷的生命之戏,好像画家只有凭借笔墨才能画出意蕴深厚的写意之画。如果说,作为静态的"程式"是阴,那么处于动态的表演就是阳,阴阳相生才能产生生命之力,发出来自生命深处的歌声。这就是中国戏曲与西方古典戏剧重要差别之一。西方古典戏剧是以"模仿"为其指归的。亚里士多德在著名的《诗学》中指出:"悲剧是对于一个严肃、完整、有一定长度的行动的模仿。"①而中国戏曲则是在表演与程式的相生相克中表现与抒发着一种生命的情感。

　　首先,从戏剧的总体布局来看。西方古典戏剧是一种"理念的感性显现"(黑格尔语),本质上是一种现实主义的油画;而中国戏曲则是生命情感的抒发,本质上是一首来自生命深处的乐曲。这两种截然不同的美学追求就决定了西方古典戏剧着重在事件

───────────

①亚里士多德:《诗学》,罗念生译,人民文学出版社1982年版,第19页。

的冲突与情节安排。中国戏曲通过程式化的忠奸分明的脸谱与揭示剧情的定场辞等几乎将剧情及其结果公开化,其着重点则在情感的抒发。西方古典戏剧的高潮在"发现",而推动戏剧情节的则是"转折"。例如,《俄狄普斯王》中国王俄狄浦斯通过报信人与牧人的对质发现自己正是杀死父王拉伊俄斯的凶手,剧情由此发生根本转折,最后母亲自杀,俄狄浦斯刺瞎双眼,自我放逐出忒拜城,浪迹天涯。这就传递了一种"命运战胜一切"的理念。再如,席勒的著名悲剧《阴谋与爱情》就是以露易丝服毒后临死前的自白揭露她的那封所谓"情书"是被逼所写的真相,男爵费迪南在真相大白后也饮毒自尽。他在临死前以最后的力气将阴谋制造者他的父亲宰相瓦尔特拽到露易丝的尸体前控诉道:"这儿,野蛮人,品赏品赏你狡诈的可怕果实吧;在这张脸上,歪歪扭扭写着你的名字,行刑的天使将会认出来的呀! ——这个形象将在你入睡时扯下你床前的帷幔,把她冰冷的手伸向你! 这个形象将在你临终时站在你的灵魂前,挤掉你最后的祈祷! 这个形象将在你希望复活时站在你的坟墓上——而且,当上帝审判你的时候,还将站在上帝旁边!"这真是控诉腐朽的封建专制制度的檄文,表达了席勒启蒙主义狂飙突进运动的反封建的革命精神。与之相反,同样是表现爱情的元杂剧王实甫的《西厢记》就有着明显的差别。该剧楔子部分通过老夫人的程式化的定场白已经基本上将老夫人的已故宰相家世、家庭构成与封建家长身份介绍清楚,而又通过莺莺的开场唱"花落水流红,闲愁万种,无语怨东风",表明了她思春怨女的心态。加上中国戏曲程式化的叙事性情节安排与艺术处理等,该剧在情节上和性格上已不会有很多悬念,其着重点也不在此,而是主要通过几个重点场次表现莺莺与张生对于爱情的执着追求,成为一出歌唱封建时代青年本真爱情的缠绵悱恻的歌唱。莺莺的两封回简充分表达了封建时代青年女子大胆追求爱情的精神,而且如歌如吟,美轮美奂。第一封信:"待月西厢下,迎风户半开。隔墙花影动,疑是玉人来",含蓄而形象;第二封信:"仰图厚德难从礼,谨奉新诗可当媒。寄语高唐休咏赋,今宵端的雨云来",反映了莺莺的深情厚意与对于爱情的义无反顾的大胆追求。而张生等待莺莺的唱词:"他若是肯来,早身离贵宅;他若是到来,便春生敞斋;他若是不来,似石沉大海。数着他脚步儿行,依定窗棂儿待",真是惟妙惟肖地表现了张生期盼心上人的心情。这是爱情的颂歌!而第三折的长亭送别则以另一种情调描述了相爱之人的离情别意:"碧云天,黄叶地,西风紧,北雁南飞。晓来谁染霜林醉?总是离人泪。"大自然的满地的黄花、萧索的西风、南飞的北雁与挂满秋霜的树林等肃杀的景象衬托出离人的心酸与凄苦,同样入境入心,感人肺腑。汤显祖《牡丹亭》更是抒写了杜丽娘与柳梦梅之间因情而死,又因情而生的浪漫奇幻的爱情故事,真的是惊天地泣鬼神。特别是作为大家闺秀的杜丽娘以生命为代价追求爱情的大胆执着,更是感人至深。杜丽娘死而复生后在牡丹亭幽会时唱到:"泉下长眠梦不成,一生余得许多情。魂随月下丹青引,人在风前叹息声","牡丹亭,娇恰恰;湖山畔,羞答答;读书窗,淅喇喇。良夜省陪茶,清风明月知无价"。生不能完成情爱之旅,即使死后也要还魂实现情爱之梦的大胆表白与行动,已经将来自生命深处的生死情爱表达无遗。诚如汤显祖在《牡丹亭题记》中所言,"天下女子有情,宁有如杜丽娘乎?——如杜丽娘者,乃可谓之有情人耳。情不知所起,一往而深。生者可以死,死可以生。生而不可与死,死而不可复生者,非情之至也",突出地阐明了《牡丹亭》所表现的这种生而复死、死而复生的发自生命深处的至爱之情,也典型地反映了中国戏曲作为生命之歌的艺术特征。

程式化,来自西文"conwentionalization",清代中叶将之用于中国乐器弹奏指法,著名戏剧家赵太牟借用这个音乐术语将中国戏曲的规范化称作"程式化"。蓝凡认为:"中国戏曲的一切表现形式都弥浸在这规范化的性格之中,这却是中国戏曲特有的性格风格——程式性(程式化)。"①这种程式化正是中国戏曲的特点和长处所在,凝聚了一代代艺人的智慧与创造,具有极大的艺术表现力量。它要求中国戏曲艺人进行刻苦训练,终生不懈,所谓"台上几分钟,台下十年功"。只有熟练地掌握了戏曲程式才能有精湛的表演,体现出生命的情感力量。但熟练地掌握程式并不等于拘泥于程式,而是要做到"进得去,出得来",使表演与程式之间形成一种良性的相辅相成的互动关系,从而具有某种生命张力。这样就需要将程式用好用活,使程式服务于角色的创造和情感的表达。例如,麒派名剧《徐策跑城》是著名须生周信芳的代表作,他完美地运用涮布、跌跑等程式化的动作在急切地亦唱亦跑中形象而深刻地表现了徐策秉持正义为薛家申冤的情感历程。我们看到的是徐策的不顾老迈急切申冤的形象,而程式却早已淡化。总之,程式是形,关键要表现人物之神,做到神形兼备,以形转神。据明代李中麓记载:"颜容,字可观,镇江丹徒人。……乃良家子,性好为戏,每登场,务备极情态,喉音响亮,又足以助之。尝与众扮《赵氏孤儿》戏文,容为公孙杵曰。见听者无戚容,归即左手捋须,右手打其两颊尽赤。取一穿衣镜,抱一木雕孤儿,说一番,哭一番,其孤苦感怆,真有可怜之色,难已之情。异日复为此戏,千百人哭皆失声。归又至镜前含笑深揖,曰:颜容,

---

①蓝凡:《中西戏剧比较论》,学林出版社2008年版,第19页。

真可观矣!"①这段记载生动地说明了程式与表演之间的互动关系,颜容酷爱演戏,"备极情态,喉音响亮",程式化的东西已经非常熟练,但其演出仍然是"听者无戚容",原因是只掌握了形没有掌握神。经过苦练琢磨,他终于体会到公孙杵臼"孤苦感怆"之情,因而演出达到"千百人皆哭失声"的效果。我本人也有这样的感受,小时在上海看著名表演艺术家盖叫天的《狮子楼》,盖叫天一出场一个"亮相",双眼炯炯有神,动作刚劲有力,英雄武松的形象一下子就立了起来,印象深刻,至今不忘。而最后的杀西门庆,也极为精彩。从武松脱外衣接刀的动作开始,盖叫天全身不动,两手握住衣襟,手腕向后用力一挥,外衣干净利落的脱下,尽显英雄本色。剧中武松杀西门庆只用了三刀,但这三刀,刀刀见力,凸显英雄气概。盖叫天自己说:"这里所以只用三刀,为的是这场合不能多打,要紧凑干脆几下子,多了反而把戏搅松了。因为观众这时急于要看武松手除恶贼,不能拖沓。可是,尽管这几下,演员每一刀脸上都要有'相',要有恨不得一刀结果仇人的表情,不能横砍竖砍心里一点事儿没有。这在平时练的时候,就要注意,到了台上才有'相'。"②在这里,盖叫天充分地运用了京剧武生的打斗程式,但都化到性格塑造与情感表现之中,一个活脱脱的武松形象立在观众面前,所以人们称盖叫天为"活武松"。将近60年过去了,但盖叫天所演的武松形象,他那疾恶如仇的表情,仍然活在我的脑海之中。戏曲"程式"是一种共性的东西,还要赋予其个性,那就要将不同人物的体态情感化到程式当中。京剧大师程砚

①(明)李中麓:《词谑》,转引自陈德礼:《中国艺术辩证法》,吉林人民出版社1990年版,第21页。
②盖叫天:《粉墨春秋》,中国戏剧出版社1980年版,第233—234页。

秋曾经专门讲到女旦兰花指的使用应根据不同年龄身份不同地运用，不能千篇一律。他说："旦行的兰花指，也就代表一个女性成长的过程。我们一个十二三岁的小丫鬟，天真活泼，她好比一个花骨朵，花还没开呢，她表现的指法，虽然也用兰花指，就应当紧握着一些拳头，突出的一个食指来表现出年龄的特点。20岁左右的少女，花朵慢慢的开了一点，指法的运用就应当表现出含苞待放的形式，与十二三岁小丫头的手势就不能一样了。中年妇女好比兰花全开了，她们的指法就要求庄严娴美，与20岁左右少女的含羞姿态又应有距离了。青衣再老即是老旦应功的人物了。老旦的指法，基本应采用青衣的路子，虽然兰花已经开败了，但她的基础还不应脱离兰花指的范畴，所不同于青衣的，只是老旦的手指，应当表现的僵硬些……"①再如，同样是做针线，不同的女性应有不同的处理。总之，程式要遵循，更要演活，一切以充分表现人物情感为准。

　　中国戏曲是一种唱的艺术，是"古中国的歌"，所以音乐在戏曲中占据极大分量。有人说音乐是中国戏曲的"主脑"，不是没有道理。笔者1987年第一次到北美访问，一共待了将近一个月，回国时乘坐国航飞机，当我戴上座椅上的耳机听到播放的京剧，那熟悉的旋律回响耳际，立即鼻子就发酸，眼泪不自觉地涌出。我感到那就是一种母亲的歌、民族的歌。在戏曲音乐中，节奏又是中国戏曲音乐最主要的特点。有学者称："节奏感（作用于人的感官时间长短和力量强弱）则更可以说是中国戏曲表现形式音乐性的最本质的核心。"②节奏成为戏曲唱念做打必不可少的组成部

①中国戏曲研究院编：《程砚秋文集》，中国戏剧出版社1959年版，第86页。
②蓝凡：《中西戏剧比较论》，学林出版社2008年版，第13页。

分,特别是戏曲的锣鼓,更是其最重要的元素之一。那急骤的开
场锣鼓一下子就将我们带到戏曲情境之中,而节奏的快慢强弱又
与剧情的展开,与情感的表达密切相关。例如,京剧《空城计》诸
葛亮在城头悠闲地弹琴,但城里却是空无一人,当司马懿率兵杀
到西城门,随着一阵急骤的京剧锣鼓,加剧了我们紧张的心情,但
却反衬了城楼上诸葛亮镇静儒雅的大将风度。至于唱腔更是戏
曲不可缺少的部分,张厚载曾说:"中国旧戏是以音乐为主脑,所
以他的感动的力量,也常常靠着音乐表示种种的感情。譬如《四
郎探母》的杨延辉在番邦思念他的母亲,要不用唱工而但用白话
来表示他思母的苦情,那杨延辉说了一番想念的话,便就毫无情
致。如今用唱工来表示他的思念苦情,'引子'、'诗'、'白'多念
完,到末了一句'思想起来,好不伤感人也',下接西皮慢板,唱'杨
延辉坐宫院自思自叹'一大段,这么样唱来就可以把想念母亲的
感情,用最可以感动的方法,表示出来。这岂不是唱工可以表示
感情的一端吗?"①例如,脍炙人口的越剧唱腔《黛玉焚稿》一段,
著名越剧表演艺术家王文娟那哀婉凄切的唱腔几十年来一直回
荡在我们的心头:"多承你伴我日夕共花朝,几年来一同受煎熬,
到如今浊世难容我清白身,与妹妹告别在今宵!从今后你失群孤
雁向谁靠?只怕是寒食清明梦中把姑娘叫。我质本洁还洁去,休
将白骨埋污淖。"越剧《红楼梦》一时成为家喻户晓的戏曲,与其优
美感人的唱腔有着密切的关系。戏曲唱腔讲究一个"韵味",即是
通过中国戏曲特有的起承转合、字正腔圆,带来一种特有的"味在
咸酸之外"的特殊的"滋味",可以产生"绕梁三日,百听不厌"的特

①张厚载:《我的中国旧戏观》,转引自蓝凡:《中西戏剧比较论》,学林出版社
　2008年版,第224页。

殊感受。记得小时候在上海生活，那时上海的女性多数是越剧迷，当时当红的名角是袁雪芬、尹桂芳、范瑞娟、徐玉兰与王文娟等，每流行一种新戏，满街都有人哼唱其唱腔，几乎成为城市生活的组成部分，好像河南和山东鲁西南对于豫剧的痴迷一般，人们欣赏的恰恰是那种扣人心弦的"韵味"。

二、戏曲表演：虚拟性的表演与观众的生命介入

　　虚拟表演是中国戏曲最基本的特征之一，也是中西戏剧的主要区别之一。西方戏剧是只管演出，基本不顾观众的。著名西方戏剧理论家狄德罗在《论戏剧诗》一文中写道："所以，无论你写作还是表演，不要去想到观众，只当他们不存在好了。只当舞台的边缘有一堵墙把你和池座的观众隔开，表演吧，只当幕布并没有拉开。"[1] 这里说的"有一堵墙把你和池座的观众隔开"的"这一堵墙"就是通常所说的西剧的"第四堵墙"。苏联著名导演斯坦尼斯拉夫斯基也说："别顾到观众，想想你自己吧。……假使你自己发生兴趣的话，观众也会跟着你走的"。[2]　中国戏曲却是完全不同的景象，中国戏曲是编剧、演员与观众共同完成的戏剧，没有观众的参与就没有戏剧，因为中国戏曲是一种虚拟性的表演，所有的布景、情境、时空完全依靠观众的想象完成。诚如宗白华所说："中国舞台表演方式是有独创性的，我们愈来愈见到它的优越性。

---

① 《狄德罗美学论文选》，人民文学出版社 1984 年版，第 176 页。
② 《斯坦尼斯拉夫斯基全集》第 2 卷，中国电影出版社 1959 年版，第 195—196 页。

而这种艺术表演方式又和中国独特的绘画艺术相通的,甚至也和中国诗中的意境相通。中国舞台上一般不设置逼真的布景(仅用少量的道具桌椅等)。老艺人说得好:'戏曲的布景是在演员的身上'。演员结合剧情的发展,灵活地运用表演程式和手法,使得'真境逼而神境生'。演员集中精神用程式手法、舞蹈行动,'逼真地'表达出人物的内心情感和行动,就会使人忘掉对于剧中布景的要求,不需要环境布景阻碍表演的集中和灵活,'实景清而空景现',留出空虚来让人物充分地表现剧情,剧中人和观众精神交流,深入艺术创作的最深意趣,这就是'真境逼而神境生'。"①宗白华可说是讲到了中国戏曲的精髓之所在。从布景来说,例如,川剧《秋江》中演到青年道姑陈妙常雇船追赶情人书生潘必正,在秋江之上乘坐老艄翁的船。舞台上并没有任何船,只有老艄翁手握一支桨,但却演绎了满江的水,波浪起伏。该剧的最大艺术特色在于一老一少演绎的精彩的戏曲舞蹈,整出戏除了老艄翁手中的一只桨,别无其他实物布景或道具,全凭人物精彩的舞蹈来串联和表现。从追赶到江边、船靠岸、系船桩、搭跳板、上船、撑船、拉船、解缆登船,到荡桨、漂流、船行江上,时而平稳,时而颠簸,时而疾,时而缓,一老一少,此起彼伏,亦庄亦谐,配合默契,一系列繁难动作通过丰富的戏曲舞蹈程式得到准确细腻、多姿多彩的表现,带给观众观赏戏曲所独有的审美愉悦。其效果之好,让人有真实乘船之感。梅兰芳曾经请一位亲戚看川剧《秋江》,看后问她好不好。那位亲戚回答道,自己看得出了神,仿佛就在船上,感觉有些晕船。由此,梅兰芳说道:"说明京剧的表演因为是在没有布景的舞台上发展起来的,它充分借助了观众的想象力把舞蹈发展

_____

① 宗白华:《艺境》,北京大学出版社 1987 年版,第 271 页。

为不仅能抒情,而且还能表现人在各种不同环境——室内、室外、水上、陆地等的特殊动作,并且能表现人的内心世界。"①中国戏曲不仅能够通过虚拟性表现布景,比如,通过演员的舞步表现山和楼等等,而且可以表现跋山涉水的长途跋涉和千军万马的战争场面。例如,《西厢记》第一折写张生骑马引仆,其实张生只是手中拿着一根马鞭就象征着骑马,而且一路走来,离开故乡西洛,上朝赶考,路经河中府,又来到普津,走到状元店,住下后来到普救寺。这一切都在舞台上通过演员的舞蹈配合演唱顷刻间完成,而张生之游普救寺也是在亦歌亦舞中完成的。所谓"随喜了上方佛殿,早来到下方僧院。行过厨房近西,法堂北,钟鼓楼前面。游了洞房,等了宝塔,将回廊绕遍。数了罗汉,参了菩萨,拜了圣贤"。而战争场面,例如,三国戏之赤壁之战,也只是几名士兵在大将的统率下,来回走动而已,真所谓"三五步万水千山,六七人千军万马"。宗白华还举了京剧《三岔口》和越剧《梁山伯祝英台》的例子,说明运用可以描写的东西表达出不可以描写的东西。《三岔口》是著名的京剧武打戏,描写梁山好汉任惠堂住店时因误会与店主刘利华深夜打斗的故事,舞台上不可能熄灭灯火,两人通过自己的动作清晰地表现了夜的存在。当然,这是演员通过自己的动作调动观众的想象而形成的虚构的"夜",这就是化虚景为实景。《梁山伯与祝英台》的十八相送,是通过演员的歌舞表现了一路行来的各种景象,也是化虚景为实景。这一切都是在表演中通过调动观众的想象力才得以完成的。蓝凡将之称作是中国戏曲的特殊的观众的"反观审美"。他说:"虚拟动作的审美方式是一种反观式的审美方式,是一种逆转的主体表现客体,即审美主体

---

① 《梅兰芳文集》,中国戏曲出版社1961年版,第30页。

必须通过角色的形体表演,才反过来感知审美对象的存在,而且
只有通过表演者动作的逐步变化(移动),才最终完成感知上的这
种长、高、宽——乃至整个实物对象的形状。"①这种"反观审美"
是观众以其生命情感参与的审美。所以,中国戏曲是完全向观
众开放的,没有观众的参与戏无法演下去。中国戏曲没有所谓
"第四堵墙",戏曲演出不仅必须顾及观众,而且还将观众看作整
个戏曲的有机组成部分。例如,中国戏曲的特殊的"背供"就是
剧中人面向观众说悄悄话,披露自己的心扉。例如,《西厢记》第
二折写到张生为接近莺莺拿出五千钱参与莺莺为其先父超度道
场时,问小和尚:"那小姐明日来吗?"小和尚答道:"他父母的勾
当,如何不来!"此时,张生向观众"背供"道:"这五千钱使得有些
下落者",说明他参与道场的目的是接近莺莺。在这里,他是将观
众看作了自己的心腹朋友了。这样的"背供"比比皆是,成为中国
戏曲演员与观众沟通的重要桥梁,也是戏曲的组成部分。这是西
方戏剧中绝对没有的。其实,中国戏曲演出在很大程度上是中国
前现代时期的一种群众的节日,无论是南方的社戏、目连戏,或是
北方农民大集中的搭台演戏,还是东北的二人转、西北的二人台
大都如此。群众在野外的场地上观看草台班子的演出,常常是参
与其间,陪同欢笑啼哭。观众是戏曲的主人之一,将看戏看作是
自己的重要生存方式。

　　总之,中国戏曲的虚拟化表演通过虚与实、演员与观众的相
辅相成的关系形成一种艺术的张力与特有的魅力,如歌如画,如
梦如幻,奇妙无穷。

---

① 蓝凡:《中西戏剧比较论》,学林出版社 2008 年版,第 25 页。

三、戏剧结构:线性的生命
情感的自然流露

　　线性结构也是中国戏曲的重要特点之一,是其作为"乐"的美学基调的重要表征。中国戏曲是一首不断流淌的生命之歌。因为,音乐都是流动的、线性的,而且是活泼泼生命的时间性的重要特点。所以,我们可以说,中国戏曲是生命的艺术、时间的艺术。中国戏曲线性结构产生的原因是由于中国戏曲主要是依靠情感的发展推动戏剧情节的进展的。相反,西方戏剧则是一种板块的结构,好似一幅一幅相对独立当然也具有内在联系的油画。它是依靠情节和人物的正面冲突来推动戏剧发展的,所以,我们可以说,西方戏剧是一种空间的艺术,犹如一座座立体的雕塑或写实的油画,向我们讲述着渗透理性精神的故事。诚如亚里士多德所言:"情节乃悲剧的基础,有似悲剧灵魂;'性格'则占第二位。悲剧是行动的模仿,主要是为了模仿行动,才去模仿在行动的人。"①

　　对于中国戏曲的线性结构,李渔在其《闲情偶记》中专门进行了论述,他将"立主脑"放在第二位,而将"密针线"放在第四位,这两者都与戏曲结构紧密相关,是中国戏曲线性结构的集中论述。所谓"立主脑",即"作者立言之本意也"。所谓"本意",即是"一人一事"。他举例说道:"一部《西厢》,止为张君端一人,而张君端一人,又止为'白马解围'一事,其余枝节皆从此一事而生。"李渔进一步论述了这一人一事线性展开的特点:"后人作传奇,但知为一人而作,不知为一事而作。尽此一人所行之事,逐节铺陈,有如散

---

① 亚里士多德:《诗学》,罗念生译,人民文学出版社1982年版,第23页。

金碎玉,以作零出则可,谓之全本,则为断线之珠,无梁之屋。作者茫然无绪,观者寂然无声……"他接着论述"密针线"的正确做法,"编戏有如缝衣,其初则以完全者剪碎,其后又以剪碎者凑成。剪碎易,凑成难,凑成之工,全在针线紧密。一节偶疏,全篇之破绽出矣。每编一折,必须前顾数折,后顾数折。顾前者,欲其照映;顾后者,便于埋伏。照映埋伏,不止照映一人、埋伏一事,凡是剧中有名之人、关涉之事,与前此后此所说之话,节节俱要想到"。① 在此,李渔批评了"散金碎玉"的错误,强调"密针线""前后照映",已经说到中国戏曲的前后连贯的线性结构特点。明代戏曲家王骥德在《曲律》中论述"套数"时指出:"须先定下间架,立下主意,排下曲调,然后遣句,然后成章;切忌凑插,切忌将就。务如常山之蛇,首尾相应;又如鲛人之锦,不着一丝纰颣。"②在此,王骥德对于中国戏曲之线性结构特征已经论述得非常明确,那就是有如蛇之行走,首尾相连,细针密线,连成一气。例如,同是爱情剧,《西厢记》的结构就不同于《阴谋与爱情》的结构。《西厢记》以"白马解围"为中心前后照映,连成一气,完全按照时间线索发展。该剧按照时间顺序设置了进寺、相遇、被围、解围、定情、赖婚、拷红、送别、团圆等线索设计,一气呵成,不留痕迹。即便是张生赴京赶考的半年时间,剧中也有交代。在第五本"团圆"之楔子中,张生出场唱到:"自暮秋与小姐相别,倏经半载之际,托赖祖宗之荫,一举及第,得了头名状元。如今在宾馆候旨御笔除授,唯恐小姐挂念,且修一封书,令琴童家去,达知夫人使知小生得中,以

①(清)李渔:《闲情偶寄》,作家出版社 1995 年版,第 16—17、19 页。
②(明)王骥德:《曲律》,转引自陈多:《中国历代剧论选注》,上海古籍出版社 2010 年版,第 186—187 页。

安其心。"最后是皇帝亲授张生河中府尹并敕赐张生与莺莺为夫妇，完全是以白马解围为中心的线性的时间结构。而《阴谋与爱情》则是以情节冲突为主的块状结构，该剧以宰相瓦尔特与伍尔穆陷害斐迪南与露易丝的阴谋及冲突为主，以通过将露易丝父母投入监狱要挟露易丝写下给侍卫长的假情书蒙骗斐迪南，从而毒死情人，自己也服毒自尽的结局，设置了五幕，分别为序幕、冲突展开、高潮、转折、悲剧结局，为我们展示了五幅相互独立而又有联系的油画。在结构上，两剧差异明显，一是时间的，一是空间的；一是乐的，一是画的。

　　我们还可以比较元杂剧《赵氏孤儿》与伏尔泰所改编《中国孤儿》两者的区别，来看中国戏曲与西方戏剧在结构上的相异。《赵氏孤儿》为元代纪君祥所著，通过五折在时间之流中讲述的春秋时代惊心动魄的救孤的故事，歌颂了程婴等人将生死置之度外辅善惩恶的大义凛然的高贵的生命情感。五折从孤儿降生、孤儿被救、牺牲己子、孤儿过继、孤儿复仇，完全是按照时间顺序的线性结构。法国著名作家伏尔泰1755年将之改编成的《中国孤儿》，却将正义与邪恶的冲突改为情感与理智的冲突，最后是理智战胜情感，宣传一种启蒙主义的理性精神。其结构也是按照"三一律"的要求把赵氏孤儿的戏剧故事从历经20多年缩短为一个昼夜，情节只采用了搜孤、救孤，以成吉思汗试图搜查前朝遗孤，斩草除根，到在尚德之妻伊达梅的劝导下予以谅解，一律免于追究加以宽恕的结局，完全是一种以宣扬理性为主旨的板块式油画结构。

　　正因为中国戏曲是一种线性结构，所以，它犹如国画之长卷，是一种"人随景移，步步可观"的散点透视，而西方戏剧则是一种与西洋油画相当的"焦点透视"。《西厢记》中张生之游殿，边游边唱，观众完全被他带到那样的景象，完全是与他同步的从佛殿到僧院,再到厨房、法堂、洞房、宝塔与回廊,一一走来,是一种时间进程中的生命过程。这恰是中国古代美学与艺术的生命性特点所在。中国戏曲的线性结构还使三维的空间在戏中化成了一维的时间。上面说到的上楼下楼、跋山涉水、千军万马都是在舞蹈中完成的,这就是一种化空间为时间的特殊艺术化处理,是东方艺术的妙处所在。

四、演员表演:特有的
"评述性"态度

戏剧演出中演员对于角色要有自己的态度。在世界戏剧领域,目前共有三种不同的态度。第一种就是所谓表现派,第二种是所谓体验派,第三种就是评述性。前两种都是西方戏剧流行的演员对于角色的态度,最后是中国戏曲的特有态度。所谓"表现派",最早由法国戏剧理论家狄德罗在《演员奇谈》中提出。他在肯定当时的名演员克莱蓉时说:"毫无疑问,她自己事先已塑造出一个范本,一开始表演,她就设法遵循这个范本。毫无疑问,她在塑造这个范本的时候要求它尽可能的崇高、伟大、完美。但是这个范本是从她戏剧脚本中取来的,或是她凭想象把它作为一个伟大的形象创造出来的,并不代表她本人。假如这个范本只达到她本人的高度,她的动作就会柔弱而小器了! 由于刻苦钻研,她终于尽可能地接近了自己的理想。"[①]在此基础上,布莱希特提出"间离效果"问题,即陌生化效果问题,也就是要求演员与角色保持距离,必须间离他所表演的一切。所谓体验派,则是苏联戏剧

---

①《狄德罗美学论文选》,人民文学出版社1984年版,第282页。

家斯坦尼斯拉夫斯基提出的，他认为，演员应该与角色融为一体，"开始与角色同样地去感觉，用我们的行话来说，这就叫'体验角色'"。①

　　关于中国戏曲演员到底是表现派还是体验派，曾经有过激烈的争论。有的说是表现派，有的说是体验派，有的说两派兼而有之等，不一而足。这些以国外的理论来套中国戏曲特有的情况，其实是行不通的。因为，作为艺术的大前提，西方艺术作为"理念的感性显现"和中国艺术作为"天人合一"的生命论思想的呈现本来就有着极大的差异，无需硬将西方的理论来套中国的艺术。有的学者认为，中国戏曲是一种"神形兼备"的表演态度，我们不妨将之说成是一种"评述性"的表演态度。中国戏曲是以古代生命论哲学思想为其本源的，而生命论哲学思想是有着明确的善恶与正误道德的评价的，《周易》所谓"元亨利贞"四德之美就是中国最原初的道德评价，最后演变为忠孝节义等传统道德。戏曲就是这个传统道德的载体。元末明初戏剧家高明在《琵琶记》开场词中写道："不关风化体，纵好也徒然"，将风俗教化放到创作与演出的首位。另一位戏剧家夏庭芝写道，优秀戏剧应该是"皆可以厚人伦，美风化"。② 另外，从中国戏曲的来源看，中国戏曲与讲唱文学紧密相关，而讲唱文学就是一种评述性文本，讲唱者站在评述的立场演绎人物，中国戏曲继承了这一传统。李渔在《闲情偶寄》中指出："言者，心之声也，欲代此一人立言，先宜代此一人立心。"③所谓"立言"与"立心"，就是代替角色之意，保持着与角色

---

①《斯坦尼斯拉夫斯基全集》第 2 卷，中国电影出版社 1959 年版，第 28 页。
②陈多：《中国历代剧论选注》，上海古籍出版社 2010 年版，第 95、89 页。
③（清）李渔：《闲情偶寄》，作家出版社 1995 年版，第 56 页。

一定距离,具有评述性的意识。因此,有的戏剧家将这种评述性的演出叫作"钻进去,出得来"。所谓"钻进去",就是对于角色的充分把握;所谓"出得来",就是要站在第三者的视角来演出角色,这就要求以一种"评述性"的态度对待角色。中国戏曲中的定场诗、开场词,均站在第三者的角度介绍角色,这是其他国家的戏剧没有的。中国戏曲的角色脸谱也带有明显的评述色彩,曹操的大白脸是奸臣之像,而关羽的红脸则是忠义之像。《捉放曹》中曹操杀人后脸上马上抹上了一道红色,表示他有了血债,这就是对于角色的评价。中国戏曲中好人与坏人是截然分明的,一般不用通过剧情分辨。中国戏曲在很大程度上是演员与观众一起在载歌载舞中评述角色,所谓"生旦净末丑,喜怒哀乐愁"。正是通过这个评述体现了中国传统的道德原则与精神。

五、戏曲收场:"中和"审美与大团圆结局

古希腊亚里士多德的悲剧观是一种通过怜悯与恐惧而达到陶冶的"卡塔西斯"。亚氏提出悲剧是一种情势向相反方向的逆转,而其结局则为毁灭和痛苦的遭遇,诸如,当场丧命、巨痛、创伤等等。但中国古代却没有这样的悲剧,中国一般的悲情戏为痛苦伤情,但最后多为大团圆结局。明代戏剧家丘濬在《五伦全备记》开场词中写道:"亦有悲欢离合,始终开阖团圆。"[①]李渔在《闲情偶寄·词曲部》中写道:"全本收场,名为'大收煞'。此折之难,在

---

① 转引自陈多:《中国历代剧论选注》,上海古籍出版社2010年版,第108页。

无包括之痕，而有团圆之趣。"①例如，《窦娥冤》中，尽管窦娥受尽冤屈，但最后其父中举廉访判案，窦娥冤魂出现使得重审此案，冤案得以昭雪等等；《梁山伯与祝英台》一剧的最后，也是双双化蝶，成双作对，都是大团圆结局。为此，许多学者认为，中国古代没有悲剧。蒋观云认为，"且夫我国之剧界中，其最大之缺憾，诚如訾者所谓无悲剧"，并认为此为他国所笑，亦可耻也；②朱光潜在《悲剧心理学》一书中认为："对人类命运的不合理性没有一点感觉，也就没有悲剧，而中国人却不愿承认痛苦和灾难有什么不合理性。"③钱钟书认为："悲剧乃最崇高的戏剧艺术，而吾国传统戏剧家在这方面，表现最弱。"④但也有些理论家认为，中国古代也有悲剧。王国维认为，中国戏剧自来就存在悲剧，"其最有悲剧之性质者，则如关汉卿之《窦娥冤》，纪君祥之《赵氏孤儿》。剧中虽有恶人交构其间，而其蹈汤赴火者，仍出其主人公之意志，即列之于世界大悲剧中，亦无愧色也"。⑤　钱穆也认为，中国文学有自己的悲剧，例如，《尚香祭江》乃为中国戏剧中一纯悲剧，表现其爱夫之情坚贞不渝，而西方悲剧崇尚男女之爱而缺乏夫妇之爱。无论分歧多大，有几点需要说明：其一，中国作为文化古国一定会有自己的悲剧；其二，不能完全以西方悲剧观来解释中国古代悲剧，要从不同的国情出发；其三，中国的确没有古代希腊那样的悲剧，但有自己的悲剧，可以称作"苦情戏"。而且，中国的大团圆结局有自

---

① (清)李渔：《闲情偶寄》，作家出版社1995年版，第72页。
② 蒋观云：《中国之演剧界》，转引自蓝凡：《中西戏剧比较论》，学林出版社2008年版，第478页。
③ 朱光潜：《悲剧心理学》，人民文学出版社1983年版，第217页。
④ 转引自蓝凡：《中西戏剧比较论》，学林出版社2008年版，第479页注②。
⑤ 王国维：《宋元戏曲史》，上海古籍出版社2008年版，第87—88页。

己的民族文化根源。因此,中西悲剧与悲剧观是有着明显差异
的。其一,哲学观与美学观的差异。西方的古代哲学观是"天人
相分"的,其美学观是偏重于认识论的,因此,其悲剧就是一种人
类无法主宰命运的命运悲剧,是一种人面对巨大自然的无法把握
的失败与悲痛,是一种对于真的追求的崇高之感;而中国古代是
一种"天人合一"哲学观,天地人构成须臾难离的共同体,人把自
然宇宙看成自己的家园,而其美学观则是一种生存论生命美学,
以追求"生生之谓易"(《周易・系辞上》)、"保合太和,乃利贞"
(《周易・乾・彖》)的生命的健康旺盛、人生的吉祥安康为其审美
目标。所以,其悲剧就是一种大团圆的结局,充分反映了中国人
的生存状态。中国戏曲出现在元代,此后,戏剧成为世俗社会的
一种生存方式,人们欣赏悲剧已经不再是对剧情的了解,而是着
眼于演唱的观赏,是一种对美的追求。所谓"乐者,乐也"(《礼
记・乐记》),是一种以愉悦为其指归的艺术追求。其二,地理经
济环境的差异。古代希腊濒临大海,人民以航海业与商业为生,
生存的风险较大,剧烈的生活变动使之追求强烈的悲剧慰藉。而
中国作为内陆国家与农业社会,以生活的稳定为其生存追求,不
喜巨大的变动,追求一种"执其两端而用其中"的"中和论"生活观
念,常常发生剧情发展中没有做到"好人好报,恶人恶报"而观众
不愿离开戏院的情形,这就是大团圆结局的地理与经济原因所形
成人民群众审美习惯特点。其三,宗教的差异。古代希腊是一种
多神教,对于神的信仰十分虔诚,后来发展到基督教。因此,古希
腊悲剧,包括后来基督教的虔诚的信仰因素,使人将命运交给了
神。中国古代没有占统治地位的宗教信仰,古代社会常常以礼乐
教化代替宗教的作用,特别是元代之后戏剧发展之时,儒佛的影
响更为深远,儒家的"忠恕""中庸"与佛家的"轮回报应"深入到戏

剧审美观念与风尚之中,这就是中国悲剧"善有善报,恶有恶报"的双重结局的宗教文化原因。其四,人生理想的差异。古希腊由于地处海洋,过的是经商的冒险生活,所尊奉的是与自然抗争的人生理想;中国古代的地理环境与农业生活占主要地位的生活方式,遵循的是一种顺应自然与命运的人生态度,《论语》所谓"文质彬彬,然后君子"(《雍也》),以及"君子不争"(《卫灵公》),道家倡导的"辅万物之自然而不敢为"(《老子·六十四章》)的人生态度等等,就是一种中国古代社会提倡的人生理想与态度。因此,"善有善报,恶有恶报"的大团圆双重结局,是中国戏曲的特点,也是中国人民的审美习惯的反映,与中国传统文化中"天地之大德为生"(《周易·系辞上》),"元亨利贞"四德之美,"温柔敦厚"(《礼记·经解》)的古典生命论哲学与美学密切相关,充分反映了这种生命论美学内涵。

　　总之,中国戏曲以其特有的格调风貌,几千年来体现了中国人民的生存方式,演绎了他们的喜怒哀乐,表达了他们的性格理想,积累了丰富的民族审美与文化元素,值得我们为之自豪与骄傲。作为仍然活跃的非物质文化遗产,我们要给予很好的爱护、保护与发扬,使之在新世纪继续滋养与温暖广大人民的情感与心灵。

第八章 山水写意园林的
生态审美意趣

　　中国园林为世界三大园林之一，是中国传统文化的重要组成部分，中华民族的瑰宝。中国园林，主要包括皇家园林、宗教寺观园林与私家园林三大类。私家园林多处于山水之中，为文人墨客息心遣兴、畅神舒怀之用，故可称之为山水写意园林。这类园林最具中国特色，最能充分反映中国传统文化的意蕴精华。本章以计成的《园冶》、文震亨的《长物志》、李渔的《闲情偶寄》为主要依据，着重探讨山水写意园林的造园的艺术理念与审美特征。

一、畅神写意，天人合一——
造园之文化根源

　　"写意"是中国绘画重要技法之一，相对于工笔画来说，写意画不追求细节逼真，而是以简劲的笔墨表现对象的情趣和画家的意趣。中国写意画以自然山水为重要表现对象，由此产生出写意山水之类的画种。山水画兴起于魏晋时期，当时，由于儒教衰落、政治动乱，加之玄学的发展，士人以清谈玄理为精神追求。东晋南渡之后，更发展寄情于山水，放浪情怀，促使以自然山水为对象的山水绘画的兴起。最早的山水画论为晋宋时期宗炳的《画山水序》，该文指出："圣人含道映物，贤者澄怀味像。至于山水，质有而趣灵。"又说："圣贤映于绝代，万趣融其神思。余复何为哉？畅神而已。神之所畅，孰有先焉。"①宗炳认为，自然山水以"趣灵"而成为审美对象，山水画的创作"以应目会心为理"，"以形写形，以色貌色"，由于"万趣融其神思"，从而使人于"澄怀味像"之时得以"畅神"②。这表明，山水画兴起之际即强调以"形""色"写其"趣灵"，"融其神思"。唐代是山水画发展的鼎盛时期，出现了以李思训等为代表的北宗青绿着色山水和以王维为代表的南宗水墨山水。王维开启了中国以笔墨为主、重"写意"的文人画传统，他主张"夫画道之中，水墨为上。肇自然之性，成造化之功"③，又明言"凡画山水，意在笔先"④。

　　几乎与山水画的兴起同时，山水写意园林也勃然兴起。魏晋之时，在皇家园林与贵族园林之外，私家园林开始出现。加之当时玄学的流行，私家园林的山水写意倾向得到发展。晋石崇在河南孟县金谷涧中建有著名的金谷园别业，"其制宅也，却阻长堤。前临清渠，百木几于万株，流水周于舍下。有观阁池沼，多养鱼鸟。家素习技，颇有秦赵之声。出则以游目弋钓为事，入则有琴

---

① （南朝宋）宗炳：《画山水序》，见王伯敏等主编：《画学集成·六朝—元》，河北美术出版社 2002 年版，第 12、13 页。

② （南朝宋）宗炳：《画山水序》，见王伯敏等主编：《画学集成·六朝—元》，河北美术出版社 2002 年版，第 12 页。

③ （唐）王维：《辋川画诀》，见王伯敏等主编：《画学集成·六朝—元》，河北美术出版社 2002 年版，第 67 页。

④ （南朝宋）宗炳：《画山水序》，见王伯敏等主编：《画学集成·六朝—元》，河北美术出版社 2002 年版，第 64 页。

书之娱。又好服食咽气,志在不朽,傲然有凌云之操".① 金谷园有山林之盛,建园、游园之目的在于寄托"志在不朽,傲然凌云之操"。王羲之的著名的《兰亭集序》乃为永和九年三月三日众文人会聚山阴兰亭"修禊事"而作,既描写了兰亭"有崇山峻岭,茂林修竹,又有清流激湍,映带左右,引以为流觞曲水"的山林风物,又指出兰亭之会的"游目骋怀,足以极视听之娱""畅叙幽情"②的园林审美活动。唐代王维在长安附近的辋川建有别业,并写有著名组诗《辋川集》,以诗歌咏其间的重要风物,典型地表现了文人园林的山水写意特点。如《孟城坳》:"新家孟城口,古木余衰柳。来者复为谁? 空悲昔人有",表现的是古今之"悲"。《华之冈》:"飞鸟去不穷,连山复秋色。上下华子冈,惆怅情何极!"表现了"惆怅"之情。《鹿柴》:"空山不见人,但闻人语响。返景入深林,复照青苔上",表现了"空寂"之情。如此等等。

　　宋代以至明清,文人的山水写意园林得到更大发展,并先后出现了明代计成的《园冶》、清代李渔的《闲情偶寄》、文震亨的《长物志》等专论山水写意园林的理论专著。特别是计成的《园冶》,被誉为世界造园史上最早的系统论著。《园冶》既是有明一代造园的总结,又对我国整个造园史之艺术理念、审美追求等进行了系统发挥,成为我国园林美学的理论结晶。这部全面深刻的造园论著出版于 1631 年,距今 386 年,其意义非同小可,历史上将之与《考工记》并列,是很恰当的。

---

① (晋)石崇:《思归叹序》,见(清)严可均编:《全上古三代秦汉三国六朝文》第 4 册,河北教育出版社 1997 年版,第 344 页。

② (晋)王羲之:《〈三月三日兰亭诗〉序》,见(清)严可均编:《全上古三代秦汉三国六朝文》第 4 册,河北教育出版社 1997 年版,第 273 页。

　　中国山水写意园林和山水绘画、山水文学一样,都根源于中国文化之精神,其中最主要的是"天人合一"之哲学观与文化观。著名画家傅抱石曾指出:"西洋画是科学的,中国画是哲学的、文学的。所以中国画是抽象的,象征的。"因此,极重"写意的精神"。① 美学家宗白华更指出:"'测地形'之'几何学'为西洋哲学之理想境。'授民时'之'律历'为中国哲学之根基点。"并认为,"中国'本之性情,稽之度数'之音乐为哲学象征"②。中国古代哲学是一种诗性的哲学,艺术的哲学,追求"言外之意""象外之象""味外之旨"。儒家的"比德""言志"说等,道家的"道法自然""大象无形"论等,佛学禅宗的"境界"追求等等,都对中国山水写意园林的艺术理念与审美追求产生了深刻影响。

二、境仿瀛壶,意境创造——
造园之艺术目标

　　计成的《园冶》是对中国传统造园也就是园林建筑经验的总结。造园之艺术目的是什么呢? 陈从周认为,是意境的创造。他说,"文学艺术作品言意境,造园亦言意境"。"园林之诗情画意,即诗与画之境界在实际景物中出现之,统名之曰意境。"③"意境"这一东方美学概念,是儒道释各种思想交融汇合的成果。唐代王昌

---

① 傅抱石:《中国绘画之精神》,见叶宗镐、万新华选编《傅抱石论艺》,上海书画出版社 2010 年版,第 172—173 页。
② 宗白华:《形上学——中西哲学之比较》,见林同华主编《宗白华全集》第 1 卷,安徽教育出版社 2008 年版,第 587 页。
③ 陈从周:《说园》,《陈从周全集》第 6 卷,江苏文艺出版社 2013 年版,第 18 页。

龄在《诗格》中提出了"诗有三境"之说,即"物境"、"情境"与"意境":
"诗有三境:一曰物境。欲为山水诗,则张泉石云峰之境,极丽绝秀
者,神之于心,处身于境,视境于心,莹然掌中,然后用思,了然于境,
故得形似。二曰情境。娱乐愁怨,皆张于意而处于身,然后驰思,深
得其情。三曰意境。亦张之于意而思之于心,则得其真矣。"①晚唐
司空图《与极浦书》说:"戴容州云:'诗家之景,如蓝田日暖,良玉生
烟,可望而不可置于眉睫之前也。'象外之象,景外之景,岂容易可谭
哉?"②这些关于意境的论述,主要就诗歌尤其是山水诗而言,但意
境的审美特征,如情境合一,含韵外之致等,也与写意园林之意境
相通。计成在《园冶》中多次提出"境界"、"妙境"与"深境"之说,
他关于园林意境的更形象的表述是"境仿瀛壶"与"壶中天地"等。
他说:"境仿瀛壶,天然图画。意尽林泉之癖,乐余园圃之间。"
(《园冶·屋宇》)③"瀛壶",即汉代以来传说的海外三神山之一的
瀛洲,为神仙逍遥之所。"境仿瀛壶"之说,即要求所选之园既如
"天然"自生,又可供人怡情逍遥。这就要求造园要能以小见大,
有令人向往的神韵。他又说:"砖墙留夹,可通不断之房廊;板壁
常空,隐出别壶之天地。"(《园冶·装折》)这是要求造园时在砖墙
之间留有夹隙、板壁上要开空窗,从而透露出或导引向深邃、悠远
的境界。"别壶天地"出自《后汉书·费长房传》,费长房曾在市中
见一老人悬壶卖药,市罢即跳入壶中。后费长房与老翁"俱入壶

①（唐）王昌龄:《诗格》,见肖占鹏主编:《隋唐五代文艺理论汇编评注》上,南
　　开大学出版社 2002 年版,第 346 页。
②（唐）司空图:《与极浦书》,见郭绍虞、王文生主编:《中国历代文论选》(第 2
　　册),上海古籍出版社 1979 年版,第 201 页。
③（明）计成:《园冶》,陈植注释,中国建筑工业出版社 1988 年版,第 79 页。
　　本章下引《园冶》,均据此书,仅注篇名。

中。唯见玉堂严丽,旨酒甘肴,盈衍其中"①。

　　计成对园林意境的经典表述,是他的"虽由人作,宛自天开"
(《园冶·园说》)。这与唐人张璪论绘画的"外师造化,中得心源"
之意相近,均言天人合一、人工与天然交融,正是造园之要旨,意
境之所在。首先当然是"人作"。所谓造园,即是造园师运用石、
水、树、花等物资材料,在地面上建造出如画的山水、台阁与亭榭。
从中国写意山水的角度来看,造园可以说就是使二维的、平面的
绘画三维化、立体化。计成本身就善画,"少以绘名,性好搜奇,最
喜关全、荆浩笔意,每宗之"。他曾为吴玄造园,有意识追求"宛若
画意""想出意外"。园成,姑孰曹元甫"称赞不已,以为荆关之绘
也"(《园冶·自序》)。计成的"人作",还包含着"意在笔先"之意。
如他在谈到造园之"借景"要"应时而借"时,就进一步发挥道"然
物情所逗,目寄心期,似意在笔先,庶几描写之尽哉"(《园冶·借
景》)。"意在笔先",要求造园师在造园中发挥主导作用,所谓"从
心不从法"②、"三分匠,七分主人"、"非主人也,能主之人也"(《园
冶·兴造论》)等等。山水写意园林是造园师的一种艺术创造,是
他们画在大地上的山水画。清人李渔自称"生平有两绝技","一
则辨审音乐,一则置造园亭"。他的造园,"因地制宜,不拘成见,
一榱一桷,必令出自己裁,使经其地、入其室者,如读湖上笠翁之
书,虽乏高才,颇饶别致"(《闲情偶寄·居室部·房舍》)③。当

---

①（南朝宋）范晔:《后汉书》,中华书局 1965 年版,第 2734 页。

②（明）郑元勋:《题词》,见计成:《园冶》,陈植注释,中国建筑工业出版社
　1988 年版,第 37 页。

③（清）李渔:《闲情偶寄》,作家出版社 1995 年版,第 168 页。本文下引《闲情
　偶寄》,均据此书,仅注篇名。

然,造园之对于意境的追求,不仅仅停留在"人作"之上,还有"宛自天开"即合于自然的一面,正如计成所说,"有真为假,做假成真。稍动天机,全叨人力"(《园冶·掇山》)。就是说,山水写意园林最重要的是要"做假成真",通过造园师的聪明智慧使园林呈现"天然图画",有"宛自天开"之妙。计成在谈到造园叠石为山时,批评不擅造园者在厅前缀一壁,楼前树三峰,显得不伦不类。他主张"散漫理之,可得佳境也"(《园冶·园山》),即强调掇山应该自然而然,不拘一格,如此方能创造佳境。计成还针对厅前、围墙外的园林布置提出正面意见:"或有嘉树,稍点玲珑石块;不然,墙中嵌理壁岩,或顶植卉木垂萝,似有深境也。"(《园冶·厅山》)可见,这样布置是为了营造深幽之境。此外,关于池上叠山,计成认为:"池上理山,园中第一胜也。若大若小,更有妙境。就水点其步石,从巅架以飞梁。洞穴潜藏,穿岩径水;峰峦缥缈,漏月招云。莫言世上无仙,斯住世之瀛壶也。"(《园冶·池山》)可见,"佳境""深境""妙境"等胜境之创造为造园之第一要务。造园如能做到"宛自天开",使人造的园林如"天然图画",则可成就自然胜境,所谓"竹里通幽,松寮隐僻。送涛声而郁郁,起鹤舞而翩翩。阶前自扫云,岭上谁锄月?千峦环翠,万壑流青。欲藉陶舆,何缘谢屐"(《园冶·山林地》),一派清、幽、雅、闲的出世境界。这样的园林,正如明人文震亨《长物志》所说,自然可以产生忘怀息心的审美效果:"令居之者忘老,寓之者忘归,游之者忘倦。"(《长物志·室庐》)①

---

① (明)文震亨:《长物志校注》,陈植校注,江苏科学技术出版社1984年版,第18页。本文下引《长物志》,均据此书,仅注篇名。

三、巧于因借，以动观静——
造园之自然观

关于造园的原则，计成有句话说得非常精当："巧于因借，精在体宜。"（《园冶·兴造论》）"巧于因借"包含着丰富的内涵，揭示出山水写意园林造园实践中的自然观，也就是在造园中如何因应、借助自然这一非常核心和重要的问题。所谓造园，重要的是处理好园林设计与自然素材的关系问题。首先，计成提出需要"巧"加处理，也就是巧妙的处理。这个"巧"字反映了我国传统造园理论与实践中非常重视自然，重视人与自然的关系，将之放到首位。当然，这也是我国"天人合一"的文化传统使然。即使在前现代社会的历史条件下，我国的造园理论与实践对于自然的尊重也已经达到相当自觉的程度。关于"因"，计成说："因者，随基势之高下，体形之端正，碍木删桠，泉流石注，互相借资，宜亭斯亭，宜榭斯榭，不妨偏径，顿置婉转，斯所谓'精而合宜'者也。"（《园冶·兴造论》）所谓"因"，指造园时要充分因顺、借助自然环境原有的"高下""端正"等形态，进行适宜的创造。计成强调造园要因顺、借助自然的地势与体形，尽量不做根本性的改变。具体来说，就是造园要适宜地处理自然中之树木、水石等等原有资源，对亭、榭、径等进行合理的安排。他提出的原则是"互相借资""精而合宜"，做到人意与自然、自然与自然之间相互适应、相互协调。计成提出的"不妨偏径，顿置婉转"的问题，认为"因借"需要考虑到造园之曲折、偏径与虚实婉转这样的造园艺术要求，我们另节论述。总之，在"因"的问题上，计成提出了"互相借资"与"精于合宜"的原则，实际上是一种人与自然的适应与和谐。此外，计成讲造园之"因借"，还提出了因于时令的问题。《园冶》在谈到园林中"书屋"的安排时说，"惟园林书屋，一室半室，按时景为精，方向随宜"（《园冶·屋宇》）。这就是说，造园时安排"书屋"要考虑到不同时令的景色特点，要做到不同时令均可欣赏到美丽的景色。计成的这一看法，和中国画论强调山水绘画要能够揭示不同时令之下自然风景之特色是相应的。如，王维在《山水论》中就提出"凡画山水，须按四时"，写春景要"雾锁烟笼，长烟引素"，状夏景要"古木蔽天，绿水无波"，绘秋景要"天如水色，簇簇幽林"，摹冬景要"借地为雪，樵者负薪"①，如此等等。计成还提出根据山林审美之需要而"因"的问题，他在谈到造园掇山问题时说，"宜台宜榭，邀月招云；成径成溪，寻花问柳"，"山林意味深求，花木情缘易逗"（《园冶·掇山》）。园林之中某处，是该置台置榭，该辟成小径还是引水成溪，都要根据欣赏风景的需要。台一般建在地势较高之处，便于眺望；榭一般建于水旁，便于欣赏水景。当然，更重要的是有利于创造山林意境，即所谓更深地发掘山林的意味与欣赏花木的情缘。

　　计成的造园理论与实践在对待自然环境方面还非常重视依据自然山水树木之性，尊重自然，爱护自然。明人郑元勋在给《园冶》做的《题词》中指出，计成之造园"所谓地与人俱有异宜，善于用因，莫无否若也"②，即认为计成善于因地因人而制宜，尊重"地"与"人"之性，通过"巧于因借"而使人与自然合"宜"。计成在

①（唐）王维：《山水论》，见王时敏等主编：《画学集成·六朝—元》，河北美术出版社 2002 年版，第 65 页。
②（明）郑元勋：《题词》，见计成：《园冶》，陈植注释，中国建筑工业出版社 1988 年版，第 37 页。

谈到造园选址时,特别提到"多年树木,碍筑檐垣,让一步可以立根,斫数桠不妨封顶"(《园冶·相地》)。在造园过程中如果遇到多年生长的老树妨碍房屋的建筑,就要保护老树,将建筑的基址挪移开去,避免伤及老树之根,保住老树的生命。再适当剪去老树的枝丫,使得建筑物可以封顶。在造园选石的问题上,计成从珍贵的石材属于非再生资源的角度提出"石非草木,采后复生"(《园冶·选石》),因而需要节用。这一观点非常可贵。此外,计成还倡导造园时对自然材料的选择和使用要尽量保留其原貌,使之生"野趣"或"野致"。如,在讲到园林之围墙的修建时,计成在石砌和编篱之间选择编篱,因为编篱可以保留"野致"。他说,"凡园之围墙,多于版筑,或于石砌,或编篱棘。夫编篱斯胜花屏,似多野致,深得山林趣味"(《园冶·墙垣》)。

关于"借",计成指出:"借者,园虽别内外,得景则无拘远近。晴峦耸秀,绀宇凌空,极目所至,俗则屏之,嘉则收之,不分町疃,尽为烟景。斯所谓'巧而得体'者也。"(《园冶·兴造论》)所谓"借",就是突破园林所构成的空间上的内外界限,使园内园外"无拘远近"都可"得景"。显然,"借"以"得景"即风景的欣赏为原则。计成认为,园林虽有围墙以分内外,但"得景"却应"无拘远近",造园既要"别内外",又要巧借外景,对外景"俗则屏之,嘉则收之",使于园内可观"晴峦耸秀,绀宇凌空",园内园外"尽成烟景"。这就是他所倡导的巧妙地对于自然的因借。计成的所谓"借",内容广泛,"夫借景,林园之最要者也,如远借,邻借,仰借,俯借,应时而借"(《园冶·借景》)。"借景"包括因远近、方位、时令而借等内涵,远借高山湖泊,近借树木花草,仰借天上的彩虹、飞雁等,不一而足。时令是指节气,早中晚夜与春夏秋冬四时景致均有区别,可以进行不同的借用。朝霞夕阳,春花秋月,夏日炎炎,冬雪飘舞,都在借景的范围。此外,还有声音与色彩的借用等。计成指出:"萧寺可以卜邻,梵音到耳;远峰偏宜借景,秀色堪餐。紫气青霞,鹤声送来枕上;白苹红蓼,鸥盟同结矶边。"(《园冶·园说》)这里所谈到的"借景",又有氛围之借,如萧寺、紫气;有景物之借,如远峰、红蓼;有声音之借,如梵音、鹤声等,非常丰富。这种远、近、深、仰、邻等等"借景",既是景的丰富,又揭示出园林审美是一种从不同视角的观赏,是一种动态中的观赏。中国传统艺术以特有的多视角透视为结构模式,因此,中国的艺术审美是一种行动中的生命中的人对于景物的欣赏,而不是以焦点透视所构成的西方古代艺术所要求的静止的观照。这种多视角透视,中国传统画论中将称之为"三远",即自上而下之"高远",自前而后之"深远",自近而远之"平远",从而产生"景随人迁,人随景移,步步可观""四方上下各方看取"等的审美效果。这种审美效果,在山水写意园林的造园中主要是通过"借景"达到的。因此,"借景"提示出园林审美的特有的以动观静的审美方式。

李渔的《闲情偶寄》中提出"取景在借"之说,并以三个典型案例生动地描述了造园中"借景"以达到以动观静的效果,还设计出相关图案,非常有价值。其一是通过"便面"借景,指在湖舫两侧各开一扇形舷窗,处身船舫中,透过敞开的舷窗随舟之行而观赏两岸风景。"坐于其中,则两岸之湖光山色、寺观浮屠、云烟竹树,以及往来之樵人牧竖、醉翁游女,连人带马尽入便面之中,作我天然图画。"(《闲情偶寄·居室部·窗栏·取景在借》)。其二是以窗为画,借外景以实之。如窗外"有小山一座,高不逾丈,宽止及寻。而其中则有丹崖碧水,茂林修竹,鸣禽响瀑,茅屋板桥。凡山居所有之物,无一不备"。于是,"裁纸数幅,以为画之头尾,及左右镶边。头尾贴于窗之上下,镶边贴于两旁,俨然堂画一幅,而但

虚其中。非虚其中，欲以屋后之山代之也"。他称这种窗子为"无
心画""尺幅窗"，认为"坐而观之，则窗非窗也，画也；山非屋后之
上，即画上之山也"（《闲情偶寄·居室部·窗栏·取景在借》）。
这是一种以动观静的"借景"。其三是借枯木为景。"取老干之近
直者，顺其本来，不加斧凿，为窗之上下两旁，是窗之外廓具矣。
再取枝柯之一面曲、一面稍平者，分作梅树两株，一从上生而倒
垂，一从下生而仰接。其稍平之一面略施斧斤，去其皮节而向外，
以便糊纸；其盘曲之一面，则匪特尽全其天，不稍戕斫，并疏枝细
梗而留之。既成之后，剪彩作花，分红梅、绿萼二种，缀于疏枝细
梗之上，俨然活梅之初着花者。"李渔称这种窗为"梅窗"，并自认
为"生平制作之佳，当以此为第一"（《闲情偶寄·居室部·窗栏·
取景在借》）。这也是一种以动观静之"借景"。

　　山水写意园林之自然观继承了"天人合一"的文化理念，内涵
丰富，几乎渗透到造园理论的一切方面，"因借"只是其重要一维。
不过，也有学者认为，中国园林有"反自然"的倾向。台湾学者汉
宝德在其《物象与心境——中国的园林》的《自序》中说，"我也感
觉到中国园林反自然的本质"①，但该书正文并未就此展开论述。
如果不是印刷错误，则可能和该书主要根据汉赋等文献的记载来
探讨中国早期皇家园林有关。皇家园林，劳民伤财，破坏自然的
现象当然存在。但中国古典园林总体上是遵循着"天人合一"的
文化传统，尤其是山水写意园林，以"因借"为其宗旨，有着很明显
很强烈的顺应自然、尊重自然、亲和自然的倾向。中国传统文化
产生于前现代之农业社会，本质上有一种天然的亲近自然的意

①汉宝德：《物象与心境——中国的园林》，台北幼狮文化事业有限公司1990
　年版，第4页。

识。因此,中国园林之造就,特别是山水写意园林这种对于自然的顺应与尊重,应该是我们今天的园林建设,乃至城市建筑应该继承之处。相对而言,西方传统的造园的那种大规模改变自然的行为倒真的带有反自然的本质。如,著名的法国凡尔赛宫,就是在原本无水、无景、无树的最荒凉之不毛之地建造的。该园占地逾 6000 公顷,从 1662 年动工,历时 27 年,分三个阶段建造,最终成为欧洲历史上最大最豪华的宫苑之一,体现了法国国王"征服自然的乐趣"①。

四、精在体宜,宜居有方——
造园之宜居观

计成认为,造园最终之归宿是"精在体宜",所谓"妙于得体合宜,未可拘率"(《园冶·兴造论》),即言造园最基本的是"得体合宜",而不可拘泥于陈规。这里使用一个"精"字,说明"得体合宜"反映了造园的质量,是最重要的因素之一。所谓"体宜"是一个空间的概念,具有"处所"的适宜之意,大致相当于我们在生态美学研究中常用的西语"place",非常重要。计成"体宜"的观念,表现在他对"许"字的重视上。明末阮大铖为《园冶》所作的《冶序》中谈到他游览计成所建之寤园之感受时,说:"乐其取佳丘壑,置诸篱落许,北垞南陔,可无易地。"②这说明,寤园是一个山林美丽,篱落错置,最适合隐居的最佳处所。计成在谈到造园廊房基址的

---

① 朱建宁:《西方园林史》,中国林业出版社 2008 年版,第 108 页。
② (明)阮大铖:《冶序》,见杨光辉编注《中国历代园林图文精选》第 4 辑,同济大学出版社 2005 年版,第 3 页。

选定时，强调"或余屋之前后，渐通林许"（《园冶·廊房基》）。"林许"，即通向林间处所。因此，计成所谓的"体宜"，涉及到对于自然环境之处置的"合宜"："故凡造作，必先相地立基，然后定其间进，量其广狭，随曲合方。"（《园冶·兴造论》）这是总的原则，具体要求，如门楼基址的"合宜"："园林屋宇，虽无方向，惟门楼基，要依厅堂方向，合宜则立。"（《园冶·门楼基》）再如，"曲折"与"端方"关系处置的"合宜"："曲折有条，端方非额。如端方中须寻曲折，到曲折处还定端方。相间得宜，错综为妙。"（《园冶·装折》）如此等等。

文震亨的《长物志》和李渔的《闲情偶寄》对造园之"得体合宜"也有较为全面的阐述。《长物志》有《海论》一篇，主要讨论造园之"避忌"与"合宜"问题，其总的原则是"随方制象，各有所宜。宁古无时，宁朴无巧，宁俭无俗"。具体来说，主要包括：其一是用途的"适宜"。如，"承尘"（天花板）不可滥用，"此仅可用于廨宇中"。"廨宇"，即官舍。内室需有女眷躲避男宾的"避弄"。"暖室不可加簟"。"簟"，即竹凉席。"面北小庭，不可太广，以北风甚厉也"等。其二是气候条件之"合宜"。如，"南方卑湿，空铺最宜"。"空铺"，即讲究室屋之空敞通风。其三是防止低俗。小室"忌纸糊，忌作雪洞，此与混堂无异"。"混堂"，即浴室。尤为可贵的是，文震亨将"得体合宜"的观念发展为对自然资源与人的生存之健康的思考，提出一些非常有价值的看法。如，他讲"凿井"，提出"井水味浊，不可供烹煮。然浇花洗竹，涤砚拭几，俱不可缺"（《长物志·凿井》）。又如，他讲雨水的运用，认为"秋水为上，梅水次之"，春水乃"和风甘雨"，故胜冬水，而"夏月暴雨""最足伤人"，故"不宜"（《长物志·天泉》）。地下水以"清寒"者为上，"暴涌湍急者勿食，食久令人有头疾。如庐山水帘、天台瀑布，以供耳目则可，入水品则不宜"(《长物志·地泉》)。至于江河之水，以"去人远"者为佳，"河流通泉窦者，必须汲置，候其澄澈，亦可食"(《长物志·流水》)。

　　计成提出的"巧于因借"与"精在体宜"，这两个方面是紧密相联、不可分割的，前者是因，后者是果，共同构成了山水写意园林之完备的宜居理念。"宜居"，是当代生态美学的重要范畴，也是当代生态文明建设的重要组成部分。中国山水写意园林所呈现的宜居观包含这样几个方面内容：其一，宜于人的生命与生存。这是山水写意园林宜居观之首位，涉及居住、饮水、风寒、雨暴、气候、朝向、便宜等诸多方面。其二，宜于人的精神与社会生活。山水写意园林之主要目标之一就是畅神寄情、消闲怡志，是一种对于清雅幽之境界的追求。其三，宜于人与自然的互相促进。这里的"相宜"，也可以称为"互因"，也就是人与自然互为依靠、互相借资。这在山水写意园林之理论论著中反映得较为明显，计成等人所谓的"因"，不仅仅是因于自然环境，而且也包括自然环境因于人，宜于两者的互因互借。只有宜于自然环境，才能宜于人。同样，也只有宜于人才能宜于自然环境。这里的"因"与"宜"之关系有辩证的意味，或者说体现了中国文化特有的阴阳互生的太极思维的意味。李渔在论述房舍与人之关系时，提出了"宜"、"适"与"称"三个概念。所谓"宜"，即宜于人之春夏秋冬之居住，不可"宜于夏而不宜于冬"；所谓"适"，即指将"宜"普及所有人群，包括主人与宾客，"及肩之墙，容膝之屋，然适于主而不适于宾"；所谓"称"，即指环境与人相称，所谓"吾愿显者之居，勿太高广。夫房舍与人，欲其相称"(《闲情偶寄·居室部·房舍》)。其四，宜于自然。中国山水写意园林的"因借"，包括对于自然环境的尊重与保护，如计成所提出了遇老树要"退一步立根"，以及对石材等珍稀资源要节俭使用等，非常可贵。其五，宜于发挥自然的造福于人类的积极作用。造园理论中，强调通过近借、远借、邻借、仰借、四时相借等多种途径，使人能充分欣赏到自然美景。总之，中国山水写意园林之宜居观是非常全面先进的，具有重要价值意义，值得借鉴。

五、虚实蜿蜒，充满生意——
造园之生命艺术观

　　"巧于因借，精在体宜"作为山水写意园林之造园原则，具体体现为虚实相生的，以时间处理空间的特殊的东方式造园手法。"因"于自然是实，"借景"于自然。所谓"体宜"，是一种最恰当的空间处理，是通过"巧于因借"实现的"体宜"。这种在时间的流动中安排布置空间的方法，使造园达到境界全出。宗白华说："建筑和园林的艺术处理，是处理空间的艺术。老子就曾说：'凿户牖以为室，当其无，有室之用。'室之用是由于室中之空间，而'无'在老子又即是'道'，即是生命的节奏。"①这里所谓"无"即是虚，"无"之道的生命节奏，实际上是虚实相生产生的生命节奏。《周易·易传》有言："一阴一阳之谓道也，成之者性也，继之者善也"，说明阴阳相生是变易发展的规律，是天地社会发展的本真，人行大道的本性，也是生命艺术的产生发展的规律。造园的无与有、虚与实、因与借的相反相生，就是这种阴阳相生规律的反映。这是一种"充满生意"的生命之美。文震亨在讲到造园之"广池"问题时，说："池傍旁植垂柳，忌桃杏间种。中畜凫雁，须十数为群，方

---

① 宗白华：《中国美学史中重要问题的初步探索》，见王德胜编：《宗白华美学与艺术文选》，河南文艺出版社2009年版，第26页。

有生意。"(《长物志·广池》)这里使用的景色都是虚实相生的,
例如,垂柳之动与水面之静、桃花之红与杏花之白、凫雁之游与
荷叶之静,都是虚实相生、相反相成的,如此"方有生意"。李渔
在讲"取景在借"时讲到运用"便面画""尺幅窗""梅窗"等时,都
包含着通过人的创造性布置、更移,使窗之静与画之动虚实相
生、生机毕现。他说,"便面不得于舟,而用于房舍,是屈事矣。
然有移天换日之法在,亦可变昨为今,化板成活,俾耳目之前,刻
刻似有生机飞舞,是亦未尝不妙"(《闲情偶寄·居室部·窗栏·
取景在借》)。

　　虚实相生可以是说山水写意园林造园之基本规律,是创造境
界的必要途径。计成《园冶》之导论《园说》即贯穿了虚实相生的
基本精神。他说:"径缘三益,业拟千秋。围墙隐约于萝间,架屋
蜿蜒于木末。山楼凭远,纵目皆然;竹坞寻幽,醉心即是。轩楹高
爽,窗户虚邻,纳千顷之汪洋,收四时之烂漫。梧阴匝地,槐荫当
庭;插柳沿堤,栽梅绕屋;结茅竹里,濬一派之长源;障锦山屏,列
千寻之耸翠。虽由人作,宛自天开。"(《园冶·园说》)这段话,可
以看作是计成对园林之景物设计与审美体验的总要求。在这里,
"围墙隐约""架屋蜿蜒""窗户虚邻""栽梅绕屋""障锦山屏"等,都
是虚实相生之幽深静雅之诗情画意,充满生命意味。在造园之各
方面的具体要求上,计成也始终强调虚实相生。如,关于"相地",
他提出"如方如圆,似偏似曲;如长弯而环壁,似偏阔以铺云"(《园
冶·相地》)。即要求园基之选址,要方圆得当,偏曲有致,狭长弯
曲似回环之壁,地势广阔似层叠的云彩,将曲折、环绕、层叠等虚
实结合放到首要位置。关于"立基",他提出"房廊蜒蜿,楼阁崔
巍"(《园冶·立基》);关于"厅堂立基",他提出"深奥曲折,通前达
后"(《园冶·厅堂基》)。对于"装修",要求做到"曲折有条,端方

非额"，"相间得宜，错综为妙"（《园冶·装折》）。设置曲水流觞，
要注意"上理石泉，口如瀑布，亦可流觞，似得天然之趣"（《园冶·
曲水》）。相对而言，造园之"借景"最能得虚实相生之妙，所以，计
成指出："夫借景，林园之最要者也"，"构园无格，借景有因"，"因
借无由，触情俱是"（《园冶·借景》）。借景与情之所系密切相关，
一切景语皆情语，虚实相生是一种生命情缘的生成。此外，计成
还重视色彩虚实之对比，所谓"画彩虽佳，木色加之青绿；雕镂易
俗，花空嵌以仙禽"（《园冶·屋宇》）。这是一种木色与青绿、空花
与雕镂等不同色彩、形状的虚实对比。至于声音之虚实对比，则
有"竹里通幽，松寮隐僻。送涛声而郁郁，起鹤舞而翩翩。阶前自
扫云，岭上谁锄月"（《园冶·相地》）。这是以竹里通幽、松寮隐僻
之虚对比涛声郁郁、鹤舞翩翩之实。凡此种种，不胜枚举。风景
之隐与现是造园之虚实的典型表现，山水写意园林以曲径通幽见
长，多设照壁，将景致隐于壁后，使林木花草与亭台楼阁互相掩映
错置，造成一种"山穷水尽疑无路，柳暗花明又一村"之感，使之蕴
有含蓄的韵味。

　　总之，园林之虚实相生创造出一种特有超凡脱俗的生命样
态，为山水写意园林之意境也。明郑元勋在其《影园自记》中写
道，他欲得城南废圃为"养母读书终焉之计"，并说该园"环四面柳
万屯，荷千余顷，萑苇生之，水清而多鱼，渔棹往来不绝。春夏之
交，听鹂者往焉，以衔隋堤之尾，取道少纡，游人不恒过，得无哗。
升高处望之，'迷楼'、'平山'皆在项臂，江南诸山，历历青来。地
盖在柳影、水影、山影之间，无他胜，然亦是吾邑之选也"①。这段

_____

①（明）郑元勋：《影园自记》，见杨光辉编注：《中国历代园林图文精选》第4
辑，同济大学出版社2005年版，第21—22页。

关于"影园"的景物描写，包含着非常丰富的虚实对比，如柳荷萑苇与清水、动态之渔棹与水之清静、无哗之静寂与鹏者、迷楼、平山与江南诸山、柳影水影山影与实景等。正是在这丰富多彩的虚实对比中，"影园"的清幽雅之意境得以毕现。虚实相生也是一种生命节奏，在山水写意园林之虚实对比之中呈现一种优雅静穆的生活节奏，感染着我们，熏陶着我们。这就是山水写意园林所带给我们永久的陶冶。

六、山水写意园林的当代价值

中国古典园林是世界上最早的三大园林之一，被公认为是世界园林之母，对于世界园林发展给予了重大影响。日本历史上的著名的"神泉苑""枯山水""石庭""茶庭"等，明显受到中国园林的直接影响。17世纪流行于英国乃至整个欧州的"英中式园林"（jardin anglochinois），更主要受到中国古典园林的启发。山水写意园林作为中国传统园林的典型代表，具有重要的当代价值意义。

首先，山水写意园林得到世界的广泛认可和积极肯定。随着生态美学的兴起，中国山水写意园林最近特别受到西方环境美学家的重视与赞赏。美国著名环境美学家阿诺德·伯林特本世纪以来多次来华讲学，期间多次前往北京、上海、杭州、苏州等地参观中国园林，专门写了《中国园林的自然与家园》一文，论述中国园林特别是山水写意园林的审美特点。他说，中国文人园林所构成的独特人居空间，拓展了我们对城市环境与自然环境及人类存在关系的理解，其造园传统也模糊了人工与自然的差异，使得人们置身其中，犹如置身自然之中,在那里我们找到了自己。① 另一位著名的加拿大环境美学家艾伦·卡尔松则于 1997 年写了《论日本园林的审美欣赏》一文,他在将日本园林,主要是"茶园"和"漫步园"与法国和英国园林进行比较后说:"我发现上述类型的日本园林很容易进行审美欣赏。置身其中,我发现自己不费力气就可以进入一种平静和安宁的观照状态,它以我感觉到很快乐、生活得很好为标志。"②新时期以来,中国园林进一步得到世界的认可,产生新的一轮中国古代园林国外移植之风。1981 年,美国大都会博物馆仿造苏州网师园之殿春簃小院建成了明轩。明轩内建有月亮门、曲廊、山石、竹木、花草和鱼池等,特别是书房之天井,墙角壁前叠石立峰,植有丛竹、腊梅、天竺、芭蕉,透过红木边框之窗框形成国画小品,写有对联"巢安翡翠春云暖,窗护芭蕉夜雨凉",以及"灯火夜深书有味,墨华晨湛字生香",富有诗情画意。书房前有石栏平台,渔网状花街铺地,以示渔隐。山水写意,意味深长。明轩成为境外造园的经典之作,被誉为中美文化交流的永恒展品,吸引了众多外国友人,受到广泛赞誉。此后,加拿大、德国、英国、瑞士等都有对于山水写意园林的移植与建造,蔚然成风。

其次,山水写意园林是中国传统生态美学的智慧结晶,对于当代生态美学建设意义重大。中国传统文化是一种原生性的生态文化,因为中国古代是农业社会,以农为本,"天人合一"成为中国传统的文化模式。中国传统的儒释道都倡导"与天相和""生生

---

① Amold Berleant, *Aestheticsbeyond the Arts*, *Newand Recent Essays*, Ashgate Pub Co.,2002,p.131.
② ［加］艾伦·卡尔松:《从自然到人文——艾伦·卡尔松环境美学文选》,薛富兴译,广西师大出版社 2012 年版,第 212 页。

之谓易"的文化理念,这种理念渗透于一切文化艺术之中,包括山水写意园林。山水写意园林的造园理念,诸如"虽由人作,宛自天开""巧于因借,精在体宜""虚实蜿蜒,方有生意"等等,都融注着丰富、深刻的中国传统文化的生态审美智慧,提供了"家园"、"宜居"与"诗意地栖居"这些生态美学范畴的东方表达,对于我们今天的生态美学建设具有重要的借鉴意义。卡尔松在论述日本园林解决自然与造园的矛盾时指出,"日本园林体现自然因素和艺术因素的辩证关系的最明显的方式,是通过将人工因素小心地安置在复杂的自然语境中。日本园林景观的一个本质的方面是人工制品通过自然因素的扩散"。① 这段话,可以说是计成"虽由人作,宛自天开"的翻版,颇能说明山水写意园林及其理论的当代价值。伯林特认为,中国山水写意园林"提供了'环境审美交融的最佳条件'"②。伯林特是运用其环境美学的"介入式审美"或"融入式审美"观念来阐释中山水写意园林的,也可以说是对"虽由人作,宛自天开"的当代阐释。山水写意园林所提倡的借景,如远借、邻借、仰借与俯借等等,以及湖舫之便面等,均是一种以动观静之法,是一种中国园林特有的"融入式审美"。从这一角度说,中国山水写意园林在当代具有普适意义。

中国传统山水写意园林的当代价值提示我们,应该充分重视它的艺术理念与审美追求所蕴含的生态审美智慧,将之运用到当代园林建设之中,使当代园林建设,乃至城市建设体现生态审美

①[加]艾伦·卡尔松:《从自然到人文——艾伦·卡尔松环境美学文选》,薛富兴译,广西师大出版社 2012 年版,第 214 页。

②Amold Berleant, *Aestheticsbeyond the Arts*, *Newand Recent Essays*, Ashgate Pub Co.,2002,p.131.

观念,建设更加美好同时又具有时代意义的新的园林,造福于人民。当然,当代园林建设也应该注意借鉴西方园林在处理人与自然和谐关系方面的有益经验,遵循"古为今用,洋为中用"的方针,以中国传统为根本,树立文化自信,大胆吸收传统中的精华,加以发扬,建设新的人民喜欢的山水写意园林。

第九章 古琴:天人之和

中国古琴艺术源远流长,不仅保存曲目极多,表现力极丰富,而且承载了极为深厚的文化内涵和美学思想。古代先哲关于人与自然关系的基本态度可以用"天人合一"来概括。"天人合一"作为一种思维模式和文化理想,注重万物的有机统一,强调天、地、人三才的不可分割。"天人合一",即是人与自然关系的和谐统一。天人合一的理想更多地指向人的生存与自然的圆融和统一。

"自然"一词始见于《老子·二十五章》:"人法地,地法天,天法道,道法自然。"《老子》《庄子》中的"自然",即自己如此,指人、天地、万物的与道合一的,按其本性而存在、发展的理想状态。从人的存在来讲,一方面,"自然"的"自己如此""自然而然"这一义项包含着人性自然,即人的本然与应然的生命状态之意。《老子》《庄子》中都有对"婴儿""赤子"的赞颂,婴孩以无知、无求、无遮蔽、无分辨为显著特征,他们尚未受到知识的遮蔽和礼义的熏染,呈现出一种浑然抱朴的自然生命状态。老子的"复归于婴儿"(《老子·二十八章》),也就是对自然生命本原的追溯、天真未凿的天然状态的回归。艺术与人生的存在方式密不可分,中国古代美学,尤其是乐论与琴论中大量的"返本""复初"之说,正是主张人回归到与自然世界浑然一体、原初美好的状态。另一方面,自

然还具有形而下的实体性内涵（如自然界、大自然等）。这一形而
下的含义不仅可以与形而上的理想状态相统一，古代中国人常常
用形而下的实体自然物象（如山、水、花、鸟、草木等）来象征人的
自然（自由）的心境①。而且，实体的自然还隐含着"家园意识"，
人与自然万物不可分割。自然是人类的家园，所以，人与自然万
物构成了一种本真的"在家"状态。因此，对自然万物的喜爱与赞
美根源于对天地自然的家园式的情感依恋；这种依恋家园、心安
"在家"的状态，当然也是最本然、最自然的理想状态。

　　从音乐本体来讲，自己如此，自然而然，可以说明音乐"自然
之理"。音乐的自然之理，即音的比例和谐，由数的和谐比例关系
自然而然引起了音声的和谐，亦即"自然之和"。《礼记·乐记》说
"比音而乐之"，嵇康的《声无哀乐论》说："音声有自然之和"，"至
和之声，得于管弦也"②，即是说数与声的自然吻合，由于度数比
例的和谐而产生音律的和谐是客观存在的秩序，和谐的音律使人
悦耳悦心。北宋崔遵度《琴笺》在解说琴徽的时候用了"自然之
节"一词，意即琴徽是琴弦上分段震动的自然节点。《琴笺》说：
"始以一弦泛桐，当其节则清而号，不当其节则泯然无声，岂人力
也哉。"③宋人朱长文《琴史·莹律》说："徽有疏密者，取其声所以
发自然之节也，合于天地之数。故律之相生有上下，而为管有长
短，盖取诸此也。"④徽位依据琴弦上自然形成的泛音列而设置，

①参见赵志军：《作为中国古代审美范畴的自然》，中国社会科学出版社 2006
　年版。
②（魏）嵇康：《嵇康集校注》，戴明杨校注，中华书局 2015 年版，第 321 页。
③范煜梅编：《历代琴学资料选》，四川教育出版社 2013 年版，第 121 页。
④范煜梅编：《历代琴学资料选》，四川教育出版社 2013 年版，第 102 页。

它不是某人的发明,"是一种天地间的自然现象"①。徽的定位合乎比例,则清音发出;若不合比例,不在其节,则泯然无声。这种自然之理,琴弦的长度与音高成度数的比例,是以数和于声,而不是以声迁就数,即罗艺峰所说的"审美的耳朵"与"科学的头脑"的结合。数的比例与美的感受相通,所以,宗白华先生说,音乐和度数在源头上是结合着的。这种和谐的关联并非人为,而是自然而然地存在着。因此,也可以说,是音乐与数学之间的必然的联系。

一、律历融通:"天人合一"
生存论的文化表征

包括古琴艺术在内的中国音乐的发展有特殊的哲学语境,与古代特定的文化理念紧密相联。宗白华先生以"四时自成岁"的"历律哲学"作为中国哲学或宇宙观的基础,并以之为我国美学的根基。在《形上学——中西哲学之比较》一文中说:"中国哲学既非'几何空间'之哲学,亦非'纯粹时间'(柏格森)之哲学,乃'四时之成岁'之历律哲学也。"②根据这一论述,相对于西方的抽象时空之几何哲学,中国的宇宙观为"四时自成岁"之天地人、春夏秋冬全景之"历律哲学",即以五声、十二律吕的音乐律法与四时、十二月的天文历法相同构来解释天地人现象的学说。宗先生认为,这种"历律哲学"正是中国天人合一的生命哲学的重要表征。就

---

①陈应时:《琴徽:琴上的自然之节》,见耿慧玲等主编:《琴学荟萃——第二届古琴国际学术研讨会论文集》,齐鲁书社 2011 年版。
②林同华主编:《宗白华全集》第 1 卷,安徽教育出版社 2008 年版,第 628 页。

古代琴论而言,这种律历融通的理念亦是其哲学和文化基础。历代琴书(如《琴书大全》《五知斋琴谱》等)都有将琴弦与五行、七星、四方、四时以及五常的对应整合:

　　一弦属土,主官,在天符土星,于人曰信,分旺四季。

　　二弦属金,主商,在天符金星,于人曰义,位西方,应秋之节。

　　三弦属木,主角,在天符木星,于人曰仁,位东方,应春之节。

　　四弦属火,主徵,在天符火星,于人曰礼,位南方,应夏之节。

　　五弦属水,主羽,在天符水星,于人曰文,位北方,应冬之节。

　　六弦属文,主少宫,在天为文曲星,于人曰文,德本乎柔以应刚,时应八节。

　　七弦属武,主少商,在天为武曲星,于人曰武功,本乎刚以应柔,时应四时。

琴弦与自然运转的比附、五音五行与人之五常(仁义礼智信)的对应,形成了自然与人文相统一的时空合一综合体。四时与五方的统一,是先民对农耕生产春生、夏长、秋敛、冬藏四个阶段的生命范型之象的直观对应,将音律纳入这一系统之后,五音成为自然生命和谐运化的象征。《白虎通义·礼乐》说:"角者,跃也。阳气动跃;徵者,止也。阳气止;商者,张也。阴气开张,阳气始降也;羽者,纡也。阴气在上,阳气在下;宫者,容也,含也。含容四时也。"①古人用观物取象的方式将生命范型之象赋予音律,因

————————

① (清)陈立:《白虎通疏证》,吴则虞点校,中华书局1994年版,第120页。

此,音律得以在生命之象的层次与时空建立起类比和同构关系。对此,罗艺峰从生命在时间与空间中的发展状况予以解说①:东方为日出之地,因而是生命始生之地。春季为万物复苏、阳气盛强的生命开始的时节,其物候表现为草虫竹木萌发始出,角音与东方、春季、木相对应,正如《汉书·律历志》所言,"角,触也,物触地而出,戴芒角也",象征着阳气的动跃,生意昭昭。南方赤日强烈,夏季阳气渐弱,阴气始起,虽草木繁茂,却潜动着生命的衰落,因而以"徵"象征"止",意为阳气由盛大逐渐开始走向止息。西方为日落之处,阳气式微,阴气萧索,万物有"成"含"终",商音象征阴气大张,阳气渐降。冬季为养阴孕养,终而复始之季,与北方相应。"羽"与羽相通,有舒展之意,阴阳循环舒展运行。宫音居中,为五音创生的元本,统领四方。于先秦两汉人而言,"五音配五行五方非常合理"②,这种在今天看来实际上是象征化、隐喻化、类比化的配合,乃是先民以农耕生产实践和人伦理想为基础得出的结论,是一种"朴素的有机自然观"的体现。

从哲学根源上说,《老子·四十二章》云:"道生一,一生二,二生三,三生万物。万物负阴而抱阳,冲气以为和。"《易传·系辞下》:"天地氤氲,万物化醇。"都认为阴阳二气冲和交汇而化生万物,因而,阴阳相生之道,是万事万物(包括四时运转和音律创化)的本源。这是人与万物相通相感、音乐与历法得以融通同构

---

①罗艺峰:《空间考古学视角下的中国传统音乐文化》,《中国音乐学》1995 年第 3 期。
②罗艺峰:《空间考古学视角下的中国传统音乐文化》,《中国音乐学》1995 年第 3 期。

的根本原因。同时，一年之中，阴阳二气的交互，比例形态不同，其消长规律体现为春夏秋冬四时往复，其弥散流通在东南西北中五方，所以，万物在四时之中呈现不同的生命特征和消长变化，由此形成了时间统领空间、四时统领五方的整一体系；又由于音律上下相生的度数与天文历算星辰躔次之度数、万物盛衰之理数冥若相合的道理（如《汉书·律历志》所谓"故阴阳之施化，万物之终始，既类于律吕，有经历于日辰，而变化之情可见矣"），历法与音律得以相类而相互融通。所以，历法的数量关系与音律的数量关系二者"固不相合，亦无机械因果的决定关系"①，但它们显示了共同的阴阳消长秩序，所以，在古人的思维中形成了类比关系，能够"以声律之管的小大短长来比拟天道终始之序"②，五音、十二律得以按照阴阳二气的消长规则与十二月相对应。音律与气运相统一，亦即乐理（人文之道，包括音律、算法、伦理思想等）统一于天理（自然之道，包括四时、五行、五方、数理、月历等）。在这一宇宙结构中，空间上的五方是其间架与支撑，阴阳是运行在这个间架中的两种决定性力量，自然与人实现了内在同构。

无论是四时五方与五行五音，还是十二律与十二月，其同构的重要性都在于强调人对于天的效法和顺应，目的在于人与自然的水乳交融、和谐统一。古代琴论以气论生命哲学为基础，将琴徽、琴弦与十二月相比附，如，《琴史·莹律》以十二月解释琴徽："天地之声出于气，气应于月，故有十二气，十二气分于四时，非土

①汪裕雄：《艺境无涯》，人民出版社2013年版，第50页。
②罗艺峰：《中国音乐思想史五讲》，上海音乐学院出版社2013年版，第195—196页。

不生,土王于四季之中,合为十三,故琴徽十有三焉。其中徽者,土也,月令中央土,其音宫,律中黄钟之宫者也。"①律数之十二,应乎十二月之气。十二气为自然运动节拍,音律与之相一致,成为自然运动节奏的反映。《五知斋琴谱·十三徽论考》将琴徽与十二律吕和十二月相对应,如"一徽名太簇,应正月律,其音角。二徽名夹钟,应二月律,其音在角。……十三徽名太吕,应十二月律,其音在宫"。② 可以说,琴之十三徽基本对应十二律吕,在律历融通的系统中自然与十二月相对应。音律是天地运转的象征,是二气之和的体现,琴人依据这一传统对琴徽做出阐释也是自然且合理的。十二律按照阴阳二气的消长规律与十二月相应,音律与气运相统一,诚如学者所言,"十二律是从春秋末年到汉代,思想家们在十二月之外,用于描述阴阳二气消长的第一个符号系统"。③ 阴阳二气的消长过程,即是万物的化生成长过程,气的节奏性运动也就是阴阳之道,音律由此可以成为万物盛衰、天道运行规律的象征。音律以阴阳消息变化,代表宇宙自然运行。汉代易学又以卦象配律吕,将十二消息卦与十二节气、十二月、十二律吕对应,卦象与律历同一体现天道,共同描述着宇宙的节奏。在此要特别指出的是,所谓自然宇宙的运行规则与卦象运行规则相统一,即是说卦象是自然节气运行的图像显现,而这一点根源于卦象以自然节气为依据。据此,罗艺峰在律历融通的视域中对

---

① 朱长文:《琴史》,见范煜梅编:《历代琴学资料选》,四川教育出版社 2013 年版,第 102 页。

② 《琴曲集成》第 14 册,中华书局 2010 年版,第 411 页。

③ 席泽宗主编:《中国科学技术史·科学思想卷》,科学出版社 2001 年版,第 168—169 页。

《乐记》的"顺气""逆气"做出卦气理论意义上的全新解释:"逆气",即不顺天时节气而出现的混乱的"气",即天象、天气或天候的不正常(或所谓灾异之象);"顺气",即合乎正常的自然宇宙规则的"气",意指四时运行和于天道。因此,《乐记·乐象篇》的"正声"当指与"顺气"相应相和的声音,所谓"天行正常,音律有则,则顺声应和顺气,和乐乃兴,正声感人"①。反之,"奸声"是在逆气影响下产生的音律不协的乖乱之声。音乐的节奏当来源于天道节奏,并与天道节奏相合。

　　作为"天人合一"的生存论智慧的突出表征,律历融通学说为我们显示了一个节奏从容、充满情意的宇宙:一方面,它构造了一个无所不包的体系,力图把一切自然与社会现象纳入一个统一的普遍联系的系统中,形成了一种天、地、人三才同构谐和的文化模式。并且,律历融通学说有着内在的气和—乐和—心和的逻辑,即以自然天道正律吕,以律吕正人心,从而形成了天地万物之和、律吕之和、人伦之和相统一的"大乐与天地同和"(《礼记·乐记》)的气象。按照一定的度数来制定声律,声律能起到规范人情和通畅阴阳二气的双重效用。在律历融通的天地人有机统一的系统中,天时与人位统一于声律之协调,声律具有正天时、正人位之功用。乐乃天地之和,音乐之和来源于天地自然之和,音乐律吕之和可以产生人伦政治的和敬、和顺、和亲。同时,音乐是天地自然之和与人伦政治之和的象征,音乐的端正带来了行为的端正,所以,《史记·乐书》认为,"正教者皆始于音,音正而行正";"卿大夫听琴瑟之音未尝离于前,所以养行义

---

① 罗艺峰:《中国音乐思想史五讲》,上海音乐学院出版社 2013 年版,第195 页。

而防淫佚也。"①阮籍《乐论》说:"律吕协则阴阳和,音声适而万物类,男女不易其所,君臣不犯其位"②,律吕顺应天地和谐,成全万物本性,使君臣男女万物各在其位,各从其性。明代徐上瀛《溪山琴况》也有"如之何而可就正乎? 必也黄钟以生之,中正以平之"③之语。古人坚持以合乎律吕的音乐引导情性的平正中和,从而建立起天地间的和谐秩序,正如《乐记·乐情篇》所谓的"是故大人举礼乐,则天地将为昭焉,四时和焉,星辰理焉,万物育焉"。

　　另一方面,律历融通体现了音乐的节奏要与人内在的生命节奏、自然宇宙运行节奏相一致的理想。这种节奏的一致性充满了先民将自己的生活托付给自然天地之有序运转的"信任"④与内敛。古人所谓"宇宙"乃是时间与空间的统一,天地万物的总和,是包括人与事、物在内的"一切存在的整体"⑤,这一整体充满了生命感与条理性。《吕氏春秋·十二纪》、《淮南子·时则训》与《礼记·月令》在根本上是同一的,都显现出音乐是人生天地间的生活内容之一;音律与天文、物候、祭祀、日常生活(包括居处、服饰、饮食)、行政、禁忌与灾异相并列,构成统一的生活体系,而所有人间世界的安排都要以自然的四时节律

①蔡仲德:《中国音乐美学史资料注译》增订版,人民音乐出版社 2007 年版,第 346—347 页。

②蔡仲德:《中国音乐美学史资料注译》增订版,人民音乐出版社 2007 年版,第 418 页。

③蔡仲德:《中国音乐美学史资料注译》增订版,人民音乐出版社 2007 年版,第 744 页。

④薛富兴:《〈月令〉:农耕民族的人生模型》,《社会科学》2007 年第 10 期。

⑤冯友兰:《中国哲学简史》,长江文艺出版社 2015 年版,第 2 页。

为依据，与天地运行之序相符合。所谓"与天地合其德""与四时合其序"，意谓只有遵奉天时，顺应天地四时运行规则，人才能获得美好的生存。在五音与四时、十二律与十二月相统一的宇宙模式中，万物与人按照与四时十二月相应的节律安置其中，整个宇宙和谐运行。律历，就是生命的节奏或有节奏的生命。宗白华先生从生命哲学的角度审视律历融通的文化深意，认为其中包含着的生生不已的节奏性直接导致了中国艺术对气韵生动的追求，也就是在这个层次，律历哲学可以为中国艺术的生命之源。艺术表现生命的节律与节奏，生生和谐的宇宙意识贯穿于中国古典艺术与音乐思想发展的历程之中。中国人并不像西方人那样追求最高的理式，因求智慧、爱真理而获得愉悦，而是把人的精神和生活全部融入音乐和自然之中，以与自然合一的生命和生活为追求，在自然中获得心灵的提升与道德的净化。

"天人合一"作为一种思维模式，注重万物的联系，追求宇宙的有机统一。律与历的融通即是通过音乐的律动，去彰显和体察天地万物生命的本然节律与运行秩序。《乐记》所谓"大乐与天地同和"，可以说是一种理想化的结果，即万物呈现出融合一体、不可分割的"和"的状态。要达到这种"和"的状态，需要以"合"为方法和过程，不仅音乐本身通过乐之节奏与天地节律之"合"，而达到乐与天地之"和"，人也要通过将自己的生活融化在音乐的节奏中这一合天地、敬天地的方法，从而达到天人之和的美好栖居状态。不得不说，律历融通学说是古人朴素的生存智慧和诗意的理性的结晶。相对于西方"天人相对"（主客二分）的认识论哲学模式，中国的"天人合一"思想可谓古典形态的"生存论"哲学思想：它首先指向人的一种"在世关系"，即人与包括自然在内的交融一体的"世界"的关系①,站在人与自然本为一体的生存论立场,认为包括天或自然在内的万事万物都是可以互通互感、交融无碍的交互主体关系,所以,中国古代的天人合一智慧呈现出人与自然亲合无间的一种审美的生存状态,人对天地自然的体察不仅着眼于规律之真,更立足于生存之和谐、情感之深沉。这种对具有内在的生命力和生命创造的特性的自然的敬畏和感激形成了中国人特有生存方式、思维方式和艺术表达的统一。

二、琴器:自然属性的人文阐释

古琴琴器主要由丝和木两种自然物质构成。琴材取自天然,琴制法天象地,充满了人、自然与器物之间的生命联系。

(一)琴材之选择

文人雅琴,首重琴材;琴有四美,首推良质。《尚书·禹贡》有"峄阳孤桐"之语;桓谭《新论》指出,神农氏削桐为琴,以绳丝为弦。《太古遗音》谓:"惟桐之材,其心虚而理疏,理疏则虚,不特其心而在体。举则轻,击则松,折则脆,抚则滑,谓之四善。"②由于桐木材质疏松脆滑,出音透彻清长、深厚悠远,又具有温润的触感,是理想的制琴材料。然而,文士琴人常常将人文理想结合琴材的自然属性,对于琴材的选择往往没有"出音优良"那么简单和纯粹。

---

① 曾繁仁:《美育十五讲》,北京大学出版社 2012 年版,第 122 页。
② 《太古遗音·琴材论》,见范煜梅编:《历代琴学资料选》,四川教育出版社 2013 年版,第 102 页。

历代琴论将人文理想结合琴材自然属性的理路大致有三种。

首先，琴材与自然环境之间具有感通性关联。古人认为，音之美首先源于琴材之良，琴的音色特征就是琴材生长环境的回响。琴材在其生长的自然环境的感应下，蕴含了各种自然之声，所谓良地出良材，良材出妙音。嵇康《琴赋》、朱长文《琴史·尽美》所描绘的自然清丽和谐的生长环境孕育了制琴良才。如，《琴史》云："言其材者，必取于高山峻谷，回溪绝涧，盘纡隐深，巉岩岖险之地，其气之钟者，至高至清矣。雷霆之所摧击，霰雪之所飘压，羁鸾独鹄之所栖息，鹂黄□□之所翔鸣，其声之感者，至悲至苦矣。泉石之所磅礴，琅玕之所丛集，祥云瑞霭之所覆被，零露惠风之所长育，其物之助者，至深至厚矣。"[1]《太古遗音·琴有九德》也将琴材的"滑"与"古"归为"缘桐之所产，得地而然也"。如，质泽声润，当用"近水之材"[2]。诸城派琴人王心葵也说："桐所植得水则无焦裂之音，得砂则无重滞之音，得石而清，得宝而厉，得宝藏非常之物而资焉。则有非常之音，得滩漱钟鼓之声日闻焉，则其音达越而扬矣。夫金石宝藏之气，钟鼓之声，感于外，是谓材之良也。"[3]如此，琴材深深扎根于大自然中，获得了与自然相通的气质与灵性。

对于新材是这样，对于旧材的选择亦循此道。王心葵《斫桐集·选古材论》从六个方面讲述对于旧材的选择："当选古材可用

---

[1]朱长文：《琴史·尽美》，见范煜梅编：《历代琴学资料选》，四川教育出版社2013年版，第105页。

[2]《太古遗音·琴有九德》，见范煜梅编：《历代琴学资料选》，四川教育出版社2013年版，第136页。

[3]王心葵：《斫桐集》，《音乐杂志》1921年第2卷第五六号合刊。

者有六,一曰朽槎,二曰木鱼,三曰鼓腔,四曰钟杆,五曰饭甑,六曰梁柱。"①王心葵从旧材所缘地与旧时功用对其产生的物理影响论述琴材之选择,木鱼为释氏惊醒集众之法器,同鼓腔钟杆一样,需取"其声发扬"之桐;工匠刳桐为甑,需取桐之"大而轻"者。如此旧材,都易于发出良好的琴音,所以,木液之所由竭者(即木质松透、足够干燥)都可以成为良好琴材。琴之选材与斫制,是琴人慧眼独具与自然天成的结合,亦是对人与自然是否配合默契的考验。

第二,琴材与君子理想之间具有象征性关联。制琴良材生长在自在的大自然之中,充满灵动自由的生命感,因而成为人的自由心境和自我生命体认的象征。嵇康《琴赋》将古琴材质置于自然的山水雄秀之中,如"指苍梧之迢递,临廻江之威夷""玄云荫其上,翔鸾集其巅,清露润其肤,惠风流其间"②等皆可视为以琴材生长环境为君子的自我期许。木材散发着自然而然的气息,引导人回到无欲自在的生命的本然。凡此种种,实际上正是嵇康道家"生命祈向"③的蕴藏,而这种生命祈向的核心正是自由。大自然钟灵毓秀,充满灵动自由的生命感,以其自然的生命节律与人类心灵自由异质同构,对它们的审视和欣赏都蕴含着人对于生命自由的渴望。

第三,琴材与乐器使用规则之间具有生命伦理性关联。乐器在中国古代具有极为复杂的意义,绝非仅为发声的工具。综合而言,琴与其他传统乐器一样,具有一套时空统一的自洽的属性和

---

① 王心葵:《斫桐集》,《音乐杂志》1921年第2卷第五六号合刊。
② 戴明杨:《嵇康集校注》,中华书局2015年版,第127页。
③ 李美燕:《琴道与美学》,社会科学文献出版社2002年版,第267页。

使用规则。由于琴弦的物质基础——蚕丝成于夏季，因此弦和琴一起被赋予了火的五行属性，也相应地具有了乐器使用的方位属性（南方）、时节属性（夏）和卦气属性（离）。丝本属八音体系，西周时期的"八音"之说——金、石、丝、竹、匏、土、革、木，即按照乐器制作材料的不同而进行的分类描述。但是，由于阴阳五行思维的介入，由乐器的材质而产生的八音分类系统，被纳入八方、八节、八风，甚至八卦的对应统一系统。

八音与方位和卦象相对应有两个理论根源。第一是根据八类材料生成的时节与方位的统一性。《四书图考》（利卷）中说："以八音之方言之——金石则土类也，西，凝之方也，故三者在西。匏竹则木类也，东，生之方也，故三者在东。丝成于夏，故在南。革成于冬，故在北。"①如此，乐器依类对应于四方。以金、石、土类几乎不含生命气象的材料制成的乐器，配于西方。以竹、木、匏之类以植物为材料的乐器配置与东方，因为竹、木等在春天生发，用这类材料制成的乐器为生命开始的象征。蚕丝成于夏天，所以丝类乐器配南方。革类材质成于冬天，所以配北方。不仅如此，按方位与卦象的对应，琴的五行性质为火，卦象属性为离。实际上，古人为了解说琴的五行和卦象属性，可谓绞尽了脑汁。《太古遗音·丝附木论》说："八音皆有声。圣人用而作乐，独丝不能自为声，而声出于木，盖蚕与马同气。马火畜而丝火音矣。……是以知琴为南方之器，而于卦属离。"②由于丝为蚕所与，而马为火畜，所以丝获得了火的五行属性。罗艺峰对这个问题有段总结

①《四书图考》，转引自罗艺峰：《空间考古学视角下的中国传统音乐文化》，《中国音乐学》1995年第3期。
②《琴曲集成》第1册，中华书局1981年版，第25页。

性的回答:"南方《离》卦,离为日光,北方《坎》卦,坎为月精。日是太阳。月是太阴。太阳是乾,太阴是坤。所以,古人在认为蚕为火质时,必以丝配夏天,夏正是在南位,故琴瑟类乐器配在南方'离'卦。"①在汉易的"四正"系统中,坎、离、震、兑四正卦分别对应冬至、夏至、春风、秋分。丝对应离卦、夏至,所以,有"大琴曰离"(《尔雅》),"琴,禁也,夏至之音"(《旧唐书·音乐志》)等说法。

　　八音与方位和卦象相对应的第二个理论根源是乐行八风的观念。《国语·周语下》说:"铸之金,磨之石,系之丝木,越之匏竹,节之鼓而行之,以遂八风,于是乎其物滞阴,亦无散阳,阴阳序次,风雨时至,嘉生繁祉,人民合利,备而乐成,上下不罢,故曰乐正。"②《左传》孔颖达疏谓:"八方风气寒暑不同,乐能调阴阳,和节气,八方风气由舞而行,故舞所以行八风也。"③在律历相融通的文化语境中,古代乐师有司乐与辨气的双重功能,考察气与音是否和谐是他们的重要职能。《周礼》云:太师"掌六律六同,以辨天地四方阴阳之声,以为乐器"。可见,乐器与四方之声相对应,其背后的原因在于其与天地四方阴阳之气,亦即风的联系。所以,八风、八音、八卦在根本上是可以统一的。音正则气正,气正则人民合利,嘉生繁祉。乐器对应着八方与八风,成为天地间阴阳相生秩序与生命伦理法则的象征。

①罗艺峰:《空间考古学视角下的中国传统音乐文化》,《中国音乐学》1995 年第 3 期。
②蔡仲德:《中国音乐美学史资料注译》增订版,人民音乐出版社 2007 年版,第 15 页
③蔡仲德:《中国音乐美学史资料注译》增订版,人民音乐出版社 2007 年版,第 28 页注⑤。

（二）琴制之制定

琴是古之圣人"上观法于天，下取法于地"的产物，琴之制度是符合天道运行原则的自然宇宙秩序和人间礼乐秩序的象征。琴之制度与天上地下、天圆地方的阴阳交泰之象相符，也与期日、六合、八风、四气的天道自然之数相合。于是，古琴琴制出于自然并合乎天地自然运行之道，而抚琴则仿佛是与天地自然虔诚的交流。不仅如此，琴制与人间礼乐秩序之间具有象征性关联。历代琴人都认同以琴的前广后狭对应尊卑之象，以琴弦的宫商角徵羽对应君臣民事物之道，从而，人伦之道规定琴之制度，以期达到"通万物而考治乱"的目的。礼乐是维系古代社会关系的重要制度。按古人的逻辑，人是自然的有机组成部分，天地自然不仅赋予人以生命，更赋予人由夫妇、父子、君臣、上下、礼义所构成的人伦秩序。《易传·序卦》称："有天地，然后有万物；有万物，然后有男女；有男女，然后有夫妇；有夫妇，然后有父子；有父子，然后有君臣；有君臣，然后有上下；有上下，然后礼义有所错。"人间社会的秩序本源于天地，这就从源头上讲明了礼乐之道源自自然、合于自然的合理合法性。既然礼乐之道是合理合法的，那么由它来决定的琴制自然也获得了合法性。

更重要的是，由于五音是按三分损益法上下相生而得出，须遵循严密的数理秩序，这种数理秩序和数理规则就是音律的自然之理。罗艺峰指出，《史记·乐书》中所说的"弦大者为宫，而居中央，君也。商张右傍，其余大小相次，不失其次序，则君臣之位正矣"，其实是在描述五音本身的音律法则。按律数大小排列，宫（81）邻着商（72），商邻着角（64），角邻着徵（54），徵邻着羽(48),这是"重以统轻,大以生小"的音律顺序①,而非政治迷信;符合律数的自然之理、五音安其位而不相夺,才能"比音而乐之",才能形成和谐的音乐。继而,古人将音律本身的秩序推及人间秩序,以音律学推及伦理学,以自然数理关系的秩序同礼乐伦理秩序相类比,以期产生男女不易其所、君臣不犯其位、下不思上之声、君不欲民之色的各安其位而不相夺人间伦常法则。而这种各在其位的平衡和秩序法则,其实就是中国古代"万物并育而不相害"的中和论的思想,如《礼记·中庸》所说:"致中和,天地位焉,万物育焉。"在这种中和论情怀中,琴弦与君臣民事物的礼乐之道、君臣父子上下的政治伦理秩序获得深度的象征性关联,琴本身也获得了伦理内涵;这也成为君子以琴持禁养心的理论根源。

三、琴技:一气呵成、心手相应的自然之道

抚琴,无须义甲,无须弓、拨,是人的身心与丝桐的两相碰撞与交汇,手指挥洒,心灵盘桓。

从态度上说,音乐是用音声的形式将人内心的所思所感形诸外,是一种自然而然、不造作、不得不发的情感的自然流露。《乐记·乐象》云:"乐不可以为伪。"薛易简《琴诀》说:"古之君子皆因事而制,或怡情以自适,或讽谏以写心,或幽愤以传志。"②此"不

---

①罗艺峰:《中国音乐思想史五讲》,上海音乐学院出版社 2013 年版,第238 页。
②(唐)薛易简:《琴诀》,见蔡仲德:《中国音乐美学史资料注译》增订版,人民音乐出版社 2007 年版,第 555 页。

伪"与"因事而制"，即可理解为"不得不发"，即乐因情而发，与为作乐而造情相对。琴人内心和乐而作"畅"，心绪悲愁而作"操"，性情宽泰而作"弄"，可见，抚琴是或悲或喜、或通达或独善的情志的毫不矫揉的流露，是借双手奏出乐音而自然将心声外显。琴总与士人生命征途的体验密不可分、相互回应，无论是修身养德，还是抒发心志，"君子常御者，琴最亲密，不离于身"（《风俗通义·声音·琴》）。古人将琴视为亲密的伴侣，将情感宣泄于琴，将好恶倾之于琴，慨叹世事，自我审视。嵇康曾说："但愿守陋巷，教养子孙，时与亲旧叙阔，陈说平生。浊酒一杯，弹琴一曲，志愿毕矣。"①如此随性自然的适意生活饱含了心灵的素朴与宁静，"弹琴一曲"乃是其平生所好，琴是其心灵深处的抚慰。白居易《对琴待月诗》将琴作为"老伴"与"知己"："竹院新晴夜，松窗未眠时。共琴为老伴，与月有秋期。玉珍临风久，金波出露迟。幽音待清景，唯是我心知。"元人抱琴酣睡："白日孤峰上，紫云双涧边，饥有松花渴有泉。仙，抱琴岩下眠"（张可久《金字经·仙居》），明人亦将琴为枕为侣："如此情怀懒看书，高枕着瑶琴听雨"（汤式《北双调沉醉东风·适意》），"你那里问西楼秋夜如何，我这里顺天时保养天和。月明时开樽浩歌，露凉时枕琴高卧"（王磐《张尧臣有柬问余秋夜何如歌此戏答》）。在浪漫洪流的影响下，李贽以"琴心说"要求音乐真实地倾诉心中之不平，表达人之自然性情，所谓"声色之来，发于情性，由乎自然"。② 与琴相对，既有如临长者、

---

① （魏）嵇康：《与山巨源绝交书》，见戴明扬：《嵇康集校注》，中华书局 2015 年版，第 180 页。
② （明）李贽：《读律肤说》，见蔡仲德：《中国音乐美学史资料注译》增订版，人民音乐出版社 2007 年版，第 703 页。

正襟危坐的严肃与规矩，又有枕琴而卧、携琴悠游的自得与亲切。古人对琴的执着与喜爱，首重一份情感的深意，并将此深情化入自我生命，从而与琴不可分割。

从技法上说，古琴演奏技巧颇多，却反对急弦高调、繁手淫声，尚雅崇淡。待繁多的技巧内化为心手相应的自如，则可谓绚烂之极归于平淡。刘承华尝从对技巧的超越、对谱本的超越、对演奏的超越三个方面分析抚琴之道的从容自然、无拘无束，指出琴家并不轻视技巧，在技巧的习得之后要消解对它的执着，重视自身生命感觉和乐曲的情感意境的把握，使琴乐始终贴合着人的生命；对谱本的超越，即不拘泥于谱本，在原有乐曲的基础上融进自我生命体验，或更广阔的人生内涵；对演奏的超越，即指心、谱、手、弦之间的默契与统一，无须再过多考虑心与谱、手与弦之间的关系，演奏成为琴人生命展开的方式，所谓"弦指两忘，声徽相化"，浑然相忘其为琴声。这种弦指相忘、忘其为琴境界，是对严苛规矩内化后的自如，是对演奏的超越，更是对鲜活生命状态的激发。

《琴瑟合谱·凡例》说："古人作谱，皆有感于中，借琴瑟以鸣诸外，故凡一字一句，一段一操，俱浑涵连络，一气呵成，乃为尽善尽美。"音乐与书法一样，是"线"的艺术，琴人所谓"弦声断而意不断"，仿似书法中的"乍连若断都贯串"（饶宗颐语），乃气脉连绵不断，生命之流贯穿始终，仿佛是宇宙生命的"一笔运化"。音乐的线条契合了琴人主体之情与自然宇宙之气，呈现出生命的节奏和天然的气韵。唐人孔颖达说："人以气生，动皆由气，弹丝击石莫不用气。"[1]无论古今，弹琴均强调"一气呵成"，甚至有琴谱直

---

[1] 蔡仲德：《中国音乐美学史资料注译》增订版，人民音乐出版社 2007 年版，第 43 页注（13）。

言《广陵散》"如元人一幅气韵山水"。宗白华曾说，气韵是宇宙中鼓动的万物之节奏与和谐，生动即艺术创作的热烈生气。因此，古琴之韵致，绝不仅仅是悦音带来的审美效果，更是一种生命充盈、天然真淳的美好感受。明代张岱提出"练熟还生"，这里的"生"不是指因不熟悉而产生的生涩和笨拙，而是指一种风致盎然的生命张力和精神气象。许多画家在习得高超技法后，反而会弃巧而复拙，力图回到儿童画般的"稚拙"，抚琴亦是如此。"巧"，被认为是娱乐他人之伪饰，而"拙"可以说是真性自露，是对天真生命状态的向往，生拙或气韵生动则是由生命气象带来的节奏美感。

"气"是中国古代哲学和美学视域中宇宙万物的生命本源，阴阳二气之摩荡自然生成万物。这是宇宙的自然规律，无论作文吟诗还是抚琴，都须以此自然规律为法。气脉之连绵，劲力之强弱，正是古琴艺术淡中有味、疏处传神的审美理想之成就。来自于由左手吟猱绰注的运动带来音的简化与延长的审美效果，会产生大量听觉上时有时无甚至是空白的效果，旋律在空白中流动，音与无音、声与无声之间发生了虚实相生、虚就实来的一呼一吸般的奇妙关系，琴曲获得了生命节奏般的韵律，如同徐上瀛所谓的"纡回曲折，疏而实密，抑扬起伏，断而复联"[1]。有时会产生琴谱中记有音高，左手仍有指法运动却并没有乐音发出的现象，称之为"虚声"或"音的飞白"[2]。虚声并不是无声，而是与将要到来的"有声"形成张力，产生声似断、意犹连的韵味，使琴乐有空灵、静

---

① (明)徐上瀛：《溪山琴况》，见蔡仲德：《中国音乐美学史资料注译》增订版，人民音乐出版社 2007 年版，第 734 页。

② 罗艺峰：《中国音乐的意象美学论纲》，《交响》，1995 年第 2 期。

雅之韵。这种虚就实来的方式即《周易》中所说的"一阴一阳之为道"的阴阳相生的生命之道、自然之道。阴阳冲和,万物之始。万物乃阴阳二气交感而成,翕辟间形成了节奏化的生命之动。这气之冲和即是万物生命产生之根源,又决定了万物生命流行之节律。在古人眼中,音乐也是先王法地气上齐、天气下降的阴阳施化的道理而作。而音声之有无相生,如同天地阴阳之气的摩荡,走手音造成的空白或断续,具有"超逸、脱出之势,给人以趋于深远、无限之感,产生出与'道'合一的效果"①。可以说,古琴艺术的审美实践与审美理想与中国传统的气论生命观相一致,通过有声与无声、实声与虚声、疏声与密声之对立对比,无声之涵容万有之,妙得以逐步呈现、澄明。

从抚琴的环境选择来说,《太古遗音·琴有所宜》云:"凡鼓琴必择明堂净室,竹间松下,他处则未宜。"抚琴以林间、水畔、月下、山巅为妙处,自然山月水云不事人为造作,是自然而然的理想生命状态的象征,是人体悟此天地自然之道的依托。琴声清淡,琴心益然,琴境奥远;对抚琴环境的审美观照蕴含着强烈的生命意识,环境不仅是身之所处、目之所瞩,更是意之所游。鼓琴是士人自我生命的舒张,忘记了功名的羁绊,甩掉利禄的枷锁,人的小宇宙与自然天地的大宇宙节律共振,自然的"生意"向澄澈的人的襟抱敞开,琴曲之境亦随之生出。南宋赵希鹄《文会堂琴谱》说:"若幽人逸士,于高松大木或岩洞石室之下,地幽境寂,更有泉石之胜,则琴声愈清,与广寒月殿何异也。"②因此,鼓琴的自然环境实

①刘承华:《古琴艺术论》,江苏文艺出版社 2002 年版,第 12—13 页。
②蔡仲德:《中国音乐美学史资料注译》增订版,人民音乐出版社 2007 年版,第 144 页。

为自然场域与琴人心理场域的合一。《玉鹤轩琴学摘要》有"十二宜弹"，即遇知音宜弹，遇高人宜弹，荷香解愠宜弹，蕉雨洗思宜弹，花落披衣宜弹，目送飞鸿宜弹，停舟渚宜弹，雪晴梅放宜弹，几净窗明宜弹，风清露白宜弹，孤灯凄寂宜弹，伤心难语宜弹。内心的情感不发不快，自然的阴晴晦明，花落雪住，默契于人之心灵，自然环境的清朗，琴人心境的悠然，琴声之深远谐和融洽，构成了琴境之如月印秋江般清澈空灵。

自然山水是鼓琴和人居的理想之地，将自然物象引入人居环境的园林亦然。嵇康有闲夜小轩、朗月微风、鸣琴在御，宋人朱长文亦有乐圃琴台，小亭、池塘、竹林、琴台，正是一派日常生活的场景。所以，操缦的自然环境亦常与琴人的生活环境相统一。《十一弦馆琴谱》尝记琴人铁云等三人于园中合奏的情景："每当辰良景美，铁云鼓琴，张君弹琴，赵君吹箫，叶广陵散等曲。三人精神与音韵相融化，如在曲江天下第一山山顶。明月高悬，寒涛怒涌，尘嚣回绝。天籁横流，人耶琴耶情耶景耶俱不得而知矣。"园中有山有水，有楼可望月，有台可望翠，抚琴于其中，正是人与琴、情与景的相融相化、无分彼此。园林兼顾了林水之野趣与家居之安稳，可谓"中隐"之境，人将自我安置于中，畅快地呼吸吐纳，自在地抚琴。如此诗意的园林环境直教抚琴与生活合为一体，生之悲欣与抚琴之愉悦相融相化，正是生存观与审美观的统一，是生活乐境和审美胜境的结合。"松下听琴，月下听箫，桐边听瀑布，山中听梵呗。"天人一体，相恋两相依，既是抚琴之道，也是人生理想。人选择环境，也审视自我。中国古代对于自然环境投之以深深的情感的依恋，自然环境是人的生命之源，是人的生存依托，人对环境的依恋感可以被称为"家园感"。自然对象对于主体是一种肯定性的情感评价，人就会处于一种"在家"般的自由栖息的状态和审美生存的状态①。鼓琴与环境，正是这样一种融合了审美愉悦与生命畅达的关系。山水，修琴，乃是通往生命与自然融合、达至自由栖息的途径。

四、琴品：清微淡远、中和
自然的审美崇尚

　　作为艺术的理想和批评标准的"自然"，主要表现为对人为造作、刻意雕琢的排除，强调平淡、素朴、浑然天成的审美风格。这一点历代的艺术家与理论家都曾言及。宗白华曾引用《易经》贲卦来说明中国古代艺术所追求的平淡自然之美，反对情感的过度和技巧的逞强。《周易》贲卦上九爻辞云"白贲，无咎"包含了两种美的对立。贲者，饰也，"贲本来是斑纹华采，绚烂的美。白贲，则是绚烂而复归于平淡。"②宗先生指出，最高的美，乃是本色的美，即"白贲"。"贲象穷白"，是从绚烂复归于平淡的"极饰反素"，是可贵的素朴的返归于自然之原本。

　　音乐艺术亦然。宗白华用"华堂弦响"和"明月箫声"来形容中西音乐的不同。西方音乐讲究和弦重叠、对位呼应，旋律密实华丽。琴乐音淡声稀，气疏韵长，未有繁声促节，要用最少的音符来表现最丰富的意蕴。在中国传统文化中，儒家主张"大乐必易，大礼必简"（《乐记》），"乐而不淫，哀而不伤"（《论语·八佾》）的易简、中和之品格；道家主张虚静、恬淡、无为，"大音希

---

① 参见曾繁仁：《生态存在论美学视野中的自然之美》，《文艺研究》2011 年第
　6 期。
② 宗白华：《美学散步》，上海人民出版社 2000 年版，第 45 页。

声,大象无形"(《老子·四十一章》),使得琴乐呈现出曲淡声希的面貌。徐上瀛在《溪山琴况》中用"希夷"与"太和"二境概括了古琴音乐的至高境界。"要之,神闲气静,蔼然醉心,太和鼓畅,心手自知,未可一二而为言也。太音希声,古道难复,不以性情中和相遇,而以为是技也,斯愈久而愈失其传矣。""古人以琴能涵养情性,为其有太和之气也,故名其声曰'希声'。"①"太和鼓畅","畅"与"畅"相通,内指人情生命的畅达,外指自然万物的繁茂。太和之气,即阴阳冲和交汇之气,太和之境是极为和谐的境界。叶朗先生指出,所谓"太和"(或"道"),即"个体生命的意义与永恒存在的意义合为一体,从而达到一种绝对的升华"②。可见,琴之"希声"实乃"太和之气"的显现;琴境即是通过旋律上的清远疏淡希夷,达至个体生命与宇宙万物自然生命浑然一体的"太和之境"。

　　总体而言,古琴艺术以清微淡远、中和自然为尚包含三个层次:

(一)古琴艺术疏淡平静,符合中和有度的乾坤易简之道

　　古琴音乐十分推崇清与淡,相关范畴如清和、淡和、疏淡等。在西洋音乐发展表现为音的繁复华丽组合时,中国的古琴返归于音乐之"寡"③。这个"寡"表现为旋律的清淡和中和有节的情感

---

①徐上瀛:《溪山琴况》,见蔡仲德《中国音乐美学史资料注译》增订版,人民音乐出版社 2007 年版,第 734、768—769 页。

②叶朗:《美学随笔〔十篇〕》,《文艺美学研究》第 1 辑,山东大学出版社 2002年版,第 298 页。

③章华英:《古琴音乐与东方哲学》,《中国音乐》1991 年第 3 期。

表现,根源于《周易》的易简之道。《周易·系辞上》言:"乾以易知,坤以简能。易则易知,简则简从。""易",有简易之内涵,《周易》用阴、阳二卦的相生相克关系对世间的纷繁复杂做出简化处理。乾坤为天地阴阳之道,万物的化生繁衍都源自二气冲和,这是宇宙间最简易之道、最自然之理,无论为人为事还是为乐,都需遵从此易简之道。《乐记·乐论》讲"大乐必易,大礼必简。乐至则无怨,礼至则不争",即是以天地阴阳和谐为法,作至易至简之礼乐,以合于自然之道的礼乐框定人伦秩序之道,达到使民无怨、不争的功效。阮籍《乐论》说:"乾坤易简,故雅乐不烦;道德平淡,故五声无味。不烦则阴阳自通……此自然之道,乐之所始也。"①乾坤简易,所以雅乐并不繁复;不繁复,阴阳就自然通畅。虽然音乐是内心情感的自然不伪的流露,但要使其合乎乾坤易简的自然之道,需"乐盈而反"(《乐记·乐化篇》)。"反",有自我抑止之意②,即将此充沛的情感予以节制,使其中和有度,不恣意放纵,并以返回清静平和的本然状态为理想。古琴艺术既强调人心的涵养、淡泊,也强调技法的适度与有候,如重而不虐、轻而不鄙、疾而不促、缓而不迟,人品与琴品的结合造成了古琴人静即声淡、淡则和至的审美效果,清淡琴音中蕴含着真诚宽厚的人生理想情怀。徐上瀛的《溪上琴况》以"和"领起,其后首推"静"。审音之道,指躁则声厉,指浊则声粗,指静则声希。琴声的稀疏有味,出于指下功夫之沉静,如若下指急躁重浊,则出音猛厉粗糙。然而,"静由中出,声自心生,……惟涵养之士,淡泊宁静,心无尘翳,指

---

① 阮籍:《乐论》,见蔡仲德:《中国音乐美学史资料注译》增订版,人民音乐出版社 2007 年版,第 418 页。

② 孙星群:《大乐必易之识析》,《人民音乐》1994 年第 8 期。

有余闲，与论希声之理，悠然可得矣"。① 静音实乃发自于内在心境之安宁平和，唯有雪躁气、释竞心，内心深沉清静者，方能做到指下扫尽炎嚣，琴音纯净无喧杂。

静与清相关。徐上瀛云："心不静则不清，气不肃则不清。"②抚琴必须心静气肃，专注去尘。从不杂尘埃的水之性，到清浊对举的音之高低适耳，"清"这一范畴逐渐获得了情感和道德意蕴。荀子以"清"作为自然自在之天和人为之音乐间的共性，天清而纯粹，音乐也可以使人如天般清澈、无私无欲、涵容万物。《荀子·乐论》认为，音乐"其清明象天，其广大象地，其俯仰周旋有似于四时，故乐行而志清，礼修而行成"，西汉桓谭认为《舜操》之声"清以微"、《微子操》之声"清以淳"，嵇康《声无哀乐论》强调"不虚心静听则不尽清和之极"，都揭示乐音之清、境界之清与人心之清的统一。唐人常建《江上兴琴》诗云："江上调玉琴，一弦清一心。"古琴声响低微，韵味细腻，无论演奏还是听赏，都需清心静气以待之。而琴声的细润又足以入人性灵，使人妙合于天的澄明、旷远与涵容。丁承运指出，"清"既是艺术家力图表现的"天地宇宙本来精神的'乾坤清气'"，也是文人逸士"冲远高洁的胸襟"③。艺术中清静旷远的境界，既来自于文士去浊远秽的理想人格，又是此心无尘翳的理想生命形式的有力滋养。

徐上瀛以清泉、白石、皓月、疏风、林木、波涛、山谷等意象，描

---

① 徐上瀛：《溪山琴况》，见蔡仲德：《中国音乐美学史资料注译》增订版，人民音乐出版社 2007 年版，第 739 页。

② 徐上瀛：《溪山琴况》，见蔡仲德：《中国音乐美学史资料注译》增订版，人民音乐出版社 2007 年版，第 741 页。

③ 丁承运：《解读严徵——虞山琴派风格的形成与审美判读》，《第二届古琴国际学术研讨会论文集》，齐鲁书社 2011 年版，第 32 页。

摹琴音与人心的冲淡之境。"琴之为音,孤高岑寂,不杂丝竹伴内。清泉白石,皓月疏风,翛翛自得。"琴音本淡,琴人需有同样淡泊的生命体验,抚琴时不着意于求淡,才可自然与古淡之妙相遇。"山居深静,林木扶苏",便是尘嚣尽扫、无心尘翳的至音真趣。"吾爱此情,不求不竞。吾爱此味,如雪如冰。吾爱此响,松之风而竹之雨,涧之滴而波之涛也。"①冰雪,松风竹雨,涧滴波涛与颇具遗世独立之致的深山邃谷,老木寒泉,风声籁籁一起成为雪躁气、释竞心的不求不争之情的象征,不求不争即是老庄所言"恬淡""无欲""无为"的"自然"(自由)状态。形而下的物是形而上的理想状态的显现,以自然物象象征形而上的自由,则此物境将琴的自由之境、审美之境直接呈现出来。

抚琴不可取悦于自我感官欲求,也不可刻意取悦于他人与时俗,但求合真情于恬淡之中,如此以和雅的气度和真诚的心意抚琴,则淡自臻、味自恬。徐上瀛所谓的"以性情中和相遇"②,意即抚琴乃发自贞正之心绪和适度之情感表现,使乐曲清淡、深邃、简约,如此方能与天地自然之道相合。因此,琴乐易简之尚,正是以乾坤自然之道、自然之理为依据的。

(二)古琴艺术悠远希夷,符合周行不殆的自然之道

走手音造成琴乐渐渐远逝,直至难以察觉,此可谓希夷之境。老子视远去、消逝、复归为自然或道的"周行而不殆"的过程:"吾

---

①徐上瀛:《溪山琴况》,见蔡仲德:《中国音乐美学史资料注译》增订版,人民音乐出版社 2007 年版,第 747 页。
②徐上瀛:《溪山琴况》,见蔡仲德:《中国音乐美学史资料注译》增订版,人民音乐出版社 2007 年版,第 734 页。

不知其名,字之曰道,强为之名曰大。大曰逝,逝曰远,远曰反。"
(《老子·二十五章》)。一方面,阴阳二气的流转之道形成了万物
生命的节奏,这一节奏即"道"由远而返、由返而远,终而复始、周
行不殆的无所不至、无穷无止的过程。另一方面,"反"还有"复
命""归根"之意涵(《老子·十六章》)。音乐是宇宙秩序的象征,
琴乐的希声之境即合此自然之道。徐上瀛《溪山琴况》用三个阶
段来形容琴乐之"迟"即"希声"之境:"希声之始作":"从万籁俱寂
中冷然音生,疏如寥廓,窅若太古,悠游弦上,节其气候,候至而
下,以叶厥律",即抚琴开始前要庄重澄澈、气度舒缓、深思高远,
音声自万籁俱静中自然而出。"寥廓",指宽广清明的天空。"希
声之引申":"或章句舒徐,或缓急相间,或断而复续,或幽而致远,
因候制宜,调古声淡,渐入渊源,而心志悠然不已",乐曲渐渐舒
展,或快慢相间,或似断实连,渐入深沉与渊远。"希声之寓境":
"复探其迟之趣,乃若山静秋明,月高林表,松风远拂,石涧流寒,
而日不知晡,夕不觉曙"。在往复低回、渐虚渐微的旋律中,琴乐
趋向与自然大化的冥合,由疏淡之"有声"而入希夷深远的"无声"
之境,不仅返回到万籁俱静冷然音出的初始状态,或者说回归到
"乐出虚"的音的本原状态,更重要的是,返回到人之自我深心的
初始,促使心灵苏醒和复归。

需要指出的是,古代琴论多有以琴"修身理性,返其天真"之
谓。天真,即原初美好的真心、湛然中足的本性。儒家将"真"归
为道德心性之"诚",道家将"真"归为对天和自然的顺应。可见,
无论儒道,真都有自然、自心、纯净无伪的含义。《乐记·乐本篇》
有"反躬"和"反人道之正"的说法,"反躬",即返回到由自然之天
所决定的善良的本性;"人道之正",也是中正无邪的天赋善性之
意。在古人眼中,人的良善美好的本性是天赋的、自然的,但是这

一美好的本性常被外在知识与欲望所遮蔽,所以要通过包括音乐在内的各种修为和恭敬平静的心灵涵养功夫,而达至本性的回归、本然状态的还原。《乐记·乐论》言"乐自中出",这个"中"可以看作是无私无偏、天然美好的本性。古代乐论强调对本性的回归,正是通过"中声""德音"的感化而使人自我修复,回复到天然、端正的状态。王昌龄有《琴》诗云:"孤桐秘虚鸣,朴素传幽真。仿佛弦指外,遂见初古人。"《庄子·齐物论》中有"古之人"之说,与王昌龄之"初古人"一样,是自然真性完全之人,是朴拙的与自然造化同体之人,温和素朴的琴声仿佛能够让人回归远古的淳正天真,返回湛然中足的原初本性。徐上瀛所说的"修其清净贞正,而藉琴以明心见性"①,正有以琴之修为来滋养清净贞正的心性的意涵。

(三)古琴艺术心通造化,符合境入太和的审美超越之道

如果说疏淡平静的希夷之境主要体现为古琴艺术音乐形式上的审美特征,那么心通造化的太和之境则主要是说人通过鼓琴与听琴而获得的心境上的审美愉悦,将有限的听之以耳的弦上五声化为无限的会之以心的弦外之音。

嵇康《声无哀乐论》谓:"播之以八音,感之以太和。"②唐代道士司马承祯《素琴传》说:"希声通于反听,太和冲于浩然。"③徐上

①(明)徐上瀛:《溪山琴况》,见蔡仲德:《中国音乐美学史资料注释》增订版,人民音乐出版社 2007 年版,第 751 页。
②戴明杨:《嵇康集校注》,中华书局 2015 年版,第 328 页。
③(唐)司马承祯:《素琴传》,见范煜梅:《历代琴学资料选》,四川教育出版社 2013 年版,第 65 页。

瀛《溪山琴况》云："古人以琴能涵养性情，为其有太和之气也。"①
"太和"当来自《周易》"乾道变化，各正性命，保合大和，乃利贞"。
《周易》强调天地生养万物是"阴阳合德而刚柔有体"，朱熹释"大
和"为阴阳会和冲和之气。因此，所谓"太和"即构成自然万物的
阴阳二气醇和、协调的理想状态。嵇康、司马承祯与徐青山意在
通过气之醇和无分、冲和会合来指称音与手、琴与心、人与万物的
圆融互通的和谐境界。琴的太和之境可以做两层次的意涵解读：
一方面，技法的磨炼需功夫扎实稳固，音与意和、心与手和，圆融
无碍，通畅自如，如冷谦在《琴声十六法》中说："神闲气逸，指与弦
化，自得浑和无迹，吾是以知其太和。"②更重要的是，抚琴或听琴
最终要超越音声、超越自我，在空无妙有的无声境界中体悟宇宙
生命运行的大道、与万物融为一体，"见太和宇宙之盛美"③，体悟
万物"各正性命"的生命欢畅。古琴艺术通过疏淡之声而逐渐进
入"得之弦外"的"希声"的深层境界，是对感官和五声的突破过
程。抚琴的胜境，就在于超越音声，超越感官，从而与天地相合，
与万物相通。作为古琴艺术审美极境的太和之境，可以说是情感
体验的充实与哲学体验的静寂的统一。

　　首先看审美上的丰富与充实感。乐音的远去与消逝带来的
并非是思想的沉寂，而是体味万物生命活跃的充盈。它使人超越
了感官束缚，超脱了名利负累，进入"游心于淡，合气于漠，顺物自

---

①（明）徐上瀛：《溪山琴况》，见蔡仲德：《中国音乐美学史资料注释》增订版，
　　人民音乐出版社 2007 年版，第 768 页。
②蔡仲德：《中国音乐美学史资料注释》增订版，人民音乐出版社 2007 年版，
　　第 781 页。
③《伯牙心法》题解，《琴曲集成》第 7 册，中华书局 1981 年版。

然而无容私"(《庄子·应帝王》)的神游或静观状态。庄子之"游心",即任顺自然本性,不参以私意,令自我处于清净淡然无为的状态,亦即"使精神丢弃偏失之挂碍,走向自然无为,是一种由遮蔽走向澄明的过程"①。人在这种澄明与自由中体味着涵括了自然生机趣意与人生情境的弦外之意;渐逝渐远的琴音背后,孕育着情意的传达和"空故纳万象"的哲思。太和之境,与先秦时期"和而不同"的理念相关,其深意是万物生命的多样性。史伯的"和实生物,同则不继"的观念可以说是生命充实感的源头。宗白华曾说:"中国山水画趋向简淡,然而简淡中包具无穷境界。"②古琴艺术也是如此,无声希夷之妙境饱含着丰富幽深的生命朗境,让人知觉到无尽无穷的生命之动——从听觉的起伏到实际经验过的自然物象与心境——无论是山静秋明、月高林表、松风远拂、石涧流寒,还是天地风云、山川鸟兽、草木昆虫;无论是国之兴亡,还是身之祸福,既写之于琴,则呈现于心。古琴艺术内容丰富,表现力高超,天地自然、人情万物皆可入曲。表现心灵所领悟到的物态天趣,元代陈敏子《琴律发微·制曲通论》中说:"且声在天地间,霄汉之籁,生嵒谷之响,雷霆之迅烈,涛浪之春撞,万窍之阴号,三春之和应,与夫物之飞潜动植,人之喜怒哀乐,凡所以发而为声者……琴皆有之。"③琴曲中不仅有山水清音之摹写、山水理趣之沉思(如《高山流水》《潇湘水云》《山居吟》),有山水花鸟生灵盎然之天趣(如《梅花三弄》《平沙落雁》),更有人与四时流转之生命同构(如《阳关三叠》之春日送

①曾繁仁:《生态美学导论》,商务印书馆 2010 年版,第 238 页。
②宗白华:《美学散步》,上海人民出版社 2000 年版,第 29 页。
③蒋克谦:《琴书大全》,《琴曲集成》第 5 册,中华书局 1981 年版。

别,《南风》之夏日生意,《兼葭》之秋日凄凄,《长清》之冬日清气)。琴人常有曲终而沉思,甚至只是对着一张琴凝望冥想的行为,仿佛有悠远无限的旋律淙淙流淌在脑际,与琴有关的过往时光一并浮现。这是一种在希夷空淡中返归于生机盎然的生命体验的充实感与愉悦感。

其次看哲学上的空灵与静寂感。宗白华先生说:"伏羲画八卦,即是以最简单的线条结构表示宇宙万相的变化节奏。后来成为中国山水花鸟画的基本境界的老、庄思想及禅宗思想也不外于静观寂照中,求返与自己深心的心灵节奏,以体合宇宙内部的生命节奏。"①古琴艺术引领着人们以心灵的律动去体味自然生命的最深的节奏起伏,以与万物的生命节奏相体合。明朱厚爝《风宣玄品·鼓瑟训论》云:"德不在手而在,乐不在声而在道,兴不在音而在趣,可以感天地之和,可合神明之德。"②琴为修心养德之道器,当此境不再局限于个体与自我,放下我执的僵持,虚静之心蕴涵着万物的生命自然,而是用音乐的心灵去领悟宇宙的脉动,随着琴音之缥缈远逝而契会大自然的生动与活泼,由此走向与万物融合、与天地合德。

美感有不同层次,从对生活中的具体事物的美感,到对整个人生的感受,再到对宇宙的无限整体和绝对美的感受的提升过程,正是对个体生命有限存在和有限意义的超越过程。古琴艺术的太和之境,即是以努力超越一曲一事一物一己为理想,而去体验和感知宇宙自然整体生命的律动,获得天人合一的意趣。人的个体生命是有限的,但是古代艺术家会努力"把个体生命投入宇

①宗白华:《美学散步》,上海人民出版社2000年版,第132页。
②范煜梅编:《历代琴学资料选》,四川教育出版社2013年版,第246页。

宙的大生命('道'、'气'、'太和')之中,从而超越个体生命存在的
有限性和暂时性"①。陶潜张无弦琴,嵇康在归鸿与五弦间俯仰
自得、游心太玄,宗炳抚琴动操,欲令众山皆响,无不是超越了乐
曲与个体生命,从而获得了与深沉无限的自然宇宙体合为一的
感受。老子讲"大音希声",相对于五音之有声而言,"希声"即是
寂寂无声,包括音响的间歇与消逝。"希声",是对作为音乐艺术
的载体"五音"的超越,如同文学中"不着一字、尽得风流"的对语
言束缚的摆脱。庄子说:"有成与亏,故昭氏之鼓琴也;无成与
亏,故昭氏之不鼓琴也。"(《庄子·齐物论》)于道家而言,无声
是成,有声乃亏,然而"五音不声,则大音无以致"②,无为要通过
有为来说明,无声之境仍需弦上五音来呈现。因此,徐上瀛实际
上继承并诠释了王弼的思想,对"希声"之境的描述弥合了音乐
形而上的无声之追求与形而下的有声之表现。进一步说,弦上
五音当最终消融为无声,然而无声并非空无一物,而是蕴含着万
物生命律动的无限境界。而这一过程的最终完成,则需依靠人
之心灵的作用,心灵的自由的审美体验,使得人能够"执五声而
悟大音"③,通过琴乐的出有入无而自然达至与天地万物同和的
无限愉悦。

在讲中国的绘画艺术时,宗白华指出:"它所启示的境界是静
的,因为顺着自然的发展运行的宇宙是虽动而静的,与自然精神
合一的人生也是虽动而静的。它所描写的对象,山川、人物、花
鸟、鱼虫,都充满着生命的动——气韵生动。但因为自然是顺法

①叶朗:《现代美学体系》,北京大学出版社 1999 年版,第 212 页。
②王弼:《老子指略》,《王弼集校释》,中华书局 1980 年版,第 195 页。
③汪裕雄:《艺境无涯》,人民出版社 2013 年版,第 59 页。

则的(老庄所谓道),画家是默契自然的,所以画幅中潜存着一层深深的静寂。"①这种深深的静寂感与宗先生发现的律历哲学密切相关。按律历哲学为我们描述的宇宙框架,自然宇宙运行的大道具有音乐般的节律,自然之道,就是无首无为的至乐,就是顺而不夺、满溢于天地之间的自然律吕。从这个意义上讲,中国人的生活早已融化在这音乐般的节奏里。《庄子·天运》说:"四时迭起,万物循生;一盛一衰,文武纶经;一清一浊,阴阳调和,流光其声。""夫至乐者,先应之以人事,顺之以天理,行之以五德,应之以自然,然后调理四时,太和万物。"在汪裕雄先生看来,庄子意在指明宇宙间阴阳二气饱和消长,生成万事万物;先王当顺此天道,谐和二气,使得四时轮转有序,生命绵延不尽,使万物在和谐的节律秩序中舒展生命。阴阳相生的生命节奏充溢于天地之间,形成一首万物太和、流光其声的至真至淳的宇宙乐章,天地人都被纳入音乐的范畴。同时,宇宙的秩序定律与人的生命与心灵律动不相违背,同为一体。与以外在于人之生命的"数"的和谐作为缘由的古代希腊的"诸天音乐"或"宇宙和谐"②不同,中国古代音乐的节奏、宇宙的秩序、心灵的律动是"同型同态"③的关系。前者更注重体现宇宙和谐的自然界的音乐与由震动物体的数量关系造成的"人类音乐艺术"④在审美效果上的整合,而后者更注重情感体验与人生关怀的价值,生命的节奏如音乐般在天地间流动,无所

---

①宗白华:《美学散步》,上海人民出版社 2000 年版,第 147 页。

②朱光潜:《西方美学史》,人民文学出版社 1979 年版,第 33 页。

③吴毓清:《中国古代音乐思想与哲学中的"天人合一"观念——说一种传统音乐观》,《音乐研究》1987 年第 3 期。

④[奥]汉斯立克:《论音乐的美——音乐美学的修改新议》,人民音乐出版社1978 年版,第 96 页。

不在,无所不往。古琴艺术使人心通造化,在上下四方的空间与时间中与自然律动合二为一。弦上五音妙合,乃是天地至乐的显现;它引领人们以澄明淡然的自由之心体验天地万物的自然节奏,人得以与天地同游、获得与天地节律的同一感,从而获得深深的静寂。

第十章　汉画像："重生"主题

　　汉画像是汉代墓葬艺术,主要是汉画像石与汉画像砖。其数量之多与艺术水平之高,享誉世界。它产生于汉民族艺术走向成熟时期,综合了古代艺术精华,开启了中国传统艺术的几千年发展的辉煌历史。宗白华认为,"商、周的钟鼎彝器及盘鉴上的图案花纹进展而为汉代壁画,人物、禽兽已渐从图案的包围中解放,然在汉画中还常看到花纹遗迹环绕起伏于人兽飞动的姿态中间,以联系呼应全幅的节奏,顾恺之的画全从汉画脱胎。"①这段话很好地概括了汉画像在中国艺术史上的综合与开拓作用。潘天寿更是明确指出,"吾国明了之绘画史,可谓开始于炎汉时代"②,更明确地将汉画像视为中国绘画艺术的诞生地。实际上,汉画像不仅开启了我国绘画的新篇章,它所呈现的生命艺术主题、阴阳相生的艺术原则与线性的艺术特性,也成为整个中国传统生命艺术的辉煌开端。本书不使用"中国古代艺术",而是用"中国传统艺术"这一概念,这是因为很多中国古代艺术,如绘画、书法、戏曲与民间艺术等,仍然活在当下,以传统的形式呈现出来。更重要的是,

①宗白华:《论中西画法的渊源与基础》,见王德胜编选:《宗白华美学与艺术文选》,河南文艺出版社 2009 年版,第 87 页。
②潘天寿:《中国绘画史》,上海人民美术出版社 2007 年版,第 16 页。

中国传统的"天人合一""阴阳相生"等生命艺术之精神仍然影响着中国民众的基本思维方式、审美方式,甚至是生活方式,需要在新时代加以继承发扬。

一、汉画像的产生与研究

汉画像石最早出现在公元前 150 年前后的西汉文景时期,其代表是山东枣庄小山汉墓等,最晚出现于公元 300 年的三国魏晋间徐州茅村画像墓等,此后戛然而止。汉画像石的分布主要集中于黄河流域和长江流域,据初步统计,目前发现的汉画像墓葬 200 余座,画像石 1.5 万块左右,还有数量惊人的画像砖。汉画像内容涵盖天上、仙界、人间与冥界,包括天文星象、神仙传说、祥瑞升仙、官场礼仪、历史故事、居家生活、狩猎农耕、男女情爱、战争庖厨与乐舞百戏等,可以说囊括了汉代政治、经济、社会、文化与艺术的各个方面。

汉画像的出现,是汉代文化发展的结果。汉代是中国自秦以来进一步走向大一统的重要时期,也是汉民族逐步形成与强大的时期。这一时期的政治、经济与文化等各个方面的发展,都为产生成熟的民族艺术创造了充分条件。从政治上说,秦统一六国后,实施"车同轨,书同文,行同伦",以及统一度量衡等政策,使中国成为世界上少有的政治统一的国家。汉武帝时期,北抗匈奴,南抵北越,极大地拓展了中国疆域版图。刘邦在《大风歌》中唱道:"大风起兮云风扬,威加四海兮归故乡,安得猛士兮守四方",霍去病墓的"马踏匈奴"塑像,都形象地展现了国力强盛、疆域广大、民族统一的汉帝国的宏大、雄壮气魄。目前发现的汉画像墓葬,南起浙江,北到辽宁,东自胶东,西到甘肃,尽管各地域在图像上各具特色，但却显现出某种内在的统一性，充分说明汉代政治与文化上的强大统一性。在经济上，经过汉初的低赋税制度，与民休息，到汉武帝时期，经济得到极大的恢复和发展，经济上的富裕为当时盛行的厚葬之风提供了物质基础。同时，由于冶铁业的发展，也为墓葬的施工、雕刻工具的改进等，提供了方便条件。在文化上，汉代也为中华民族统一的文化艺术奠定了基础。汉初政治上推行黄老学说，加上当时的统治集团大多来自楚地，使与楚地所保持的具有原始巫术色彩的文化有紧密联系的道家学说流行于世，既为思想上的儒道融合创造了条件，也使得汉代的墓葬艺术在很大程度上能够不受更重理性的儒家思想所规范，显现出浓郁的离奇幻想色彩。汉初墓葬最初集中于楚地的黄河流域与长江流域，逐步蔓延至北方，楚地的神鬼传说与巫术思想在各地墓葬中都得到充分表现。此外，由于疆域的西拓北进，丝绸之路的开拓，使得周边少数民族的文化也逐渐融入汉代文化艺术包括墓葬艺术之中。因此，可以说，汉画像真正体现了多种文化的融合，凸显出空前的奇光异彩和生命之力，为中国传统艺术奠定了多种元素融合的根基。在审美与艺术观念上，汉代也已经开始了艺术的自觉历程，艺术与实用已被适当地区分开来，艺术已经不再仅仅是实用与道德教化，而是具有自己相对独立的娱乐的使命。其突出表现是"丽"成为汉代主要美学范畴之一。《周易》离卦的《象传》说："离，丽也。日月丽于天，百谷草木丽乎土。""丽"的基本含义是附丽，有装饰之意，又指由附丽而形成的艺术形式之美。汉代艺术尤其重视形式之美的体势宏大、气魄雄壮，司马相如的《上林赋》即以"巨丽"来形容上林苑之美。汉代同样追求超越形体之上的神妙之美。汉初黄老之学的代表作《淮南子》提出了著名的"君形"说："画西施之面，美而不可悦；规孟贲之目，大而不可畏。君形者亡焉。"(《说山训》)画面上的"西施之面""孟贲之目"徒具其形,因无"君形者"即"神"在,故虽美而"不可悦",或虽大而"不可畏"。这意味着,"神"比"形"更足以表现艺术作品之美。《淮南子》的《精神训》等篇有关于"形神"的论述,为后来南齐谢赫的"气韵生动"之说奠定了基础。汉画像的审美观念植根于浓厚的原始巫术和神灵崇拜,它对神仙世界的描绘为汉代艺术带来了超越的神性特点。因此,有汉一代,文艺审美观念已经发展到较为成熟的阶段,这就为无比恢宏的汉画像的出现创造了重要条件。

现代以来,汉画像研究已经成为学术热点之一,但研究的视角却差异颇大。长期以来,我国对传统美学与文艺的研究都是走的"以西释中"之路,汉画像研究也不例外。有学者认为,汉画像的艺术性质属于浪漫主义。这种看法认为,从战国末期到汉代,中国美学的典型特征是"楚汉浪漫主义",而汉画像是其突出代表,它的"世界是有意或无意地作为人的本质的对象化,作为人的有机或非有机的躯体而表现着的。它是人对客观世界的征服,这才是汉代艺术的真正主题"。① 众所周知,现实主义与浪漫主义是西方美学概念,是西方主客二分对立思维的产物。席勒在著名《论素朴的诗与感伤的诗》之中说道:"诗人或者是自然,或者寻求自然。前者造就素朴的诗人,后者造就感伤的诗人。"②前者属于现实主义,后者则属浪漫主义。浪漫主义的突出特征是,主体("诗人")与客体("自然")是二分对立的,所以浪漫主义有"征服

---

①李泽厚:《美的历程》,文物出版社 1989 年版,第 73 页。

②[德]席勒:《秀美与尊严——席勒艺术和美学文集》,张玉能译,文化艺术出版社 1996 年版,第 284 页。

客观世界"之特征。但是,中国古代哲学与艺术观念是主客不分的,汉画像的创造也是如此。因此,将汉画像视为浪漫主义,显然是不适合的。法国学者安娜·塞德尔在《西方道教研究史》一书中指出:"汉代的丧葬艺术中充满了神话主题。如马王堆出土的著名帛画上的宇宙象征主义,又如对羽化飞升的神仙和西王母天堂的描述,在青铜镜饰上,在砖石浮雕上,在陶制的摇钱树上、在青铜或陶制的博山炉上都可以见到。"①有学者据此提出,汉画像属于"宇宙的象征主义"。众所周知,黑格尔在其《美学》中将东方艺术称作"象征型艺术"。但黑格尔对所谓"象征型艺术"的认识,是以"理念"与"感性"的二元对立为其前提的。他认为,象征型艺术的基本特点是"暗示"与"抽象",因为理念本身的抽象性,所以,理念"要用这种客观事物隐约暗示出自己的抽象概念或是把它的尚无定性的普遍意义勉强纳入一个具体事物里,它对所找到的形象不免有所损坏或歪曲。"②黑格尔对"象征型艺术"的论述实质是将其视为一种不完备的艺术,是对包括中国在内的东方艺术的蔑视与误读,不符合东方艺术特别是中国古代艺术的实际情况。事实证明,汉画像所依据的哲学—美学观念是"形神"说、"气韵"说、"阴阳相生"说等,这些观念都是不存在理念与感性的二分对立的。因此,不能把汉画像视为对某种理念的"暗示","象征主义"不适合解释汉画像。美国汉学家宇文所安在论述中国古代诗歌时认为,象征说不适合中国古代诗歌。他认为,"中国古典景物诗歌表现诗人的真实体验,诗中表达的是和宇宙秩序("文")的相

---

①[法]安娜·塞德尔:《西方道教研究史》,蒋见元、刘凌译,上海古籍出版社2009年版,第72页。
②[德]黑格尔:《美学》第2卷,朱光潜译,商务印书馆1996年版,第5页。

互关联,给读者展示物质世界的内在性,而不是如西方诗歌般的象征主义。"①由此,我们只能回到"本土文化"的理论立场,从汉画像赖以产生的汉代的经济社会文化出发,分析汉画像的主题、艺术原则与艺术特性,解读汉画像之谜。这是一种以社会存在决定社会意识的文化视角,这种视角认为,文学艺术是一种意识形态,其产生发展与艺术特性归根结底由一定的经济社会存在作为其根本动因。

二、汉画像"重生"主题的文化背景

从本土文化的立场出发,我们认为,汉画像的主题是"重生",也就是对于生命的重视,在汉画像中集中表现为对于"长生"(升仙)的追求。汉代墓葬的目的,除了生者向死者行尽孝之道外,就是期望逝者死后升仙,得到永生。东汉时的《李翊夫人碑叹》写道:"杞之至兮感动城,陟四极兮升天庭。"②这表明,后辈们期望逝者死后"飞升天庭"。这是汉代墓葬的最基本诉求。自秦以来,"长生"成为基本信仰,秦始皇与汉武帝都曾派方士去海外寻仙。从汉画像看,这种信仰已经普及社会各阶层,成为普遍性的思想意识。汉画像长生(升仙)主题的出现,体现着对现世人生(生命)的留恋与歌颂,对于如何度过人生的慰藉,对死后下地狱之恐怖的解除。如此等等,构成汉画像的基本内容。"重生"主题已经超出儒家文化传统,而是儒道融合的结果,是汉代特殊文化的产物。

---

① 参见吴晓梅:《中国古典诗歌与美国现代主义诗歌》,《光明日报》2017 年 4 月 12 日第 13 版。
② 逯钦立辑校:《先秦汉魏晋南北朝诗》,中华书局 1983 年版,第 328 页。

"重生"的主题贯穿整个中国传统文化,只是不断受到儒家理性主义的冲击与改造。但在远离政治文化中心的民间文艺之中,"重生"(生命)主题仍然占据着压倒性优势。

汉画像的"重生"主题的产生,是汉代思想文化发展结果。先秦儒家学说本来就有"爱生"的倾向,孔子即主张"仁者爱人"(《论语·颜渊》),"未知生,焉知死"(《论语·先进》)。但到了汉代的董仲舒,将儒家发展为"天人感应"的神学目的论,主张"天命"与"君权神授",使得天具有了某种神性特点。由于"人副天数"(《春秋繁露·人副天数》),人也就具有了天的神性。董仲舒说:"为生不能为人,为人者天也。人之为人本于天,天亦人之曾祖父也。此人之所以乃上类天也。人之形体,化天数而成;人之血气,化天志而仁;人之德行,化天理而义。"(《春秋繁露·为人者天》)这里的"人",当然包括人的生命。这样,人的生命就具有天的神性特点。这是儒家生命论哲学在汉代的新发展,从而也对汉画像产生重大影响。《礼记》是成书于汉代的礼学经典,"凡治人之道,莫急于礼。礼有五经,莫重于祭"(《礼记·祭统》)。论述天地自然祖先的神灵祭祀,是该书的主要内容。《礼记》对于祖先神祭祀,提出了"事死者如事生"的观点,《礼记》指出:"文王之祭也,事死者如事生,思死者如不欲生,忌日必哀,称讳如见亲。"(《礼记·祭统》)甚至要做到"周还出户,肃然必有闻乎其容声;出户而听,忾然必有闻乎其叹息之声"(《礼记·祭义》)。也就是说,要在祭祀时要做到似乎能听到逝者的声音,闻到其叹息,显示出汉代人对于生命的重视与留恋。《易经》是中国古代巫术文化的结晶,《易传》虽托名于孔子,实际上产生于战国以后,是运用主要来自儒家、道家和阴阳五行家的思想解读《易经》,对汉代思想文化有着非常深刻的影响。《易传》尤其以"重生"为核心观念,主张"生生之谓易"(《周易·系辞上》)、"天地之大德曰生"(《周易·系辞下》)，将生成、养育万物之生命视为天地的伟大德行，"生生"是天地之道的核心精神。

战国后期，老庄思想发展为黄老之学，并在汉初数十年间成为政治统治思想。先秦道家本就有浓厚的"重生""贵生"倾向，老子说："吾所以有大患者，为吾有身。及吾无身，吾有何患？故贵以身为天下，若可寄天下；爱以身为天下，若可托天下。"(《老子·十三章》)"身"虽然是"大患"的诱因，但却是生命之所寄。"无身"虽无"大患"，但也丧失了生命。所以，老子主张"贵身"，超脱于世俗名利、"宠辱"，甚至要将"身"看得比"天下"更为贵重，更值得去爱。汉初《淮南子》继承老子"贵身"思想，进一步提出"贱物而贵身"的观点。《要略》篇概括《淮南子》的宗旨，指出："欲一言而寤，则尊天而保真；欲再言而通，则贱物而贵身；欲三言而究，则外物而反情。"将生命看得比天地间的万物都贵重，是《淮南子》"重生"思想的集中表现。

东汉后期，道教诞生，以其浓厚的宗教迷信观念阐释"长生"与"得道升仙"。道教以借用老子的影响和《老子》的相关学说，宣扬长生得道，在汉代后期影响深远，直接反映到汉代的墓葬艺术即汉画像之中，使得道升仙长生成为墓葬艺术特别是汉画像的主题。汉末道教典籍《老子想尔注》就是通过对《老子》原文的改动和注释来发挥长生、升仙的理论的，如《老子·十六章》"知常容，容乃公，公乃王，王乃天"，《想尔注》改"乃"为"能"，改"王"为"生"，并注云："能行道公政，故常生也。能致长生，则副天也。"①又如，《老子·二十五章》"道大，天大，地大，王亦大。域中有四

①饶宗颐：《老子想尔注校证》，上海古籍出版社1991年版，第20—21页。

大，而王居一焉"，《想尔注》改"王"为"生"，注云："四大之中，所以令生处一者，生，道之别体也。"这些都是在有意地宣扬长生之说。《老子·七章》"是以圣人后其身而身先"，《想尔注》明确指出："求长生者，不劳精思求财以养身，不以无功劫君取禄以荣身，不食五味以恣，衣弊履穿，不与俗争，即为后其身也；而目此得仙寿，获福在俗人先，即为身先。"这明显是将老子的"后其身"之说向"长生""得仙寿"方向发展，提出"长生仙寿"的目标追求。《老子》"非以其无私邪？故能成其私"，《想尔注》改"私"为"尸"，注云："不知长生之道，身皆尸行耳。非道所行，悉尸行也。道人所以得仙寿者，不行尸行也，与俗别异，故能成其尸，令为仙士也。"[1]这里提出了抛弃"求财""取禄""食五味"以"养身"的"尸行"，而要从遵"道"之行来"得仙寿""为仙士"的途径。此外，《想尔注》注《老子·二十五章》"没身不殆"，还提出了"太阴之宫"之说，以为仙凡两界的中转站，凡人成仙的必经之地："太阴道积，练形之宫也。世有不可处，贤者避去，托死过太阴中；而复一边生像，没而不殆也。俗人不能积善行，死便真死，属地宫去也。"[2]综合《想尔注》的相关注说，可见其在得道成仙的途径上，提出了"养气"、"养精"与"积善"等。《太平经》是早期道教的另一部重要经典，它杂糅道家哲学、神仙方术、阴阳五行、民间巫术与宗法伦理等汉代的流行思潮，构筑了早期道教的神学思想体系，以元气理论为据构筑了一个神仙与世俗系统。神仙系统为神人、大神人、真人、仙人、大道人构成神仙世界；圣人、贤人、凡民与奴婢构成人间世界。各自分管天、地、四时、五行、阴阳、山川、万物、草木等等。神仙世界高居人间

---

①饶宗颐：《老子想尔注校证》，上海古籍出版社1991年版，第10页。
②饶宗颐：《老子想尔注校证》，上海古籍出版社1991年版，第21页。

世界之上，圣人与贤人实际上是人间世界的统治者，凡民与奴婢则是被统治者；圣贤距离神仙世界最近，能够比较容易地升入神仙世界，但别的等级只要好好修行，得到更多元气，也能够提升等级，有着升到神仙世界的希望。① 神仙世界与人间世界的等级，对于汉画像产生直接影响，形成汉画像的神仙世界与人间世界并存的格局。

此外，汉画像的图像格局还受到民间巫术的影响。汉画像最集中于楚地，这是汉初统治集团的主要发源地，汉画像最为发达的徐州、山东鲁南以及四川等地无疑也主要受楚风影响。楚风产生于南方相对蛮荒之地，与讲究理性、崇尚人文的儒家思想有着明显差异。总体上说，楚风"信巫鬼，重淫祀"，充满各种原始的神话鬼神传说与对于生殖生命的歌颂。屈原的《离骚》就充满着异彩纷呈的神话故事，并有驾龙车飞天升仙的描写。《离骚》写道："为余驾飞龙兮，杂瑶象以为车。何离心之可同兮，吾将远逝以自疏！遭吾道夫昆仑兮，路修远以周流；扬云霓之晻蔼兮，鸣玉鸾之啾啾。朝发轫于天津兮，夕余至乎西极；凤皇翼其承旂兮，高翱翔之翼翼。忽吾行此流沙兮，遵赤水而容与。麾蛟龙使梁津兮，诏西皇使涉予。"这里，驾飞龙，承瑶象，飞昆仑，扬云霓，鸣玉鸾，至西极，经流沙，渡赤水，面西皇，真的是飞驰长空，龙腾云驰，一日万里，人神相与，是一幅典型的升仙之图。屈原更在《远游》中描述了漫游仙界的情景："闻至贵而遂徂兮，忽乎吾将行。仍羽人于丹秋，留不死之归乡。朝濯发于汤谷兮，夕晞余身兮九阳。吸飞泉之微液兮，怀琬琰之华英。"遨游天际，与羽人为伴，有飞泉之微

_____

① 陈广忠：《道家与中国哲学·汉代卷》，人民出版社 2004 年版，第 404—406 页。

液为饮,也有琬琰之华英为食,自由自在,无拘无束。可见,升仙已经成为屈原作品的一种主题。

产生于战国时期,汉代已经流行的著名医书《黄帝内经》是受到黄老思想重要影响的典籍,黄帝也是后来道教的膜拜人物之一。《黄帝内经》侧重于养生,强调发于阴阳,和于术数,食饮有节,起居有常,不忘劳作,形与神俱,尽其天年,仍然是将"生"放到核心的位置。《黄帝内经》倡导通过养生,遵循医道来益寿延年,认为上古时期真人"寿比天地",中古的至人之"益其寿命而强",今世圣人"亦可以百数",贤人"益寿而有极时"。

总之,汉代各种哲学文化思想均包含"重生"与"生命"的内涵,特别是道家与道教,以民间文化的形态大量存在,成为汉画像"重生"主题的文化根基。

三、汉画像"重生"主题的艺术呈现

汉画像内容丰富,包罗万象。东汉王延寿在《鲁灵光殿赋》中描写灵光殿壁画内容,写道:"图画天地,品类群生。杂物奇怪,山海神灵。写载其状,托之丹青。千变万化,事各缪形。随色象类,曲得其形。"这基本上也可以看作是对汉画像内容的概括。在这些无比丰富的内容中,"重生"的主题可以说是贯穿始终,这也符合墓葬艺术寄托哀思、祈盼永生、福泽后人的主旨。

(一)汉画像"天人之际"视野中"天上与人间"的二重结构

司马迁在《报任安书》中说,他之所以完成《史记》,是为了"究天人之际,穷古今之变,成一家之言"。这也是汉代以降中国传统知识分子的终生追求,而"究天人之际"也成为中国传统文化观察、思考问题的基本的思维取向。《周易·文言传》指出："夫大人者，与天地合其德，与日月合其明，与四时合其序，与鬼神合其吉凶。"这段论述，概括了中国传统文化"天人合一"的生命宗旨。汉代由于原始巫术、宗教神灵崇拜的弥漫和先秦以来道家对"长生久视之道"的重视，在"重生"观念的驱动下，为了求得人与天地之合而增加了一个中间环节——"仙"。这是一个由人到天的可操作的过渡措施。于是，"天人"二重结构成为汉画像的基本固定的一种结构。例如，著名的西汉马王堆一号汉墓帛画，原本是丧葬礼仪时悬挂的旌幡。关于该画的构成，有天上与人间两部分之说，也有天上、人间与地下三部分之说。我们认为，该画基本分天上与人间两部分。地下为神龟托举大地，承载人间，包含在人间部分中，是人间需要辟邪的部分。帛画主要是一种天上与人间的二重结构。① 再从山东著名的武梁祠画像看，也是天上与人间的二重结构。武梁祠三面墙壁上的画像分为上中下三部分，上层是左右两壁山墙尖顶三角部分，为神仙世界，东王公与西王母各居一室；中层为古圣先贤、历史故事；下层是墓主的现实生活，如出行、拜谒等等。总体上，还是天上与人间二重结构。这里需要说明的是，所谓天上与人间，并非是对等的而是连续的，它体现了由人间向天上的飞升，主题是"升仙"，要旨是"永生"。在汉画像中，实现"升仙"的是西王母与东王公等仙人，他们能够借助长生不老之药与超度等手段使得凡人得以升仙。汉画中的青龙虎豹、青鸟朱雀、玉兔蟾蜍等等仙灵之物就是使得凡人（画像中的墓主）得以升仙的桥梁或途径。屈原作品中的驭龙飞天就是对于这种升仙

① 参见黄震云、孙娟：《汉代神话史》，长春出版社 2010 年版，第 262—265 页。

的生动描写。所以,二重结构的核心是升仙、永生,是对于生命不老的追求。汉画像的二重结构的最后导向不是地狱与人间,而是飞跃天上,到达超越人间的神仙境界,所以,汉画像本身是超越的,是导向未来与神圣的。这是中国传统艺术的彼岸性与超越性,乃至神圣性的来源。汉画像的天上与人间二元结构逐步发展为中国传统艺术的二层结构模式,即意与境、言与意、形与神、动与静等等融为一体。在汉画像中,这种二重结构也不是割裂的、对立的,而是可以通过神仙与灵兽加以沟通的。

(二)"生"的留恋与歌颂

汉画像对于现实生活有着很多描述,可以说涉及汉代生活的一切方面。例如,官宦生活,行礼揖让;车马出行,规模庞大的车辆;导骑的威风,骑士的风光;生产劳动,双牛驾犁,推车运输,牛羊鸡鸭;庭院建筑,层楼叠嶂,飞檐峭壁,回廊深院;庖厨饮食,鸡鸭肉鱼,美味佳肴;战争狩猎,威武的将军,勇敢的杀伐,以及狩猎的惊险;美妙的乐舞百戏,诸如盘鼓舞与惊心动魄的杂戏。总之,汉代的现实生活应有尽有。有学者认为,这些内容是对现实生活的描绘。但在我们看来,它更多地体现了对现世生活的留恋,体现了一种"生"的追求。如此多姿多彩又如此美好的生活,很难说墓主都能够在生时享受得到,但汉画像却给墓主提供了一种理想的生活,表现了汉代人对于"生"的留恋与歌颂。不仅如此,汉画像还向人们提示一种"生"的规范,就是说,只有按照这样的范式生活才有可能成仙,这是一种符合儒家道德规范的生活,其中重要是忠孝节义的观念。如山东武梁祠祠堂的画像,可以说尽显儒家发源地的"生"的道德规范。在"忠"的方面,包含了专诸刺吴王、荆轲刺秦王、曹子劫桓等等;在"孝"的方面,有曾子质孝,以通

神明、闵子骞孝后母、老莱子事亲至孝、丁兰立木为父等等;在
"节"的方面,有秋胡戏妻、楚昭贞姜;在"义"的方面,有鲁之弃子
救侄的义姑姊、豫让杀身报知己等等。当然,也有反面的例证。
如汉画像中著名的泗水捞鼎之图像。江苏徐州汉画像馆收藏一
方汉画像石,内容即为泗水捞鼎,刻画了一座桥,两侧有众人用绳
索牵引一个水中大鼎,鼎内一头龙伸出大口欲咬断绳索,桥上有
秦始皇在等待周鼎出水。这个内容来自民间传说。据《史记·秦
始皇本纪》:"始皇还,过彭城,斋戒祷词,欲出周鼎泗水,使千人没
水求之,弗得。"郦道元在《水经注》则说,之所以"弗得",是因为
"龙啮断其系"。汉画像描绘这一故事,旨在从反面说明秦始皇因
无道而导致不能获鼎,从而要求人们崇尚忠孝仁义。

(三)"升仙"的期盼与途径

"升仙"是汉画像的主题,汉画像几乎都表达了这样一种期
盼。每一座画像基本上都是"天上与人间"二重结构的,"仙界"成
为汉画像的必备部分,甚至是主旨所在。仙界中的各种神仙与灵
兽则成为"升仙"的必要途径。如马王堆一号墓帛画的"天上"部
分,主要描绘人首蛇身的轩辕。《山海经·海外西经》载:"轩辕之
国在此穷山之际,其不寿者八百岁,在女子国北。人面蛇身,尾交
首上。"帛画中的图像就是尾交首上,表明墓主人是轩辕氏的后
裔。画之右上角为一轮红日,旁有八个小太阳,中有金乌。太阳
本有十个,但通常一日照耀人间,九日休息,画上的九日即为休息
之日。金乌即太阳神,扶桑为日出之地,都是天界之象征。左上
角为一弯新月,月中有玉兔与蟾蜍,传为神仙捣制长生不老之药,
以便渡人升仙。轩辕足下有红色之蛇,两侧有仙鹤,日月下方有
巨龙。蛇龙仙鹤均为渡人飞升的灵兽。画像中一女子乘坐龙翼,

双手攀月，即为"升仙"之形象描绘。两龙之间，二鹤飞翔，下悬一铎，铎下画"天门"，有豹伏地，两守门神拱手对坐等。以上即为天上部分。人间部分主要是墓主贵夫人辛追飞升之图，其脚下为一块万字形踏板，踏板下是有点像人的"丹朱"，人面，有翼，鸟喙，飞翔，即由丹朱在华盖下载着辛追飞翔升天。

　　汉代人认为，升仙有直接成仙、服食仙药、自我修炼三个途径。直接成仙需要神人超度，或借助于龙虎、神鸟的渡运。服食成仙要借助于丹药，河南打虎亭 2 号墓东室卷顶下壁画像就描述了炼丹的场景。该画分三组，其中之一是在起伏的山峦与大树之下，8 位仙人高挽发髻，身穿道袍，面对着升起火焰的盘、豆与碗，正在炼丹。其余几组画均为炼丹之场景，其中甚至有成仙的画面，一仙人从云际飞来，头发飞扬，腰带与衣摆飘起，伴随着三只仙鸟。这是对于炼丹的直接描绘。另外一个获取仙丹的途径，就是从仙鸟口中夺取。著名的立树射鸟画像即属此类，山东发现最多。如微山两城镇出土的一块画像石，主体是一棵大树，树上有羽人、凤鸟、人首鸟和其他飞鸟，树下有两人张弓仰射，一女子牵马。画面上有六处榜题，鸟为"蜚鸟"、"鸟生"与"山鹊"，两个射箭的为"长卿""伯昌"，牵马的女子叫"女黄"。画面边框之外的右边刻有两行文字题记，内容是说，东汉永和二年，"长卿"等姐弟四人居住乡间，父母双亡后兄弟一人夭折，他们为思念父母弟兄，特建祠堂，传于后代等。对于立树射鸟，学界有射鸟封侯以获取功名之说，我们认为，此画寓意是获取仙丹。因为，在当时的民间信仰中，凤鸟为西王母传送仙丹，以度世人成仙。画像描绘"女黄"姐弟射鸟，意在从仙鸟口中夺取仙丹以助父母兄弟成仙。此外，画面还有羽人，更能证明射鸟的目的是获取仙丹。因为，传说羽人就是凡人经修炼后得道而成的仙人。羽人画像在山东与江苏等地多有出现。《楚辞·远游》:"仍羽人于丹丘兮,留不死之旧乡。"后世常把道士称为"羽士",称成仙为"羽化",又有羽人飞仙之说。

总之,汉画像不仅提供了升仙的期盼,而且提出了具体的升仙的途径。

(四)生殖的崇拜及其艺术化

中国古代文化饱含着浓郁的生殖崇拜与生命崇拜,《周易·系辞下》云:"天地氤氲,万物化醇;男女构精,万物化生。"又说:"乾,阳物也;坤,阴物也。阴阳合德而刚柔有体,以体天地之撰,以通神明之德。"这些论述,明显是建立在生殖崇拜的基础之上的。汉代是儒道思想相互融合的重要阶段,而在民间信仰中,还保存着深厚的原始生殖崇拜与生命崇拜遗风。因此,在汉代,男女两性关系相对还比较开放。受儒家观念影响,汉代推崇孝道,更将生殖繁育提到孝道的高度。这些思想文化因素,促使生殖与生命成为汉画像的重要主题之一。汉画像对于生殖的描写分直接表现与仙化表现两种。首先是直接表现,目前发现有22幅,其中四川最多为11幅,山东3幅,陕西、河南与安徽各1幅。四川汉画像砖有表现"野合"之图景,为桑林之中,一株枝繁叶茂的大桑树之下,一对男女正裸体交媾,脱下的衣服挂在桑树之上,女子采桑用的小竹筐抛在一旁,桑树上还有两只猴子攀缘嬉闹,三只禽鸟跳跃鸣唱,还有两男子裸体站在一旁。陕北绥德出土汉画像也有男女交媾之图,具有浓郁的草原气息,由狩猎放牧与交媾三个主题构成,一男一女在草地上以坐姿野合,旁若无人,亲昵拥吻。这都是直接对于男女性事的表现。除了对人间性事的描绘外,汉画像对神仙性事也有较多描绘。最著名的就是伏羲与女娲交尾图,河南唐河出土的一幅伏羲女娲交尾图,两人尾部呈蛇状,互相交接缠绕,上部两人手举规矩,似乎是一种动物性与规矩性的统一。这样的伏羲女娲交尾图在汉画像石与画像砖中较为常见。在此基础上,汉画像进一步将生殖崇拜抽象化、寓意化,例如,双龙穿壁图、鸟衔鱼图、玄武图与双凤交颈图等等。其中的玄武图尤其值得重视,玄武为北方之神,太阴之神。汉画像所见的玄武图,一般为龟蛇之合体,蛇属阳,龟属阴,蛇缠绕在龟之上,两头相对,两口相吻,姿态兴奋,呈交合状,寓意男女交合创造新的生命。因此,玄武也是生殖之神的象征。总之,汉画像中的生殖崇拜是非常有其价值与意义的,是其"重生"主题的典型体现。尤其是其中的伏羲女娲交尾图已经成为中国古代艺术的原型,是一种天人相合、阴阳交错、线之流动、生命创造的艺术原型,影响中国文化艺术几千年,直到今天。

四、汉画像的生命的线的
艺术的美学特征

对于中国传统审美文化的生命美学特征,有不少学者曾做过论述。方东美曾说:"孔子之爱诗与乐,其审美纯是要体会宇宙中创造的生命,与之合流同化,以饮其太和,以寄其同情。"[1]又说:"一切美的修养,一切美的成就,一切美的欣赏,都是人类创造的生命欲之表现。"[2]方氏将中国传统审美归之于"创造生命",是基于对中国古代哲学与文化传统的理解。《周易·系辞上》说:"生

---

[1]方东美:《中国人生哲学》,中华书局2012年版,第57页。
[2]方东美:《中国人生哲学》,中华书局2012年版,第58页。

生之谓易"。"生生"为动宾结构,前一个"生"是动词,后一个"生"是名词,即为"创造生命"。所以,"创造生命"即是易道之本义。受《易传》影响,中国传统文化认为,"生生"之道贯穿人类生活的一切方面。因此,中国传统美学可以说是一种"生生"美学,即关于生命创造的美学。中国生命美学的艺术审美特征就是流动的线的艺术。因为,所谓生命,即是一种"生命力的绵延",是在时间中的流动、伸展、飞动,只有游行不断、自由伸展的线才能使其得到充分展示。因此,艺术之中线性特征是一种生命的呈现。美国学者威尔·杜兰特指出:"中国的绘画几乎完全基于精确和优美的线条。"①宗白华明确地将汉画归之于"线的流动之美",他说:"东晋顾恺之的画全从汉画脱胎,以线纹流动之美(如春蚕吐丝)组织人物的衣褶,构成全幅生动的画面。"②又说:"中国画,真像一种舞蹈,画家解衣盘礴,任意挥洒。他的精神与着重点在全幅的节奏生命而不沾滞于个体形象的刻画。画家用笔墨的浓淡,点线的交错,明暗虚实的互映,形体气势的开合,谱成一幅如音乐如舞蹈的图案。物体形象固然宛然在目,然而飞动摇曳,似真似幻,完全溶解浑化在笔墨点线的互流交错之中。"③汉画之作为中国传统艺术的诞生地,就是因为它是中国传统艺术的线之生命艺术之特征的全面展开。

---

① [美]威尔·杜兰特:《世界文明史·东方的遗产》,华夏出版社 2010 年版,第 551 页。

② 宗白华:《论中西画法的渊源与基础》,见王德胜编选:《宗白华美学与艺术文选》,河南文艺出版社 2009 年版,第 87 页。

③ 宗白华:《论中西画法的渊源与基础》,见王德胜编选:《宗白华美学与艺术文选》,河南文艺出版社 2009 年版,第 85 页。

（一）伏羲女娲创生的原型意义

汉画像之线的生命艺术来源于古代神话传说，伏羲女娲交尾图是汉画像的主要题材，成为汉画像之艺术原型，最能体现汉画像的线的生命艺术的根本特点。在河南、山东、四川与江苏等地出土的画像石与画像砖均包含此类图像。例如，山东武梁祠左石室第四石之图分三层，上层是管仲射齐桓公，中层为荆轲刺秦王，下层即为伏羲女娲交尾图。伏羲女娲交尾图来自古代神话之伏羲女娲创生之说。迄今所知最早的关于"伏羲女娲"的记载见于屈原的《天问》："登立为帝，孰道尚之？女娲有体，孰制匠之？"东汉王逸注曰："言伏羲始画八卦，修行道德，万民登以为帝，谁开导而尊尚之也？《传》言：女娲人头蛇身，一日七十化。其体如此，谁所制匠而图之乎？"[1]《山海经·大荒西经》载："西北海之外，大荒之隅，……有神十人，名曰女娲之肠，化为神，处栗广之野，横道而处。"晋郭璞注："女娲，古神女而帝者，人面蛇身，一日中七十变，其服化为此神。栗广，野名。"[2]在《周易·系辞上》中，伏羲是"始作八卦"的上古帝王。东汉王延寿的《鲁灵光殿赋》有"伏羲麟身，女娲蛇躯"之说。这就是伏羲女娲交尾图之古代神话创生说之来源，反映中国古代相传已久的男女交配创生万物之说。伏羲所创的八卦，以阴阳二爻为基本单元。从生殖崇拜来说，阳爻为一横，象征阳物；阴爻两短横，象征女阴。《周易》以阴阳二气交感生成天地万物，伏羲女娲之交合正是这种观念的反映。我们看到，汉画像之伏羲女娲之交尾图均有云气在其下，说明生命在一种元气

①黄灵庚：《楚辞章句疏证》，中华书局2007年版，第1132—1133页。
②袁珂：《山海经校注》修订本，巴蜀书社1992年版，第445页。

氤氲的氛围之中创生的,生命是一种气化的结果。这也符合《周易》对天地创生的解释:"天地氤氲,万物化生;男女构精,万物化生。"在中国传统观念中,"气"是生命生成的基本条件。老子云:"道生一,一生二,二生三,三生万物。万物负阴而抱阳,冲气以为和。"(《老子·第四十二章》)气本论成为中国古代对于世界本源的一种阐释,当然也是对于艺术本源的一种阐释。南齐谢赫论画,有"气韵生动"和"骨法用笔"之说(《古画品录》)。"气韵生动"需要带有骨骼的线之笔法支撑,是一种线的艺术之神韵。伏羲女娲以其线状的尾部,缠绕相交,诞育生命,它的艺术形式和所反映的审美观念,正是"气韵生动"的来源。

(二)"一阴一阳之谓道"的艺术规律

《周易·系辞上》云:"一阴一阳之谓道,继之者善也,成之者性也。"这里揭示出阴阳相生是万事万物生成、变化、发展的基本规律,继承而辅助天地化育万物是人的善德,成就天地化育万物之功则是人的本性。阴阳相生既是生命创造之道,同时也是审美观念之根源,从而成为艺术创造之道。它在汉画像上的最突出体现,就是伏羲女娲之交尾图。伏羲女娲交尾图的线性艺术特征,既是阴阳相生之道的展现,也构成了中国古代艺术的原型,即以写意为主,不是直接模仿对象的具体形态,而是表现其背后的深意与意蕴。汉画像之图像涉及天地人生、万事万物,其目的不在具体对象,而是着重在表现对象背后之对于人的长生不老的期望,是升仙与重生。以汉画像为代表中国传统艺术立旨于神韵的呈现,汉画像是对于天界的期盼与飞升,是对神仙世界的向往,而不是执着于现实生活。可以肯定地说,汉画像对于现实人生,包括车马出行、宴燕、百戏、庖厨、庭院与官场迎送等的表现,绝不仅仅是停留在对于现实生活的追求，而是在留恋之余着力于升仙的境界，境界之不同划清了艺术与生活的界限。"一阴一阳之谓道"的艺术之道是一种阴阳黑白对比之道。老子云："知其白，守其黑"（《老子·二十八章》），孔子云："绘事后素。"（《论语·八佾》）中国传统艺术往往在白与黑、素与绘之阴阳对比之中生成一种新的生命元素。汉画像帛画是在天界与人间的对比中生成一种"飞升"之重生之新的生命元素。这种根源阴阳相生之道的艺术，明显呈现为一种以圆为主的对立双方浑融无间的艺术思维。汉画像基本没有直角的块状的描绘，而是以圆形为其主体形状。有学者认为，这是一种圆形思维，是中国古代循环论历史观的表现。我倒认为，这是一种远比循环论思维更加深刻的"太极思维"，所谓"负阴抱阳"，阴中有阳，阳中有阴，无边无极，无始无终，呈现一种生命混沌绵延之状，远比一般的圆形思维要深刻丰富得多。汉画像的所有描绘，无论是人兽还是龙蛇神鸟，都是呈圆形，始终给人一种蓄势待发之状。

（三）边行边看之多视角性

绘画的视角是由世界观与宇宙观决定的，古典西画之科学主义世界观决定其运用焦点透视之法，而汉画像"天人感应"世界观决定了它主要运用多视角透视的艺术方法。多视角透视，更能呈现生命历程的曲折、变幻，使画面内容缤纷多彩。同时，多视角透视艺术所要求的观赏方式，所谓"景随人迁，人随景移，步步可观"，也更符合线的生命的艺术特征。这是一种生命的历程，边行边看，是一种多视角的生命的流淌。长沙马王堆帛画之天上人间就是两个视角，即由人间到天上之不同视角的转换。山东曲阜出土的汉画像之庭院为门内外、前院与后院三个视角，门外为守门人拜迎地位高的访问者,前院为一干人在百戏玩耍,后院则为两人相对烹茗交谈。山东长清孝堂山祠堂西壁壁画第六层为胡汉战争图,大体分为出征、战争、战败、审讯与执行军法五个视角。出征场面主要表现胡王烤肉,领兵准备出征;战争则表现汉军追击;胡兵溃败之场景;审讯表现汉军审讯胡人的场景;执行军法表现汉军处罚胡兵。同时,还表现汉朝官吏在二层阁楼上坐听下属汇报的场景,另有妇女相伴。这一层包含着五个视角之间的转换。汉画像的多重视角的展现是随着视者的脚步而递次进行,是人的生命的活动过程。

(四)呼应节奏之律动性

生命的线的艺术呈现一种呼应节奏之律动性,是一种生命的呼吸与节奏。南阳汉画像之斗牛图,人与牛之间是一种呼应的关系,人之进与牛之御,形态必现。人岔立双脚,两手分开,向牛挺进,牛则低头弓背直腿抵御,呈角力之势,呼应清晰,节奏明显。河南新野后岗出土的仕女汉画砖,利用远高近低的视角规律,将三位面貌衣着近似的仕女通过裙摆与身体略微相异的不同位置,而表现了仕女们向右前方移动的图画。① 这是一种呼吸与节奏的呈现。这种呈现还表现了一种生命力量。又如,汉画像中著名的荆轲刺秦王,荆轲之发力与匕首深深刺进墙壁的形象,遥向呼应,形成一种力拔山兮之势。

(五)时间艺术的叙事性

线的生命的艺术是一种时间的叙事的艺术,每一块汉画像都

① 李国新:《汉画像砖精品赏析》,大象出版社 2014 年版,第 15 页。

是时间的线的生命进程，都在叙述一个或多个故事。马王堆一号
帛画叙述的是升仙的故事，武梁祠汉画像叙述的是墓主人人间修
炼与准备升仙的故事。当然，这是漫长的过程，复杂的故事。再
如汉画像关于狩猎的表现，典型地反映了时间的叙事的特点。陕
西米脂的一块墓室门楣画像表现了宏大的狩猎场景。画面自左
向右，刻画了十八位骑士组成的狩猎场面。从左向右分别刻画了
猎狐、猎牛、猎鏖、猎熊、猎虎与射锦鸡的不同场景。每个场景其
实都是一个生动的故事，由观者的视线连贯成为一个完整而惊险
的狩猎故事。① 汉画像正是通过线的时间表述将空间化作了时
间，例如，马王堆帛画正是通过升仙将人间与仙界联系起来，打破
了人间与仙界之空间距离。

　　汉画像历经 400 多年历史，从西汉直至三国魏晋。此后，由
于"天人感应"与谶纬之说的式微与厚葬之风的消退，汉画像逐步
消失殆尽。但汉画像作为中国历史上的一段无比繁荣的艺术篇
章，却永留青史，发出耀眼而夺目的光辉。它是中华民族艺术与
审美的一轮朝阳，它的民间性、初创性，都具有不可代替的伟大作
用与地位。有人认为，它是敦煌之前的敦煌，这是一个不错的比
喻，但仍然没有概括出汉画像的重要地位。我认为，它的重要地
位在于它的奠基性，它是中国传统艺术的诞生地。有人说，汉画
像的作者是民间艺人创作，所以水平不高。这种说法有待商榷。
我想，我们不能主观地推断，而是要看实际的艺术水平。不能说
每一块汉画像都是精品，但我敢说，汉画像总体上是中国艺术史
与世界艺术史上的精品。至于在东起胶东，南到浙江，西到四川，
北到内蒙古与陕西这么大的幅员内这么多的汉画像石与汉画像

① 朱存明：《汉画像之美》，商务印书馆 2011 年版，第 171 页。

砖,为什么具有基本相同的题材、风格与艺术水平,这本身就是一个历史之谜。那是一个汉民族由朦胧走向醒悟的时代,是汉民族崛起的时代,是英雄辈出的时代。既然可以出现汉高祖、汉武帝与霍去病那样的政治与军事英雄,那么出现创作出汉画像那样的数量众多的艺术天才,也是时代之使然也。汉画像奠定了此后2000多年汉民族艺术与审美之线性的生命的艺术的基本特点,提供了"一阴一阳之谓道"的艺术规律与典范,提供了宏阔雄伟、质朴有力与昂扬向上的艺术风格,展示了中国传统生命艺术的永恒魅力,为其后的传统艺术,特别是音乐、书法、戏曲,以及民间艺术打下了永续发展的基础。即使在当前的传统艺术中,我们也几乎都能看到汉画像的影子。我们因为汉画像而感到无比自豪,它是我们民族艺术与美学的出发地,是我们的艺术原典。

第十一章 敦煌壁画:由天到人

一、敦煌壁画的"本土化"嬗变

一千多年的敦煌石窟艺术图像,逐步发生了由具有印度西方古典特点的佛教艺术到中国东方特点的佛教艺术的转变。具体说来,就是由"天"的形象到"天人"形象的转变。

对于这种转变,西方美学与文学理论有关图像的理论中几乎没有涉及。艾布拉姆斯在《镜与灯》中总结西方"艺术批评诸坐标"的作品、世界、艺术家与欣赏者四要素说,包括"世界"的模仿说,"艺术家"的表现说,"欣赏者"的接受说或阐释说,以及"作品"的符号论,可谓概括了西方古代至现代文学理论的各个方面,也适用于对文学艺术图像的理解,但唯独难以解释敦煌佛教艺术何以发生这种历史嬗变的原因。索绪尔的语言学着重从共时性的角度探索语言(符号)的结构,否弃了语言(符号)的历时性演变,因此,借用符号学理论也无法阐释敦煌壁画的千年演变。

站在敦煌这一丝绸之路的要冲之地,西望阳关之西的漫漫古西域,向东回顾绵延几千年的中华文明,两个词汇跳入我的脑海:"传播"与"本土"。印度佛教与佛教艺术在传播过程中经过了"本土化"的过程,这也是佛教艺术形象历史嬗变的原因。这倒有点符合德里达有关"延异"与"撒播"的理论。因为德里达的"解构"

理论反对结构主义的"中心"与"稳定"，而力主能指在时间中的滑动，以及意义的充满能量的向四面八方"撒播"。① 中国古代文论将这种现象称为"通变"。刘勰在《文心雕龙·通变》篇中有言："通变无方，数必酌于新声，故能骋无穷之路，饮不竭之源"，将文之"通变"提到"无穷之路，不竭之源"的高度。所谓"通"即为继承，而"变"则为变革。刘勰认为，文学艺术的发展必经继承与变革的"通变"之路，"酌于新声"，这样才能"骋无穷之路，饮不竭之源"。印度佛教经丝绸之路的传播到达敦煌，经过中华文化熏陶与改造的"本土化"过程而成为中国佛教，佛教艺术也随之发生了历史的嬗变。

所以，中国古代的"通变"以及敦煌艺术表现出来的"传播"与"本土"，应该成为美学与文学理论之图像理论的必然组成部分，这就是本章的要旨。

二、嬗变的动因：由印度
佛教到中国佛教

首先，我们要从图像学的角度研究这种嬗变的原因。众所周知，由佛教经文到壁画是一种图文互换。

图文互换有三种表征：能指互换，所指共同；能指互换，所指增损；能指互换，所指迥异。② 敦煌壁画的千年嬗变几乎囊括了以上三种情形，但其基本原因还是"所指"的变异，即佛教东传后

①赵敦华：《现代西方哲学新编》，北京大学出版社 2000 年版，第 440 页。
②赵宪章、顾华明主编：《文学与图像》第 2 卷，江苏教育出版社 2013 年版，第 380 页。

由印度佛教转变为中国佛教，其教义也逐步汉化。这一"所指"的变化是导致敦煌壁画历史嬗变的根本原因。

佛教传入中国始于西汉后期，东汉明帝时遣使赴天竺求取佛经，使者于公元 67 年回到洛阳白马寺，为中原佛教之始。佛教传入后经过起起伏伏，终于在经过"本土化"的过程后立住了脚。这种本土化首先是吸收中国本土文化，逐步做到儒释道的统一，主要是逐步将佛教教义与佛经"汉化"，吸收了儒家的孝道思想，也主张不孝要遭报应，出家行道是根本的孝道等；吸收了道家更多的概念与思想，将道家"无"的概念与佛教的"空"对接，将道家的"清静无为""守一"吸收入佛经，以解释"禅定"等等。就艺术而言，敦煌石窟艺术中还吸收了道教的"羽人"形象，使其与飞天相衔接。佛教还与中国民间俗文化结合，突出"救苦救难"的内涵，在佛教中强化了沟通神人的菩萨特别是观音的地位等，从而被广大民众所接受。诚如蒲松龄所言："佛道中惟观自在，仙道中惟纯阳子（吕洞宾），神道中惟伏魔帝（关公），此三圣愿力宏大，欲普渡三千世界，拔尽一切苦恼，以是故视祥云宝马，常杂处人间，与人最近。"①

经过这样的佛教与儒道统一及其俗化过程，印度佛教逐步改变成中国佛教，其代表即为禅宗。印度佛教完全是一种出世的教派，其教义很复杂，简单地概括，就是苦、集、灭、道四圣谛。谛，意为真理或实在。四谛即：（1）苦谛：指人经历三界六道生死轮回，充满痛苦、烦恼。（2）集谛：集是集合、积聚、感召之意。集谛，指众生痛苦的根源。谓一切众生，由于贪、嗔、痴等造成种种业因，

———————

① （清）蒲松龄：《关帝庙碑记（代孙咸吉）》，《蒲松龄集》第 1 册，上海古籍出版社 1988 年版，第 43 页。

从而招致未来的生死烦恼之苦果。从根本上说，众生痛苦的根源在于无明，即对于佛法真理、宇宙人生真相的无知。正因为无明，众生才处于贪、嗔、痴、慢、疑、恶等烦恼之中，由此造下种种恶业；正因为造下种种恶业，又使得众生未来要遭受种种业报。这样反复自作自受，轮回不休。(3)灭谛：指痛苦的寂灭。灭尽三界烦恼业因，以及生死轮回的果报，到达涅槃寂灭的境界，称为灭。(4)道谛：指通向寂灭的道路。佛教认为，依照佛法去修行，就能脱离生死轮回的苦海，到达涅槃寂灭的境界。这里包含丢弃尘缘、因果报应、生死轮回、普度众生、禁欲苦修等内容。

　　总之，印度佛教是一种出世的宗教，但传播到中国后，经过"本土化"的改造，成为以禅宗为代表的中国佛教。禅宗创始于南北朝时来中国的僧人菩提达摩。他在佛教释迦牟尼所言"人皆可以成佛"的基础上，进一步主张"人皆有佛性，通过各自修行，即可获启发而成佛"；后来，道生再进一步提出"顿悟成佛"。禅宗主张修道不见得要读经，也无须出家，世俗活动照样可以正常进行。禅宗认为，禅并非思想，也非哲学，而是一种超越思想与哲学的灵性世界；认为语言文字会约束思想，故"不立文字"；认为要真正达到"悟道"，唯有隔绝语言文字，或透过与语言文字的冲突，避开任何抽象性的论证，凭个体自己亲身感受去体会。禅宗为加强"悟心"，创造许多新禅法，诸如公案、棒喝、云游等，这一切方法在于使人心有立即足以悟道的敏感性。禅宗的顿悟是指超越了一切时空、因果、过去、未来，进而获得了从一切世事和所有束缚中解脱出来的自由感，从而"超凡入圣"，不再拘泥于世俗的事物，却依然进行正常的日常生活。禅宗不要求特别的修行环境，而是随着某种机缘，偶然得道，获得身处尘世之中，而心在尘世之外的"无念"境界。"无念"境界要求的不是"超凡入圣"，而是要"超圣入凡"。得道者日常生活与常人无异，只是精神生活不同，在与日常事物接触时，心境能够不受外界的影响。换言之，凡人与佛只在一念之差。可见，禅宗所包含的人皆能成佛，无须苦修禁欲，读经行善等均可顿悟成佛等观念，解决了佛教的平民化、神秘化问题，使之成为一种人间佛教，包含着儒家的仁爱和人皆可为尧舜的思想、道家的离形去智之"心斋"思想等，是一种中国化的佛教。

在这种中国本土化的过程中，佛教使其教义由出世发展到出世与入世的结合，从而使佛教壁画的"所指"发生了根本变化。这是导致壁画形象（能指）变化的根本原因。加之，画师也由原来的希腊画师凭借希腊画法到敦煌时期当地画师渗透进中国画法，在能指上逐步发展与变化。这正是佛教在传播过程中所指与能指的双重变化，导致由"天"的形象到"天人"形象历史嬗变的原因所在。

三、印度佛教图像的东传及其变异：由"天"的形象到"天人"形象

印度佛教最初是无偶像崇拜的，后来发展到偶像崇拜。它主要运用古希腊雕塑艺术手法，通过雕塑与彩绘刻画佛陀的形象及其修炼成佛、济世救人的事迹，主要保留在犍陀罗地区的石窟中，即今巴基斯坦西北部的白沙瓦及周边地区，以及与阿富汗东北部接壤的喀布尔河中下游及印度河的上游地区，俗称犍陀罗佛教艺术。

犍陀罗佛教艺术主要是一种西方古希腊式的宗教艺术，一种对于"佛"即"天"的歌颂，一种"天"的形象。美国学者杜兰在《印

度的艺术》一书中指出,由于亚历山大的东征使得古希腊艺术与印度艺术相融合,也使佛教艺术具有了古希腊艺术的特点。如其所言:"在希腊教师的指导下,印度的雕塑一时具有了一种平滑的希腊外表。佛陀变成了阿波罗的样子,也变作一个想到奥林匹克山的神;在印度的神和圣者的身上开始有波纹状的披布,式样好像菲迪亚斯的人形墙;而虔诚的 Bodnisattvas 则和兴高采烈的醉酒'森林之神'混在一起,佛陀与弟子们的理想化而且几乎是女性化的像和希腊腐败的现实主义的可怕实例成为对照,像在 Labore 忍受饥饿的佛陀,便是每根肋条与筋腱毕露,而有着女性的面孔与发式及男性的胡须。"①事实情况是,公元 327 年,马其顿国王亚历山大率军侵入印度西北部地区,使希腊文化在印度迅速扩大。公元 1 世纪后,大月氏人建立中亚、西亚和南亚的贵霜帝国,印度的佛教信仰与亚历山大东征所开辟的希腊化潮流相结合,并使大乘佛教对于佛的神化与希腊画像技艺相结合,这就是著名的犍陀罗佛教壁画艺术。从此,佛教壁画艺术在印度西北部兴起并逐步流传各地。②

随着佛教传入中国,犍陀罗佛教艺术也传入中国。西汉末年在新疆地区已有犍陀罗佛教艺术,之后进一步传入敦煌,建成规模宏大、历史悠久的莫高窟佛教艺术。莫高窟始建于前秦建元二年即公元 366 年,至今仍保存完整的洞窟有 492 个,里面珍藏着佛教壁画 45000 多平方米,彩塑 2400 多身,还有唐宋木结构建筑五座。莫高窟的艺术是融建筑、彩塑、壁画为一体的综合艺术,是

---

① [美]威尔·杜兰:《印度的艺术》,吉林教育出版社 1989 年版,第 247—248 页。
② 李利安:《阿旃陀石窟》,《光明日报》2013 年 10 月 30 日。

我国也是世界现存规模最宏大、保存最完整的佛教艺术宝库。初期仍是印度的犍陀罗艺术风格，后来逐步本土化，发生重大转型。转折点是公元642年即唐贞观16年，此时适逢盛唐时期，也成为其艺术的巅峰时期。公元1524年，明朝正式关闭嘉峪关，并于1529年放弃哈密，敦煌佛教艺术逐步走向衰落。后来的一些整修活动也只是局部的维持，改变不了其艺术终结的历史。敦煌石窟艺术前后持续达1000多年，不仅见证了中西文化艺术的传播与对话，而且是中国古代文化艺术的一座宝库。

　　佛教雕塑与彩绘又称"变相"，即将佛教教义呈现于图像。饶宗颐指出："过去有人说'变'是'变相'的简称，这恰是倒因为果，应该先有'变'之名，后来增益相或图，成为并列复词，称为'变相'或'图变'。演衍讲说这种'变'的故事之文字，谓之'变文'。专绘'本生经'或其他佛经中故事的，谓之'经变'。"①这里讲的"变"只是文体的变化，由佛经改编成通俗故事的称为"变文"，改变成雕塑或壁画的称为"变相"。其实，"变"即改变、变异之意，当然也包含两种文化艺术在交流对话的历史长河中的融合与变异。

　　1000多年的敦煌石窟艺术，就典型地反映了这种印度佛教艺术传播交流过程中由西方文化到中国文化的重大转变。这种转变主要是经济社会与哲学观、审美观的重大变化，佛教艺术（犍陀罗艺术）产生在古代印度的经济社会文化条件之下，古代印度是一种严酷的种姓制社会，其宗教哲学观是一种一神教崇拜哲学观，佛陀即"天"处于至高无尚的地位，艺术观是古代希腊的"高贵的单纯，静穆的伟大"的雕塑之美。而中国则是一种典型的农业社会，儒道互补，以儒为主，亲亲仁爱的社会，哲学观是一种

────────────

①饶宗颐：《饶宗颐东方学论集》，汕头大学出版社1999年版，第103页。

"天人合一"的哲学观,审美观则是一种"天人合一"根基上的气本论生命美学观,宗白华以"气韵生动"概括其特点,并将之阐释为"有节奏的生命"。佛教在本土化的过程中,必然要在保留某些适合中国本土的印度佛教文化元素的情况下,以中国的文化艺术观念对其进行大规模的改变。这种改变集中地体现在佛教图像之上。

第一,由"乐死"到"乐生"的变异。

印度佛教是一种对于现实人生绝望的宗教,将现实人生完全看作"苦难",唯有行善成佛才是人生最好的结果。涅槃是人生修行的最好结果,是对于人生烦恼的解脱,是一种最好的结局。所以,印度佛教是一种"乐死"的观念,将涅槃在雕塑与绘画中表现为人死后之象。敦煌石窟艺术则从中国古代哲学"生生之谓易""天地之大德曰生"出发,将涅槃描绘成一种生的状态。如敦煌158窟之涅槃佛,天庭饱满,身体丰腴,表情安详,完全是一种睡着的状态,似乎是随时等待醒来普度众生,积德行善。诚如穆纪光所言,"佛的涅槃被艺术化为'佛还活着',是中国人把佛世的'阴'转化为'阳'的心愿的曲折表现;'佛还活着'所铺展的语境,能为我们解读敦煌艺术的整体,建构一套相关的话语体系。"因此,158窟的涅槃佛被称为"睡佛"。① 相反,印度犍陀罗艺术中的佛的涅槃是一种肌肉干瘪的死亡状态。我们从这幅公元2—3世纪的犍陀罗佛陀涅槃像就可以清楚地看到这一点,德国学者吴黎熙对这幅图进行了描绘:"这一幅用灰色片岩制作而成的浮雕所表现的是佛陀去世和进入涅槃时的情景,佛陀身后并没有背光,他是按戒律要求僧人的姿势而侧卧着的。他左面的一位和尚大概是阿

---

① 穆纪光:《敦煌艺术哲学》,商务印书馆2007年版,第103页。

难陀，正保持着祈祷的姿势。背景上所刻画的人物沉浸在深深的悲哀之中。"①这两幅图像清楚地显示了两者之间的差异，也体现了从"乐死"到"乐生"的转变。

第二，由"天堂"到"天堂与人间共存"的变异。

印度犍陀罗艺术主要是表现佛的活动，是一种天堂的图像，敦煌石窟艺术则逐步增加了人间的活动画面，而且越来越多，成为天堂与人间的共存，充分表现了中国传统哲学"天人合一"的观念。首先是人间容貌的描绘。佛教艺术是一种宗教艺术，主要表现佛界的神秘崇高、遥不可及。但敦煌石窟艺术却给佛界带来了人间气息，菩萨也有了人间形象。例如，第45窟中的菩萨阿难完全是充满童稚之气的现实生活中的少女。其次是人神相等。敦煌石窟艺术开始时完全是对神的歌颂，即便有人，例如，供养人，也只占极少空间。随着历史的发展，人的图像开始凸显，甚至达到与神相等的地步。如，第130窟的都督夫人礼佛图，绘于盛唐时期，是唐代供养人画像中规模最大的一种，共12人。第一人身形高大，体姿丰满，是一种杨贵妃型的人物。再次是神权下降，皇权上升。随着历史的发展在敦煌石窟艺术中对于皇权的表现开始凸显，例如，修于晚唐925年的220窟，里面的帝王雕像就非常突出，表明神权的下降与皇权的上升。复次是世俗生活的表现。敦煌石窟艺术一开始基本是宗教生活的描绘，到后来，世俗生活逐渐增多，几乎描绘了中国古代世俗生活的方方面面。例如，耕获、婚嫁、狩猎、医病、相扑、游泳等等。最后是人佛交流。敦煌石窟艺术由于佛的形体高大，但需要体现人与佛的交流，于是在雕

---

① [德]吴黎熙：《佛像解说》，李雪涛译，社会科学文献出版社2010年版，第105页。

塑时有意调整佛的角度，使之前倾，使之与礼拜的佛教徒在跪拜时正好视线相接，充分体现了佛的人间关怀。如第 45 窟、第 46 窟与第 113 窟等。

第三，由佛的歌颂到菩萨歌颂以及东方女神塑造的变异。

在印度佛教艺术中，犍陀罗艺术主要是对佛陀的歌颂，其他菩萨都是辅助性的，但敦煌石窟则逐步突出了对于菩萨的歌颂。其原因在中国"天人合一"的哲学观看来，佛陀是崇高的，甚至是高不可及的，但菩萨却是佛陀与人之间的中介与桥梁，起到沟通神人的作用，因此对菩萨的歌颂在敦煌石窟艺术中占据的位置越来越突出与重要。《翻译名义集》引僧肇释"用诸佛道，成就众生故，名菩提萨垂"，说明菩萨为佛与人之间的中介。诚如易存国所言："其中尤以观世音为代表，以其为中心形成的菩萨信仰成为中国佛教的一大特色。"①敦煌石窟艺术受中国天人观的影响，突出了菩萨，创作了文殊、普贤、观音等形象生动的菩萨雕塑与壁画。特别是观音成为救苦救难的救星，也是东方的女神。观音菩萨衣着华贵，丰腴饱满，婀娜多姿，足踏莲花，一手持净瓶，一手持柳枝，随时准备以瓶中的圣水拯救苦难中的人们。敦煌石窟创造了各种观音图像，有千手观音、水月观音、如意轮观音、金刚杵观音等等，仅唐代观音的图像就多达 130 余窟。在犍陀罗佛教艺术中，观音是没有明显性别的，甚至是男性，有胡子，但在敦煌石窟中观音变成了女性，温柔和蔼，大慈大悲，成为人们心中的女神，以至于专门有了供奉观音的殿堂。观音集中体现了中国佛教"护生"的特殊内涵，成为中国佛教艺术的特点与亮点。

第四，由块的、画的艺术到线的、节奏的舞乐艺术的变异。

---

① 转引自易存国：《敦煌艺术美学》，上海人民出版社 2005 年版，第 389 页。

　　印度佛教深受古希腊艺术的影响，是一种"块"的艺术，以雕塑性著称，如南亚婆罗浮屠的佛像重在表现佛陀的静穆和谐、高贵的体态。但敦煌石窟受中国传统艺术通过流动的线以体现节奏为主的乐舞艺术特点的影响，出现了以生命节奏为主的线的艺术塑造。这主要表现为飞天的塑造。飞天由起初身体的飞舞发展到后来飘带的飞舞，这种线的艺术呈"S"形，充分反映出身体的生命活力。飞天对地面的挣脱和对天的向往，成为生命自由的象征，非常具有东方特有的美感。与此同时，敦煌石窟艺术对于乐舞的图像的表现非常突出，有胡旋舞、反弹琵琶、组舞、舞乐图等。诚如宗白华所说："敦煌艺术在整个中国艺术史上特点与价值，是在它的对象以人物为中心，在这方面与希腊相似。但希腊的人体的境界和这里有一个显著的分别。希腊的人像着重在'体'，一个由皮肤轮廓所包的体积。所以表现得静穆稳重。而敦煌人像，全是在飞舞的舞姿中（连立像、坐像的躯体也是在扭曲的舞姿中）；人像的着重点不在体积而在那克服了地心吸力的飞动旋律。"[1]

四、"本土化"嬗变之意义

　　首先，敦煌石窟艺术由"天"的形象到"天人"形象的历史嬗变，证明这一现象呈现的"传播"与"本土化"对于形象所带来的变异，可以补充进当代形象（图像）理论的建设之中。因为传播是一种图像的历时性"延异"，在这种"延异"过程中，诚如德里达所言，可以造成所指与能指的滑动，好像植物之"撒播"，意义与图像均可发生极大的变异。这就突破了传统的结构主义图像理论仅从

----

[1] 宗白华：《美学散步》，上海人民出版社 1998 年版，第 155—156 页。

共时性考察所指与能指关系的局限。德里达于 20 世纪 60 年代讨论的论题，已经被 1000 多年前的中国敦煌的佛教艺术实践所证明了。在这里，"本土化"说明经济、社会、文化是文学艺术图像及其变异的根本原因，这也正是马克思有关社会存在决定社会意识之唯物史观的基本原则。这说明，当代图像理论建设除了关注文学艺术的内部因素，还要关注外部经济社会文化的因素。对形象（图像）直接产生影响的，还是一个哲学观与审美观。例如，印度佛教艺术东传中的变异，主要是审美观由西方古希腊理性主义哲学观到中国古代"天人合一"哲学观的转变，以及由西方块的雕塑艺术观到中国古代线的生命论乐舞艺术观的转变。同时，也证明中国古代从刘勰《文心雕龙》之"通变"到敦煌石窟艺术之"变相"，都是中国古代宝贵的有关形象（图像）学理论，值得很好地总结与发扬。所谓"变"有改变、变革之意。刘勰在《通变》篇讲到了时代变迁给文学带来的变化，同时也讲到"通变"给文学带来的活力，所谓"文律运周，日新其业。变则其久，通则不乏。趋时必果，乘机无怯"（《文心雕龙·通变》）。敦煌石窟艺术反映出来的艺术（图像）之变包含极为丰富的内涵：有时间因素、地域因素、文化因素、民族因素、宗教因素、观念因素与技法因素等，具有空前重要的意义。

其次，敦煌壁画 1000 多年的历史嬗变，充分反映了佛教壁画演变过程中所经历的极为复杂的彼岸（信仰）与此岸（现世），以及西方形式美艺术与中国生命美艺术十分有趣的交流对话与吸收融合。这其实是一种东西两种文化与美学形态的二律背反。这种二律背反的结果是两种趋势：一是两者融汇为中西合璧的具有更强的张力与魅力的中国本土艺术，如前已提到的丝带飞天与美神观音等；二是形成两种元素的分庭抗礼，双方的消解，最后走向式微。或是神或天的力量的恢复，各种"天"的崇拜的佛殿纷纷建立；或是人在夹缝中偶露真容，如宋元以后所建佛寺中各种世俗罗汉（如挑水罗汉）的出现等。这种对话与交融所导致的敦煌石窟艺术，由西方"天"的艺术到中国"天人"艺术之变，反映了审美观念的巨大变化，由西方模仿的与表现的艺术到中国的生命艺术的转换。中国生命艺术是一种特殊的遵循"一阴一阳之为道"的审美规律的艺术，是在天人的阴阳对比中表现出中国佛教普度众生的特有的"护生"内涵在观音女神婀娜多姿的身姿与飞天的飘逸线条中，通过天人与线条本身的阴阳对比，表现出一呼一吸之生命的力量。

　　敦煌佛教壁画还告诉我们，这种由"天"的形象到"天人"形象的嬗变，实际上是从佛教的角度为中国古代"天人合一"的生命美学增添了新的内涵。那就是此岸与彼岸、块与线的二律背反所形成的张力，为"保合太和，乃利贞"的"天地交而万物通也，上下交而其志同也"的泰和之美增添了彼岸的关怀。佛陀与观音以其无边的佛法与普度众生的圣水，给信众带来美好的年成与安定的生活，在壁画中，佛教进一步走向人生。这是对于佛教艺术的中国式的改造，也是对于佛教彼岸性的某种意义的消解，从某种角度成为蔡元培所言的"以美育代宗教"的历史根据。中国古代没有明确的一神论信仰，是一种对于笼统的"天"的崇拜，以"天人合一"为信仰准则，以"礼乐教化"中的审美境界为信仰追求。这就是长期以来冯友兰与李泽厚所提出的中国古代儒家"天地境界"对于宗教的替代作用。在佛教壁画艺术东传中，这种彼岸与此岸的二律背反与块与线的张力，所形成的敦煌壁画图像艺术，是世界上仅有的，19世纪中期以后被西方后现代美术所吸收，价值重大。这种佛教艺术传入的汉化过程，也给中国艺术以重大影响。

飞天、观音、反弹琵琶与睡佛、立佛等具有空前魅力的形象，对于中国传统绘画写实技法的发展具有重要影响，包括工笔画的出现。对中国绘画中色彩的运用也有重要影响，使中国艺术更加色彩绚丽。

最后，这种敦煌佛教艺术东传中的变化，实际上是中国文化艺术史上的第一次西学东渐，其结果是在中西文化艺术碰撞中产生了一种亦中亦西、不中不西的具有中国特色的佛教壁画形态。这说明中国传统文化艺术具有强大的吸收和消化能力，也说明中国传统的"天人合一""和而不同""和实生物""气韵生动"等文化艺术理念的强大生命力与真理性，为我们今天发展艺术文化事业指明了方向，增添了信心。

第十二章 《聊斋志异》的"美生"论自然写作

《聊斋志异》是我国 17 世纪千古独绝的文言短篇小说。其题材独异,不同于一般小说以人世为主的写作范围,而主要以鬼狐花妖为写作对象。它虽继承魏晋之志怪小说,但却以其丰富的文学想象与绮丽多彩的语言表达而惊异文坛。可以说,《聊斋志异》是我国古代自然写作的典范之一,其在自然写作领域使世界文学增添不同寻常的东方风光。本章从自然写作这一独特视角审视《聊斋志异》的独特贡献。

一、"自然写作":人与自然共生的文化立场

"自然写作"一词肇始于西方生态批评的兴起,生态批评的重要代表人物格罗特菲尔德曾在《生态批评读本》中有所涉及,另一位生态批评的重要代表人物劳伦斯·布伊尔在《环境批评的未来》之中提出"自然写作"的概念。他说:"自然写作(nature writing):可以简洁地定义为'一种非虚构的文学写作,它提供(如更加古老的文学博物学传统中那样)关于世界的科学考察;探索个体人类观察者对世界的经验;或者反映人类与其所在星

球关系之政治和哲学涵义'。自生态批评运动开始阶段起，尤其是在我说的第一波生态批评中，中心兴趣便是自然写作。"①布伊尔这里所说的"自然写作"，是针对人为的"艺术写作"而言的纪实自然考察与个体经验的一种文学形态。诸如梭罗的《瓦尔登湖》之类。但真正的"自然写作"则是一种包含"环境取向"的写作。诚如布伊尔在另外一部著作《环境的想象：梭罗，自然，与美国文化的形成》所言，这种"环境取向作品"的标准要素是：

> 1. 非人类(non-human)环境的在场并不仅仅是一种框定背景的手法，这种非人类环境的在场实际上开始向人们宣示：人类的历史必然被融入自然之历史。
>
> 2. 在环境取向的作品中，人类利益并没有被视为唯一合法的利益。
>
> 3. 人类对环境负有责任，这是文本伦理取向的重要组成。
>
> 4. 这种自然取向的文本中隐含这样一种意识：自然并非一种恒定或假定之物。②

上述论述，有如下四点重要内涵：第一，自然环境并非如传统文学那样仅仅作为背景；第二，人类利益并非唯一合法利益，意味着人类中心论的退场；第三，人类对于自然环境应有伦理的责任；第四，自然环境在文学中并非假定之物而是具有能动性的功能。这就在实际上批判了传统的"人类中心论"与"艺术中心论"，而使自

---

① [美]劳伦斯·布伊尔：《环境批评的未来》，刘蓓译，北京大学出版社 2010年版，第158页。

② 转引自李晓明：《美国生态批评研究》，山东大学出版社 2017年版，第124页。

然写作（自然文学）走到与传统文学艺术平等的地位。可见，"自然写作"即是一种人与自然"共生"的写作，它是"自然文学"的另一种表达。显然，这是对于工业革命"人类中心"、"艺术中心"与"理性中心"的抛弃与评判。

"自然写作"在西方是一种后现代时期对于工业革命进行反思与超越的写作，是20世纪中期的产物，但在中国却是具有原生性的文化形式。因为，中国作为农业古国，以农为本，遵循"天人合一"的文化传统，力倡人与自然"共生"的文化立场。儒家有言"万物并育而不相害，道并行而不相悖"（《礼记·中庸》），道家则言"天地与我并生，而万物与我为一"（《庄子·齐物论》），释家则言"众生平等"（《华严经》）。这种"共生"的哲学观念必然导向人与自然平等的"自然写作"。中国最早的诗歌总集《诗经》，不仅是一种诗歌的艺术形态，而且是以音乐的形式特别是民歌的形式呈现，是一种诗乐舞的总和。因此，《诗经》可以说是中国最原初的艺术形式之一，具有很强的代表性。汉代《诗大序》对于《诗经》的写作形态做了较为经典的概括："故诗有六义焉：一曰风，二曰赋，三曰比，四曰兴，五曰雅，六曰颂。"唐人孔颖达对诗之"六义"解释道："风、雅、颂者，诗篇之异体；赋、比、兴者，诗文之异辞耳。"[1]也就是说，风雅颂是诗歌的不同体裁，而赋比兴则是诗歌不同的语言表现手法。因此，"六义"其实包括了文学的所有方面，基本上是一种自然的写作。所谓"风"，按《说文解字》："风动虫生，故虫八日而化。"风字"从虫凡声"，古人发现，每当寒风吹来则虫子消失，而当暖风吹来则虫又出现，即所谓惊蛰。"风"作为民歌，大都

---

① 《十三经注疏》整理委员会：《毛诗正义》，北京大学出版社2000年版，第14页。

反映了人民的生命生息之状态。《乐记》有言："教者,民之寒暑也。教不时则伤世;事者,民之风雨也。事不节则无功。"这里将音乐与民之寒暑风雨紧密相联系,充分说明了"风"的自然生命内涵。"雅"则是"风"的一种变体,诚如《诗大序》所言,"言天下之事,形八方之风,谓之雅"。所谓"颂",乃是祭祀之歌所谓"美盛德之形容,以其成功告神明者也"。当时祭神祭天祭祖先,主要是祈求风调雨顺、民生安康,也与人民的生命生息紧密相关。赋比兴作为诗之语言表现手法,也是集中反映了自然写作的特征。所谓"赋",乃指直陈其义,直叙也;"比"指类比,比喻。《说文解字》曰:"比,密也。二人为从,反从为比。"比喻二人亲密相处,也指人与物,主要是自然之物亲密相处;"兴"乃托物言志。《说文解字》的"兴"乃像两人共举一物,即同力之意,也有人与自然的亲和之意。可见,"赋比兴"是自然写作的语言表现手法。总之,诗之"六义"均与自然的表现密切相关,说明中国古代文学从根本上说就具有自然写作的意义。

对于中国古代文学的"自然写作"进行全面理论论述的,是《文心雕龙》。它在《原道》篇中提出著名的文来源于"自然之道"的论断。所谓"文之为德也大矣,与天地并生者,何哉? 夫玄黄色杂,方圆体分。日月叠璧,以垂丽天之象;山川焕绮,以铺丽地之形;此盖道之文也。仰观吐曜,俯察含章。高卑定位,故两仪既生矣。唯人参之,性灵所钟,是为三才。为五行之秀,实天地之心。心生而言立,言立而文明,自然之道也"。这里重点阐释了文之所本的"自然之道"的内涵:第一,"文"乃"与天地并生",此即自然;第二,"人文"与"日月叠璧"的"天文"、"山川焕绮"的"地文",都源于自然之道,故称"道之文";第三,作为"五行之秀"与"三才"之一的人之"言"之"文",乃"自然之道"的集中表现。总之，这里的"自然之道"乃人以"言"对于日月山川地理之美进行表现的"文明之道"与"天地之道"。显然，"自然"既包含大自然，也包含人对于自然的自然而然、顺其自然的表现。"自然写作"的观念，在中国古代文论典范之作《文心雕龙》中，由全书的首篇《原道》揭示出来，也具有全书之核心的意义。

"自然写作"给文学阐释增添了一种新的视角，同时也彰显了"自然写作"在中国文学艺术中的原生性特点，突出了中国文学艺术在世界"自然写作"的特殊地位与重要贡献。同样，从"自然写作"视角研究《聊斋志异》也可以凸显它的别样价值与风采。

二、"美生"论：歌颂生物
世界的无限美好

中国传统文化以"生生"为其核心价值观，力倡"生生之谓易""天地之大德曰生"等等。近人方东美更加明确提出，"生生之德"转化为"生生之美"，"生生"乃直抵艺术核心处等等。儒家力倡"爱生"，道家则倡导"养生"，佛家力主"护生"。蒲松龄在《聊斋志异》中继承了上述思想，更加进一步地提出"美生"论的自然写作观念。

《聊斋志异》凡491篇，其中写狐仙的约70余篇，4篇写花妖，2篇写牡丹仙女，还有《荷花三娘子》等。其最重要的名篇诸如《青凤》《莲香》《鸦头》《小梅》与《花姑子》等，均为写动植物等生物的，以其丰富的想象，绚丽的词汇，发自内心的情感，歌颂了生物世界的无限美好。《聊斋志异》提出了一系列"美生"论的重要词句，例

如,"狐更饶妩媚""生不如狐""人有惭于禽兽"与"鳖不过人远
哉"。① 尤其是,蒲松龄在《聊斋志异》以歌颂花狐鬼魅为光荣。
总之,《聊斋志异》的基本观点是"人不如兽","兽比人更美"。这
样的"自然写作"观应该是古今中外独一无二的,具有不同凡响的
特色,别具价值意义。

　　下面,我们具体展开对蒲松龄《聊斋志异》的"美生"论自然书
写基本观点的论述。

　　首先是"狐更饶妩媚"。这是在《鸦头》中提出,该文写王生邂
逅狐女鸦头,两情相悦,但鸦头之母乃贪图钱财的鸨母,鸦头为摆
脱控制与王生私奔。后被其母追回,"横施楚掠,欲夺其志",但鸦
头矢死不二,因被囚禁,暗无天日,鞭创裂肤,饥火煎心,度日如
年。后经千难万险,终被其子救出脱险。蒲松龄以"异史氏"之名
评论道:"至百折千磨,之死靡他,此人类所难,而乃于狐也得之
乎?唐君谓魏征更饶妩媚,吾于鸦头亦云。"蒲松龄认为鸦头之所
为"人类所难",所以借唐太宗评价贤相魏征之语"更饶妩媚"来赞
许狐女鸦头。其次是"生不如狐"。《莲香》写狐女莲香与书生桑
生两世姻缘,为爱采药救生,为爱死而转生,生死相依的悲情故事
展开。蒲松龄评价道:"嗟乎!死者而求其生,生者又求其死,天
下所难得者,非人身哉?奈何具此身者,往往而置之,遂至觍然而
生不如狐,泯然而死不如鬼。"也就说,人很难做到像狐女莲香那
样为爱隔世再生。再次,"人有惭于禽兽"。《花姑子》写拔贡生安
幼舆早年放生香獐,后得到香獐一家的回报。先是野外暮归,险
遇危境,被花姑子一家留住,爱上花姑子,回家后因爱而不得而病

_____

①本章所引《聊斋志异》中文字,均据朱其铠主编:《全本新注聊斋志异》,人
　民文学出版社1989年版。下文所引,只注篇名。

危，花姑子以蒸饼救活。后因寻找花姑子而落入蛇精圈套，为之丧命。当初得救的花姑子之父愿"坏道"代其死，花姑子以一束青草救活安幼舆，并不惜损七分"业行"，告以蛇血救命之方，使之得获蛇血，长保健康。花姑子及其一家这种感恩图报之举，蒲松龄认为人都难以做到，所谓"蒙恩衔接，至于没齿，则人有惭于禽兽矣"。复次，"鳖不过人远哉"。《八大王》写临洮冯生放生巨鳖，鳖实为洮水之八大王。后八大王报答冯生，赠其鳖宝，能够明目识宝。冯生因此巨富，并娶得公主为妻。蒲松龄于是得出"鳖不过人远哉"，认为在知恩图报方面鳖远远超出时下的人类。他说，"鳖虽日习于酒狂乎，而不敢忘恩，不敢无礼于长者，鳖不过人远哉？若夫己氏则醒不如人，醉不如鳖矣。"最后，蒲松龄在《狐梦》篇借其友毕怡庵梦狐之艳遇，狐女求其让蒲松龄仿效《青凤》为之作传之事，称："有狐若此，则聊斋之笔墨有光荣矣"，阐述了自己能够在《聊斋志异》为狐立传之无限的光荣。

三、"美生"论的自然写作：
美貌、美德、美情、美境

蒲松龄在《聊斋志异》中对狐魅花妖的美貌、美德、美行、美情、美境予以丰富多彩的描绘，展示了自己的"美生"论自然写作观。

首先是展示了它们超乎寻常的"美貌"。《聊斋志异》之名篇《青凤》是其代表。《青凤》写太原耿去病，在叔叔荒芜的旧宅中与狐女青凤的恋爱故事。该文写青凤的美貌："弱态生娇，秋波流慧，人间无其丽也。"又从耿去病的视角写青凤之美，耿去病初见青凤，"瞻顾女郎，停睇不转"，又"神志飞扬，不能自主，拍案曰：

'得妇如此,南面王不易也。'"从正面与侧面描写了青凤"人间无其丽"的美貌。《娇娜》写少女娇娜的非凡美丽。该文写孔雪笠流落外乡,在狐友皇甫氏家处馆,娶妻交友的故事。孔雪笠盛暑溽热,胸间起毒疮如桃,痛苦不堪,被娇娜救治。少女娇娜"年约十三四岁,娇波流慧,细柳生恣。生望见颜色,嚬呻顿忘,精神为之一爽",娇羞生恣,无比美丽。娇娜为孔雪笠疗病,"女乃敛羞容,揄长袖,就榻诊视。把握之间,觉芳气胜兰"。后孔雪笠娶娇娜的姐姐为妻,而娇娜成为其腻友。蒲松龄写道:"余于孔生,不羡其得艳妻,而羡其得腻友也。观其容可以忘饥,听其声可以解颐。得此良友,时一谈宴,则'色授魂与',尤胜于'颠倒衣裳矣'。"《婴宁》从"笑"写狐女婴宁之美。王子服首见婴宁,即以笑开场,"有女郎携婢,拈梅花一支,笑容可掬";王子服认亲,也是充满了婴宁的笑:"良久,闻户外隐有笑声。媪又唤曰:'婴宁,汝姨兄在此。'户外嗤嗤笑不已。婢推之以入,犹掩其口,笑不可遏";新婚之夜,也大笑不止,"至日,使华装行新妇礼;女笑极不能俯仰,遂罢"。总之,婴宁的笑,充分表现了她的美丽可爱,也表现了她的聪明智慧。诚如蒲松龄所言,"我婴宁殆隐于笑者矣"。《聊斋志异》对描写对象的美貌,总能恰到好处地结合其生物之特点,《聊斋志异》写植物花妖的篇章,充分体现了花卉之美的特点。如《葛巾》写牡丹之美,是一种特有的香气之美,"忽闻异香竞体,即以手握玉碗而起。指肤软腻,使人骨节欲酥";"纤腰盈掬,吐气如兰"。主要从嗅觉与触觉的角度描写牡丹仙女的美丽。总之,《聊斋志异》充分展示了狐魅花妖"人间无其丽"的天仙一般的美貌。

其次,《聊斋志异》展示了狐魅花妖的超越人类的高尚"美德"。《聊斋志异》中的狐魅花妖大多具有超越人类的高尚品德。可以说,蒲松龄在《聊斋志异》中把他自己理想中的各种优秀品德都赋予了花仙狐怪。例如，"知恩图报"，这是《聊斋志异》涉及最多的有关狐魅花妖最基本的品德，很多篇章涉及此类题材，如《花姑子》、《西湖主》与《阿英》等等。名篇《青梅》写狐女青梅被卖于王进士家为奴，与小姐阿喜结下深厚感情，后见到王家房客张生至孝勤勉，青梅在小姐阿喜的无私帮助下得以与张生成亲，张生终究中举被授予司理官职，后升任侍郎。但小姐阿喜家遭突变，父母双亡，流落尼庵，雨中恰逢已为贵夫人的青梅。青梅不忘恩德，言道："昔日自有定分，婢子敢忘大德！试思张郎，岂负义者？"最终，青梅亲自操办了阿喜与张生的婚事，彰显了狐女青梅的知恩图报的高尚品德。《聊斋志异》对于日常视为凶暴的虎狼也具体描写了它们的"知恩图报"的美德，《毛大福》写了狼报恩故事二则，一则报医生毛大福疗救巨疮之恩，一则报收生婆助产之恩。《二班》写两虎二班，报答针灸医生殷元礼为之救母虎口角赘瘤之恩，说明虎狼均有知恩报恩之德。

　　"感情专一"是《聊斋志异》所展示的狐魅花妖的重要品德之一，《阿霞》与《凤仙》等即是。《阿霞》写狐女阿霞邂逅文登景星，两情相悦，景星见阿霞"丰艳殊绝"，于是喜新厌旧，对妻子诟詈侮辱，甚至休妻。阿霞得知后毅然离他而去，并言："负心人何颜相见？""负夫人甚于负我！结发者如是，而况其他？"足见狐女阿霞对"感情专一"的重视与追求。《青蛙神》写流传于楚地的故事，薛昆生娶"丽绝无俦"蛙神之女十娘，两情相悦。但蛙本怕蛇，昆生戏以蛇吓之，十娘愤而归家。昆生思妇病笃，十娘不计前嫌，不顾父母要求其"另醮"的动议，毅然归家呵护照拂，并生子留根，反映了蛙女的感情专一。

　　"扶贫济困"也是《聊斋志异》所歌颂的品德，恰体现在狐魅花妖身上。《红玉》写狐女红玉与书生相如相爱，先是重金资助相如完婚。后在相如被贪官恶霸宋御史欺凌导致家破人亡之际,出手相助,为相如抚养幼儿,又出金治织具,租田数十亩,雇佣耕作,牵罗补屋,像男人那样干活,从而人烟腾茂,类素封家,让相如安心读书备考,科考遂领乡荐。蒲松龄在评价道:"其子贤,其父德,顾其报之也侠。非特人侠,狐亦侠也。"将红玉"扶贫济困"之举看作是一种路见不平、拔刀相助的"侠义"行为。

"成人之美"是《聊斋志异》所褒扬的狐魅花妖的另一种美德。《封三娘》写富家女范十一娘在水月寺盂兰盆会上邂逅狐女封三娘,结为闺中密友。封三娘欲为范十一娘介绍一嘉婿,将贫士孟安仁介绍给范十一娘,但范家不允,十一娘自经而亡。封三娘以异药使其复苏,从而成就了十一娘与孟安仁的婚事。后孟安仁乡会果捷,官翰林,婚姻美满。这是一种狐女的成人之美的善举。

"以德报怨",是《聊斋志异》歌颂的狐魅花妖另一美德。《阿纤》写商人奚山偶遇古氏一家,实为鼠属,但鼠女阿纤"窈窕秀弱,风致嫣然",于是奚山将阿纤介绍给自己的弟弟三郎为妻。阿纤嫁入门后,"寡言少怒,或与语,但有微笑,昼夜绩织,无停晷",以致"家日益丰"。但奚山以阿纤之父被墙压死亡,以及巨鼠如猫的传闻,怀疑阿纤,并"日求善扑之猫,以觇其意"。阿纤母女只得逃走,后三郎弟岚见到阿纤,促成夫妻团园,但与奚山分家。阿纤回家后,家中大富。而山苦贫,阿纤既"移翁姑自养之",又"以金粟周兄"。三郎喜曰:"卿可云不念旧恶矣。"此文歌颂了鼠女阿纤不念旧恶、以德报怨的高尚品德。总之,《聊斋志异》中的狐魅花妖大多有美好的品德。

再次,《聊斋志异》表现了狐魅花妖们超人的"美情"。首先是超人的"爱情",这是《聊斋志异》的长项,几乎所写狐魅花妖故事大都与爱情有关。《竹青》写人鸟相恋的故事,湖南人鱼容,家贫下第，"资斧断绝"，可谓穷途末路，暂息吴王庙中。因"出卧廊下"，被吴王补入乌鸦之黑衣队中，配以雌鸟竹青，两情相悦。后鱼容中弹，被竹青所救，哺之鱼食，但终因伤甚而亡。鱼容后复苏，仍回人身。三年后，重过吴王庙，仍不忘"竹青"。后中举，到吴王庙以少牢食鸟。是夜，宿于湖村，竹青专程相见，但已经成为汉江神女。她携鱼容到汉江，"日夜谈燕，乐而忘归"。后竹青以"黑衣"借鱼容，能使鱼容化为乌鸦，既可飞回故乡湖南，又能飞来汉阳与竹青相聚。后竹青生"汉产"与"玉佩"，一子一女，家庭圆满。这是一个人鸟来回互换身份、相亲相爱的故事，可谓缠绵悱恻，极为感人。《香玉》写胶州黄生与花树之仙白牡丹香玉和耐冬绛雪的故事，两位花册"艳丽双绝"，黄生以香玉为妻，以绛雪为友，相处甚欢。在两位花仙遇难之时，黄生施以援手。白牡丹香玉被即墨蓝氏"掘移径去"，黄生作哭花诗五十首，日日临穴啼泣，花神感其至情，使香玉复降宫中，被掘处牡丹萌生，再度发芽，次年四月开花一朵，含苞待放。后来道士建屋，准备掘出耐冬，黄生急止之，保护了耐冬。黄生死后，亦化作花仙，在白牡丹之傍，赤芽怒生，一放五叶。后黄生所化之牡丹被人斫去，白牡丹与耐冬均死。蒲松龄感叹道："情之至者，鬼神可通。花以鬼从，而人与魂寄，非其结于情者深矣。"

再就是超人的"亲情与友情"，《聊斋志异》写人与动植物亲情与友情的故事很多，如《马介甫》写狐仙马介甫与杨万石一家可贵的亲情与友情。马介甫乃狐仙，与杨万石与杨万钟兄弟交游日密，并焚香为昆季之盟。杨万石惧内，其妻尹氏奇悍，并常常诉诸暴力，导致其杨氏老父过着奴隶般的生活，衣着败絮，食不果腹。后杨万钟为阻止嫂子殴打老父而误伪其嫂，恐怖投井而亡，但他留下的孩子惨遭其嫂虐待，其父也被逼逃亡。马介甫毅然拯救杨万石一家,在外地安置其父与侄,又施法术严惩尹氏。狐仙马介甫表现出非凡的友情与亲情,乃常人难以达到。《蛇人》写人与蛇之间罕见的友情。东郡某甲以养蛇为业,先后饲养了大青、二青与小青三条蛇,均通人性。某甲将二青养到三尺长之时,笥中已经无法存身,于是某甲在淄邑东山间将其放生,二青"已而复返,挥之不去,以首触笥",与小青告别。后二青长大,在山中逐人。某甲路过认出二青,既将小青交给二青,又劝之曰:"深山不乏食饮,勿扰行人,以犯天谴。""二蛇垂头,似相领受。"此后,行人如常。蒲松龄言道:"蛇,蠢然一物耳,乃恋恋有故人意。且其从谏也转圜。独怪俨然而人也者,以十年把臂之交,数世蒙恩之主,辄思下井复投石焉;又不然,则药石相抽,悍然不顾,且怒而仇焉者,亦羞此蛇也已。"蒲松龄感叹,现实社会大量存在人不如蛇的状况。这是对蛇的歌颂,也是对现实人生的鞭挞。

最后是对于狐魅花妖所生活之"美地"的歌颂。《聊斋志异》所描写的狐魅花妖所生活的地方大都为人间所没有的"美地"。《婴宁》所写狐女婴宁所生活的地方是"乱山合沓,空翠爽肌,寂无人行,止有鸟道。遥望谷底,丛花乱树中,隐隐有小里落。下山入村,见舍宇无多,皆茅屋,而意甚修雅。北向一家,门前皆柳丝,墙内桃杏犹繁,兼以修竹;野鸟格磔其中",给我们呈现了一幅"寂无人行"与"野鸟格磔其中"的人间所无的美地。《西湖主》对鱼精西湖主所生活的不凡的美地的描写:"茂林中隐有殿阁,谓是兰若。近临之,粉垣围沓,溪水横流;朱门半启,石桥通焉。攀扉一望,则台榭环云,拟于上苑,又疑是贵家园亭。逡巡而入,横藤碍路,香花扑人。过数折曲栏,又是别一院宇,垂杨数十株,高拂朱檐。山鸟一鸣,则花片齐飞;深苑微风,则榆钱自落。怡目快心,殆非人世。"西湖主之生活地既非上苑,也非贵家园亭,而是殆非人世的美丽景象。

可见，《聊斋志异》全面呈现了狐魅花妖的美貌、美德、美情与美地，形象而细致地展示了"美生"论自然写作的基本观点。

四、"美生"论的社会文化渊源

蒲松龄在《聊斋志异》中立足"美生"论进行自然写作不是偶然的，而是有其经济社会文化与个人的原因。首先是对于黑暗现实社会的彻底失望，只能将其美好理想寄情于自然世界。蒲松龄在《聊斋志异》的《自志》中有言："惊霜寒雀，抱树无温；吊月秋虫，偎阑自热。知我者，其在青林黑塞间乎！"表明了自己的现实处境与心志。蒲松龄认为，自己犹如霜后抱树无温的寒雀与偎阑自热的秋虫，只能在青林与黑塞之间的狐魅花妖之中得到知己。青林黑塞间成为蒲松龄的理想所在。他对于现实社会之黑暗腐朽深有感触，并以大量的文学描写进行了深刻有力的批判。他认为，这个社会是一个恶棍横行的强梁世界。他的《成仙》写文登周生与成生定生死交，后周生遭高官黄吏部欺压，县宰与黄氏勾结将周生打入牢狱，受尽凌辱，搒掠酷惨。周被迫"诬服论辟"，他们还"因赂监者，绝其食饮"。在此绝境之中，成生冒死赴京告御状，为周生挽救了性命。蒲松龄借成生之言说道："强梁世界，原无皂白。况今日官宰半强寇不操矛孤者耶？"揭露了当时社会乃强梁世界，官府半为强寇的现实状况。《考弊司》写地狱，中堂下两边书"一云'孝悌忠信'，一云'礼义廉耻'"，但实际却是行贿与酷刑之地，是借地狱之虚伪对于现实黑暗社会巨大的讽刺！在蒲松龄的笔下，这个社会也是一个欺骗与乱离共存的社会，民不聊生。《乱离》具体描述了当时社会"乱兵纷入，父子纷窜"："百里绝烟，无处可询消息";"大兵凯旋,俘获妇口无算,插标市上,如卖牛马"等等乱离混杂的景象。《念秧》描述了以谎言欺骗图财害命的所谓"念秧"的勾当,正所谓"人情鬼蜮,所在皆然;南北冲衢,其害尤烈"。《续黄粱》讽刺当时贪官污吏横行霸道之恶行,福建曾孝廉游一禅院,遇一算命之人,问"有蟒玉分否?"星者许以二十年太平宰相,曾孝濂倦榻间作了一个黄粱美梦,梦见自己果然如愿当了宰相,于是网络党羽,横征暴敛,打击异己,贪污腐败,无所不及,被龙图包学士上疏弹劾,所谓"平民膏腴,任肆蚕食;良家女子,强委禽妆。沴气冤氛,暗无天日!""荼毒人民,奴隶官府,扈从所临,野无青草";"声色狗马,昼夜荒淫;国计民生,罔存念虑"等等,可谓将当时贪官污吏的恶形暴露殆尽。《王者》写湖南巡抚某公派遣州佐押解饷银六十万,途中被盗,州佐到王者求助,王者让其带给巡抚以巨函,函中言道:"汝自起家守令,位极人臣。赇赂贪婪,不可悉数。前银六十万,业已验收在库。解官无罪,不得加谴责"等,可见湖南巡抚贪婪之巨。《促织》写明宣德年间皇帝喜蟋蟀,向民间搜掠,导致里正成名受尽苦难,乃至家破人亡,儿子投井等等,说明贪腐的盛行与祸害。蒲松龄对于贪官深恶痛绝,在《伍秋月》的最后写到:"余欲上言定律;'凡杀公役者,罪减平人三等',盖此辈无有不可杀者。'"在《聊斋志异》中,蒲松龄描述了当时社会的冤狱盛行,人民处于水深火热之中。《辛十四娘》写广平冯生与狐女辛十四娘相爱结婚,但高官楚银台之子看上辛十四娘,加上冯生性格狂妄,瞧不起楚银台之子凭借权势获利。于是,楚银台父子设圈套陷害冯生,将之刑拘送到监狱。"朝夕搒掠,皮肉尽脱。"辛十四娘"知陷阱已深,劝令诬服,以免刑宪","生因误认杀拟绞"。后辛十四娘以狐婢到大同冒勾栏之女,获取皇帝欢心,"极蒙宠眷",才得到皇帝的直接关心得以脱免冤狱。蒲松龄评道:"若冯生者,一言之微,几至杀身,苟非室有仙人,亦何图能解脱图圈,以再生于当世耶? 可惧哉!"再就是对"科考不公"的批判。《聊斋志异》多篇涉及这一问题,直面封建社会的顽症。《叶生》写淮阳叶生"文章词赋,冠绝当时;而所遇不偶,困于名场"。后得到县令丁乘鹤的赏识与提挈,但时运不佳,仍然名落孙山。于是抑抑而病"服药百裹,殊罔所效",最后夭亡,但家贫无法下葬。因为感念丁乘鹤的恩德并执着于科场,其鬼魂竟跟随丁乘鹤北去关东,教其子再昌一路科场成功,自己也居然考得举人。当丁再昌南下就职,路过叶生家乡,让其衣锦还乡时,才发现叶生其实早已死亡。这实在是一出人生悲剧。蒲松龄借"异史氏"之言道:"一落孙山之外,则文章之处处皆疵。古今痛哭之人,卞和惟尔;颠倒逸群之物,伯乐伊谁? ……天下之昂藏沦落如叶生其人者,亦复不少,顾安得令威复来,而生死从之也哉? 噫!"蒲松龄之言可谓发自心声,一针见血。总之,蒲松龄在《聊斋志异》中以艺术的手法全面抨击了腐朽黑暗的社会现实,寄希望于青林与黑塞之间的自然世界。当然,《聊斋志异》也描绘了若干人世之外的理想世界,诸如《罗刹海市》之龙宫,《西湖主》之宫苑,《安期岛》之世外化境等等。这也许就是《巩仙》所说的"袖里乾坤":"袖里乾坤,古人之寓言耳,岂真有之耶? 抑何其奇也! 中有天地,有日月,可以娶妻生子,而又无催科之苦,人事之烦,则袖中虮虱,何殊桃园鸡犬哉!"也许,这青林与黑塞间的狐魅花妖世界就是蒲松龄的"袖里乾坤"吧。

其次是蒲松龄个人的坎坷曲折境遇,万分凄苦,只得寄情于自然世界之中。诚如蒲松龄在《聊斋志异》的《自志》中所说,"门庭之凄寂,则冷淡如僧;笔墨之耕耘,则萧条似钵。……独是子夜荧荧,灯昏欲蕊;萧斋瑟瑟,案冷疑冰。集腋为裘,妄续幽冥之录;浮白载笔,仅成孤愤之书;寄托如此,亦足悲矣! 嗟乎!"这可以说是一种无奈的悲叹,但也说明了《聊斋志异》是一种寄情之书,寄托了蒲松龄的一腔孤愤之情。蒲松龄最需要寄托之情就是近40年科考的坎坷曲折经历及所经受的"凄苦"之情。蒲松龄19岁应童子试,以县府道三个第一补博士弟子员,文名藉藉于诸生间。但此后40多年连续科场失利,屡战屡败。据推算,这段时间,蒲松龄参加科考的机会大约10次,加上为取得科考机会而参加的岁试、科试,蒲松龄参加科举考试的次数相当惊人,但均告失利,甚至有两次因违规被逐出考场。蒲松龄的自述道:"觉千瓢冷汗沾衣,一缕魂飞出舍,痛痒全无。"直到1711年,蒲松龄已经72岁,才在青州科试中被"援例出贡",获得"儒学训导"之微职。蒲松龄自况道:"落拓名场五十秋,不成一事雪蕴头。腐儒也得亲朋贺,归对妻孥梦亦羞。"对于这"落拓名场五十秋"的坎坷凄苦之情,蒲松龄在《聊斋志异》中借助狐魅花妖的自然世界得到了寄托与抒发。《聊斋志异》描写了众多书生在狐妻妖友的帮助下得以实现金榜题名,人间世界不能实现的愿望在自然世界得到实现。如《凤仙》,描写"家不中资"的刘生邂逅了美丽非凡的狐女凤仙,结为夫妻,但在家庭受到冷遇,于是激发刘生发奋读书以博取功名。于是凤仙就给了他一面镜子,一旦努力读书,镜中凤仙就喜容满面,懈怠则背转身影,刘生发奋不敢懈怠,"如此两年,一举而捷","明春,刘又及第",并官至郎官。蒲松龄借"异史氏"言道:"嗟乎!冷暖之态,仙凡固无殊哉!'少不努力,老大徒伤。'惜无好佳人,作镜影悲笑耳。吾愿恒河沙数仙人,并遣娇女婚嫁人间,则贫穷海中,少苦众生矣。"当然,蒲松龄也寄托了他家境贫穷而遭受的无限痛苦。蒲松龄出身世家,但家庭贫寒,分家后尤甚,"屋惟农场老屋三间,旷无四壁,小树丛丛,蓬蒿满之"。贫穷导致母亲病故而无法下葬,"兄弟相痴对,枯目以苍皇"。他40岁后在毕家处馆,境况才略有改观。这种贫穷卑微生活的凄苦之情,蒲松龄在《聊斋志异》得到了寄托和排解。在很多篇章中,蒲松龄都写了书生们在狐妻花友的帮助下命运改变,甚至大富大贵的情形。如《西湖主》,写书生陈生因救了鱼精龙王公主,从此改变命运,进入洞庭之鱼精龙王公主洞府,被招为驸马,从此大富大贵。文中写道:"又半载,生忽至,裘马甚都,囊中宝玉充盈。由此富有巨万,声色豪奢,世家所不能及。"蒲松龄感叹道:"昔有愿娇妻美妾、贵子贤孙,而兼长生不老者,仅得其半耳。"蒲松龄之贫穷低微生活的凄苦之情与富贵的愿望借助于自然世界得以排解与实现。此外,还有相对淡泊的爱情生活。需要说明的是,蒲松龄的妻子刘氏是一个贤妻良母,据记载,"刘氏入门最温谨,朴纳寡言,不及诸宛若慧黠,亦不似他者与姑勃豀也"。也就是说,刘氏是旧时代典型的持家女子,但长年的劳作辛苦,加上年龄与蒲松龄相当,早已无"花容月貌"。蒲松龄从 30 多岁壮年时期即离家处馆,实际上过的是两地分居的单身生活,爱情特别是情爱处于荒芜状态。按照弗洛伊德的精神分析心理学原欲动力的理论,壮年中的蒲松龄对于爱情与情爱是向往的,这就是《聊斋志异》那一篇篇动人心魄的人与狐魅花妖相亲相爱的华美篇章产生的重要动因之一。那一个个美丽非凡、温柔体贴的狐女花妖正是蒲松龄心中的情感化身。《胡四姐》形象地描述了泰山人尚生的独居清斋的艳遇。尚生先是"会植秋夜,银河在天,徘徊花阴,颇存遐想",突然一女子逾墙来,"荣华若仙,惊喜拥入,穷极狎昵。"此即胡四姐,又引见胡三姐。胡三姐乃"年方及笄,荷粉露垂,杏花烟润,嫣然含笑,魅丽欲绝。生狂喜,引坐。"其后又遇一狐女,"苍茫中,出一少妇,亦颇风致",从而"酾酒调谑,欢洽异常"。这短短的时间内,这位孤寂的书生就有了三次非凡的艳遇,这其实就是寄托了蒲松龄情感的需要。这样的篇章在

《聊斋志异》还是比较多的,说明蒲氏寄情之需。

　　《聊斋志异》"美生"论自然写作的提出,还有其地域的文化与哲学的原因。首先是蒲松龄出生并生活于齐鲁之邦,同时在中年曾到江南宝应工作生活一年,深受这两个地域的文化影响。据研究,《聊斋志异》中提到山东地名 80 多个,涉及篇目 248 篇,其中有关他的家乡淄川的篇目 80 多篇,提到泰山的 20 多篇,与蒲松龄家乡附近章丘有关的 12 篇。总之,《聊斋志异》的山东地方特色,特别是淄川附近齐地的地方特色非常明显。山东齐地既有鱼盐之利的经济优势,又有近海开放的文化特点,还是我国北方的粮仓,农业高度发达。以上种种,决定了齐鲁之地是"美生"论的崇敬自然观产生的良好土壤,也是各种离奇古怪的奇闻异事产生的沃土。蒲松龄年青时在江南宝应工作、生活期间,走遍了宝应的山山水水,受到这块江南水乡楚骚文化的强烈影响,《聊斋志异》中与宝应有关的篇章有 33 篇之多,其中《娇娜》、《伍秋月》、《青梅》与《苏仙》等多篇与"美生"论有关的篇章均产生之宝应,说明楚骚鬼魅文化对于《聊斋志异》的"美生"论的形成起到重要作用。当然,历史上的六朝志怪、唐之传奇、宋之话本等也会对于《聊斋志异》,特别是其亲近与崇敬自然的"美生"论有所影响。蒲松龄生活的时代,正值王阳明心学昌盛发展之时,蒲松龄《聊斋志异》受到心学的明显影响。心学力主"物由心生","心外无物","心外无理"。王阳明曾言:"你未看此花时,此花与汝心同归于寂;你来看此花时,则此花颜色一时明白起来,便知此花不在你的心外。"[1]蒲松龄接受了王阳明的心学哲学观,他在《会天意序》中

---

[1]（明）王阳明:《传习录》,叶圣陶点校,北京联合出版公司 2018 年版,第438 页。

言道：“就我言天，则方寸中之神理，吾儒家之能事”，“夫苟凝神默会，则盈虚消息，了无遗瞩，昭昭乾象，不出方寸，彼行列次舍，常变吉凶，不过取以证合吾天耳”。① 这说明，在蒲松龄看来，所谓“天”也是在“方寸”之间，由“心”所决定。《聊斋志异》的《齐天大圣》之“异史氏曰”：“天下事固不必实有其人；人灵之，则既灵焉矣。何以故？人心所聚，物或托焉耳。”这完全是心学的理论呈现。另外，与蒲松龄同时代，并曾经给予蒲松龄以支持的王士祯的“神韵说”也对蒲松龄有启发。王士祯当时位居高官，文名显赫，虽然与蒲松龄之间在文学观念上不尽相同，但曾给予《聊斋志异》以鼓励，写了“卓乎大家，其可传后无疑也”，以及“姑妄言之妄听之，豆棚瓜架雨如丝。料应厌作人间语，爱听秋坟鬼唱诗”。蒲松龄对王士祯是十分尊重的，他的“神韵说”所倡导的“风神韵致”的境界追求在诗风上与蒲松龄未必相同，但其对于彼岸境界的追求对于蒲松龄“料应厌作人间语，爱听秋坟鬼唱诗”的“美生”论还是有所影响的。

五、“美生”论自然写作之评价

蒲松龄与《聊斋志异》的影响与地位已经名满天下，他与法国莫泊桑、俄国契诃夫并称为“世界短篇小说之王”，是当代影响最大的中国文学家之一，《聊斋志异》被译为 20 多种语言介绍到世界。现在，我着重对其“美生”论的自然书写作一点力所能及的评价。

---

① （清）蒲松龄：《蒲松龄集》，路大荒整理，上海古籍出版社 1986 年版，第56 页。

　　首先,《聊斋志异》"美生"论的自然写作是对于腐朽没落的后期封建主义以深刻有力的审美批判。中国封建主义进入清代已经成为晚期封建主义,其经济社会文化领域的腐败已经发展到十分严重的程度。当时,无数有识之士开始反思中国封建主义的严重弊端,但这种反思还没有成熟。在文学艺术领域,这种反思与评判已经先行发声,这就是著名的《红楼梦》与《聊斋志异》。《聊斋志异》尤其以其异样的色彩从自然世界无限美好的角度,深刻评判了封建社会的黑暗腐败、一无可取。它以美反衬丑,以自然之美好反衬出社会之丑恶,其力度与视角别开生面。

　　其次,《聊斋志异》创造了中国 17 世纪的自然神话。卡西尔说:"神话是情感的产物,它的情感背景使它的所有产品都染上了它自己所特有的色彩。……所有这些区别都被一种更加强烈的情感湮没了:他深深地相信,有一种基本的不可磨灭的生命一体化(solidarty of life)沟通了多种多样形形色色的个体生命形式。"①《聊斋志异》就是让一切的生物,狐魅花妖染上了美丽的感情色彩,整个自然世界都被一种生机勃勃的生命的力量所沟通,成为一个共同体。狐魅花妖,豺狼虎豹,均富有人性,知恩图报,感恩载德。其中贯穿着一种对于生命与生物的热爱与歌颂,是整个大自然的颂歌。谢林有言:"神话则是绝对的诗歌,可以说,是自然的诗歌。它是永恒的质料;凭借这种质料,一切形态得以灿烂夺目、千姿百态的呈现。"②的确,《聊斋志异》体现了一种真正的哲学即"美生"论哲学,一切生命都是美好的、永恒的,甚至在某

---

① [德]恩斯特·卡西尔:《人论》,甘杨译,上海译文出版社 1985 年版,第105 页。

② [德]谢林:《艺术哲学》,魏庆征译,中国社会出版社 2005 年版,第 65 页。

种意义上超过人类，自然其实是人类的母亲，人类的摇篮。从这个角度说，"美生"确实具有强烈的哲学意味。人类需要永远的"敬畏自然"，这不是今天我们人类的共识吗？作为"神话"，《聊斋志异》来自于人类的原初，是远古人类敬畏自然、亲爱自然的积累，也是未来自然艺术的源泉，从《聊斋志异》派生出源源不尽的自然艺术的花朵，它是自然艺术的母亲与种子。谢林还认为，神话是神的歌唱。它总与某种宗教信仰联系在一起。《聊斋志异》主要建立在历史悠久、无比丰富的民间信仰的基础之上，信奉万物有灵、万物可成精，以及修炼成仙等等。《聊斋志异》中的狐魅花妖几乎都有仙气。西湖主、龙女、荷花三娘子、翩翩与慧芳等本来就是仙人，其他狐魅花妖也均与仙有缘，可以吐纳炼丹，修炼成仙，荣登仙籍等等。总之，《聊斋志异》中的"美生"是建立在神化与仙化狐魅花妖的基础之上的。《聊斋志异》这样的"美生"论自然神话区别于通常的迷信，它是人的心中的诗意向往，是庸常生活中的远方，具有引人遐想，久读不厌，寄托别样精神情感的非凡价值意义。

再次，《聊斋志异》是东方形态的自然界的艺术的"异史"。蒲松龄将《聊斋志异》称作"异史"，这是一种不同于《史记》的"历史"。《史记》写的是人类的帝王将相，英雄豪杰。但 17 世纪，中国封建社会已经完全腐败，没有了称豪天下的人类的英雄豪杰，只有在自然世界才有真正的英雄豪杰。蒲松龄的《聊斋志异》就是自然界的英雄豪杰的颂歌，他给每位自然界的英雄都有一个"异史氏曰"即蒲松龄自己的评价与歌颂，堪比《史记》的"太史公曰"。这样的自然界的艺术的"异史"在世界自然文学中是前所未有的。因为，西方的自然文学，仅仅局限古希腊罗马神话，也许还有基督教神话。其后则是浪漫派诗歌与纪实性的文学，小说也只是幻想性的小说。但《聊斋志异》则以极高的艺术水准和震撼人心、流芳千古的故事创造了小说领域的自然艺术。它以亦真亦幻、亦人亦妖的前所未有的艺术形态呈现了自然世界的艺术"异史"。这是一种自觉性的艺术行为,开创了小说领域自然文学的中国世纪。

复次,《聊斋志异》的"美生"论的自然写作为国际生态美学贡献了一种新的美学理论形态与文学实践。"美生"论自然写作是我们对于美国生态批评理论的一种借用与改造。"自然写作"本来是西方生态批评"第一波"的理论话语,这里的"自然"是与"艺术"相而言的,特指"聚焦于乡村环境"对象写作。而"第二波"生态批评则指环境正义的生态批评,包含城市环境等。本文使用的"自然写作"则更多地将之视为一种文化立场,一种走出"人类中心论"与"艺术中心论"的"生态整体论"的文化立场。正如上文所述,吸收了布伊尔的"环境取向作品的四要素"。我们认为,中国传统文化倡导的"民胞物与"的文化立场就是东方形态的"天人合一"的生态美学,必然导向"生态整体"文化立场的"自然写作",在儒家则是一种"爱生"论的"自然写作"。蒲松龄《聊斋志异》在传统儒家"爱生"论基础上,由其特定的语境决定选择了"自然比人类更美"的"美生"论自然写作,并以一系列无比动人的动植物寓言形象地呈现了这一写作形态,这是一种中国式的生态美学实践。中国 17 世纪的"美生"论自然写作的观念与 20 世纪加拿大卡尔松的"自然全美"有其类似之处。"自然全美",从相对的意义上,可能是片面的,但从总体上,却是一种最终的哲学指归。自然的永恒美丽与神秘魅力是无法抹杀的,这恰是生态哲学与生态美学所包含的自然的部分"复魅"。蒲松龄《聊斋志异》通过艺术形象所倡导的"美生"论就具有这种部分"复魅"的意义与价值,需要我们通过回顾展望人类历史并以自己的人生经历去慢慢地体悟与咀嚼。《聊斋志异》这样的"自然写作"是中国文化对于世界生态美学与自然文学的杰出贡献。

最后,《聊斋志异》是中国"生生美学"在小说领域的完美呈现,表明中国传统生生美学达到极高的思想与艺术高度。"生生美学"是中国传统美学的最基本形态,但在17世纪之前,它主要呈现在音乐、诗歌、书法、绘画、园林与建筑等之中。但17世纪《聊斋志异》的问世,标志着"生生美学"在小说这种特殊的叙事性艺术中扎下了根,说明"生生美学"无所不在的理论渗透力,成为"生生美学"的完美升华。

第十三章 《护生画集》:护生即护心,常怀悲悯情

"生生"是中国传统文化之核心内涵,贯穿于儒释道各家,并渗透在各个方面。儒家之爱生、道家之养生、佛家之护生都是对于生命的爱惜和守护,皆可视作"生生"观念之体现。由此,"生生之美"成为佛家各种艺术形式之核心,不仅表现在敦煌艺术之中,而且呈现在其他各种佛教石窟雕像之中,还体现在各种金碧辉煌的寺庙之中,可谓精彩纷呈。丰子恺的《护生画集》是现代以来一种特殊的佛教艺术的代表,它以生动之画笔,隽永之诗句,充分体现了佛家的"护生"主题,流传广泛,影响深远。

一、《护生画集》形成之历程

著名艺术家丰子恺以"护生"为主题,历时46年,作画450幅,并附以诗文,成旷古未有的《护生画集》6集。诗文先后经李叔同、叶恭绰、朱幼兰、虞愚四位著名书法家书写,其内容取儒、佛经典和古代文献。《护生画集》以古今结合、诗画相应的方法,以清净悲悯之心,弘扬佛法,发挥"护生即护心"之宗旨,不仅是佛学之宏著,也可以说是中国传统"生生"之美学观念的呈现。画集的创作起源于1927年,丰子恺在老师弘一法师(李叔同)的影响下皈

依佛门,法号婴行,成为在家居士。朱幼兰曾说,"丰先生发大悲心,以艺术作方便,用生花之笔,作《护生画集》,深入浅出,妇孺皆晓,不仅对初接佛缘者以启蒙之钥,也给未信佛者以护惜物命的启示"①,恰当地概括了丰子恺创作的初衷及其目的。1929 年,丰子恺绘成 50 幅画,交弘一法师书写诗文,同年由开明书店出版,此为《护生画集》初集。1939 年,弘一法师 60 岁,丰子恺续绘《护生画集》60 幅寄泉州,请弘一法师题字。弘一法师回信说:"朽人七十岁时,请仁者作护生画第三集,共七十幅;八十岁时,作第四集,共八十幅;九十岁时,作第五集,共九十幅;百岁时,作第六集,共百幅。护生画功德于此圆满。"丰子恺接信后回复道:"世寿所许,定当遵嘱。"②第 2 集出版后,弘一法师于 1942 年圆寂。但丰子恺谨遵师嘱,在极为困难的条件下,积极创作第 3 集。1949 年在厦门,用三个月的时间绘制 70 幅画,由叶恭绰题词,完成第 3 集。1960 年,丰子恺在上海日月楼完成第 4 集 80 幅画,释文多取自古籍典故,由书法家朱幼兰居士书写。苦于当时国内无法出版,由远在新加坡的广恰法师筹款于 1961 年初在香港印制出版。之后,丰子恺于 1965 年提前完成第 5 集的创作,由曾任厦门大学哲学系教授、时常向弘一法师请益的虞愚居士书字题词,广恰法师同样予以积极的帮助。同年,新加坡薝葡院将第 5 集刊印出版。20 世纪 70 年代初,丰子恺已过古稀之年,身体逐渐衰弱,自知时日不多,便毅然顶着巨大的压力于 1973 年筹画《护生画集》第 6 集,并于同年完成绘本,交由朱幼兰保管并题词。然而,世事

---

①朱幼兰:《丰子恺先生绘〈护生画集〉因缘略记》,《法音》1982 年第 6 期,第
　36 页。
②丰子恺:《护生画集》第 1 集,龙门书局 2011 年版,"序言"第 1 页。

难料,未及 6 集《护生画集》全部付印面世,丰子恺即于 1975 年黯然辞世,令人嗟叹。1978 年,广恰法师再度抵沪,朱幼兰将第 6 集原稿交付广恰法师筹划出版。1979 年 10 月,香港时代有限公司将全套 6 册《护生画集》印制出版。至此,在弘一法师百岁诞辰之际,即 1980 年,《护生画集》终于全部出版面世,得以功德圆满。

二、《护生画集》的宗旨: "护生者,护心也"

对于《护生画集》之宗旨,丰子恺曾在 1949 年 6 月为画集第 3 集所写之序言中说:"'护生者,护心也'(初集马一浮先生序文中语)。去除残忍心,长养慈悲心,然后拿此心来待人处世。——这是护生的主要目的。故曰:'护生者,护心也'。"①"护心",首先是养护佛教之"清净心"。佛教之"清净心"是指毫无怀疑,没有污染烦恼之心,即"无疑之信心也,又无垢之净心也"。《坛经》载,禅宗五祖弘忍弟子神秀有言:"身是菩提树,心如明镜台。时时勤拂拭,莫使有尘埃"②,提倡一种渐修的养护清净心的途径。《护生画集》所倡导的就是这种渐修的对于"清净心"的养护。对此,《护生画集》使用了禅宗之《牧牛图》来表现"清净心"之养成与维护,这主要体现在第 5 集中,丰子恺引用了普明禅师《牧牛图颂》中的 6 首诗歌,并配以 6 幅图画。第 1 幅《石上山童睡正浓》,诗曰:"柳岸春波夕照中,淡烟芳草绿茸茸。饥餐渴饮随时过,石上山童睡正浓",呈现了一幅"人牛两忘"的

①丰子恺:《护生画集》第 1 集"序言",龙门书局 2011 年版,第 3 页。
②郭朋:《坛经校释》,中华书局 1983 年版,第 12 页。

景象，突出一个"忘"字。第2幅《白云明月任西东》，诗曰："白牛常在白云中，人自无心牛亦同。月透白云云影白，白云明月任西东，"呈现一幅"人牛无心"的景象，突出一个"无"字。第3幅《一曲升平乐有余》，诗曰："露地安眠意自如，不劳鞭策永无拘。山童稳坐青松下，一曲升平乐有余"，呈现一幅"升平有余"的景象，突出一个"余"字。第4幅《牧童归去不须牵》，诗曰："绿杨阴下古溪边，放去收来得自然。日暮碧云芳草地，牧童归去不须牵"，呈现了一幅"人牛不牵"的景象，突出了一个"不"字。第5幅《羌笛声声送晚霞》，诗曰："骑牛迤逦欲还家，羌笛声声送晚霞。一拍一歌无限意，知音何必鼓唇牙"，呈现了一幅"笛送晚霞"的景象，突出了一个"送"字。第6幅《牛也空兮人也闲》，诗曰："骑牛已得到家山，牛也空兮人也闲。红日三竿犹作梦，鞭绳空顿草堂间"，①呈现了一幅"牛空人闲"的景象，突出一个"空"字。这6幅诗与画分别突出了"忘"、"无"、"余"、"不"、"送"与"空"之意，均为一种否定与去除的内涵，有送走与洗净尘埃之意，是一种"清净心"的养护过程。本来，中国佛教禅宗就倡导农禅并重，所谓"牧牛"是借牧人训牛来表现佛门弟子调伏心意的修炼，乃明心见性后之"保任"功夫。此处的牧童可比作人，而牛可比作心。普明禅师大约是宋代僧人，他所作的《牧牛图颂》使得黑牛变作白牛，最后是人牛均失，心法双亡，走向最高境界。《护生画集》之6幅图画均为白牛，描绘了人牛两忘，从而获得清净心的最后过程。清净心的养护还包括菩萨甘露之水的清洗与超拔。《护生画集》第1集收有《杨枝净水》画，诗曰："杨枝净水，一滴清凉。远离众苦，归命觉王。"释文曰："放生仪轨：若放生时，应以杨枝

---

① 丰子恺：《护生画集》第5集，龙门书局2011年版，第42—51页。

净水为物灌顶,令其消除业障,增长善根。"①这种杨枝净水洗净与消除业障之功,有佛教净水文专门写道:"菩萨柳头甘露水,能令一滴遍十方。腥膻垢秽尽蠲除,令此坛场悉清净"(《佛教念诵集》)②,就是以杨枝甘露之水达到消除腥膻垢秽,消除业障,增长善根之目的。

《护生画集》所护之心,也包括慈悲怜悯之心。佛教之宗旨为慈悲为怀,救苦救难,超度众生。《护生画集》集中体现的就是这种佛教的慈悲怜悯的菩萨心肠与超度众生的心怀气度。第3集收有丰子恺署名为缘缘堂主的诗句及相应图画,集中体现了这种慈悲怜悯之心。诗曰:"我作护生画,七十差一幅。星洲广洽僧,寄我一函牍。自言上元日,乘车访幽独。车上有乘客,绳缚五鸡足。云将去割烹,以助元宵乐。五鸡见老僧,叩首且举目。分明求救援,有口不能哭。老僧为乞命,愿用金钱赎。番币十五圆,雪此一冤狱。放之光明山,永不受杀戮。此僧真慈悲,此鸡真幸福。我为作此歌,又为作此幅。护生第三集,至此方满足。"③这里,既写了广洽大师与《护生画集》早在20世纪40年代就结下机缘,给予关心与支持,又写了广洽大师大发慈悲怜悯之心拯救五只待杀的鸡仔,将之买下放之光明山佛寺以免杀戮之事。丰子恺因之获得了作画的极佳题材,至此,《护生画集》第3集才凑齐70幅,得以圆满。丰子恺曾为自己养育而惨烈车轮之下白鹅立坟安葬,第3集有《白鹅坟》,画山背一坟,坟前竖碑曰"白鹅坟"。自制诗曰:"我家傍西湖,门对放鹤亭。家养一匹鹅,毛色白如银。凌晨最先

---

①丰子恺:《护生画集》第1集,龙门书局2011年版,第100—101页。

②王辉编写:《佛礼佛俗》,大众文艺出版社2009年版,第190页。

③丰子恺:《护生画集》第3集,龙门书局2011年版,第54—55页。

起，催仆扫门庭。晴日觥觥叫，告我有来宾。有时昂然去，徘徊湖之滨。摇摇复摆摆，归来日已曛。阳春二三月，湖上正清明。香车与宝马，倏如流电惊。白鹅出门去，行路不让人。一车疾驰过，鹅身当其轮。倒卧血泊中，红白何分明。行人不忍睹，儿女泪满襟。我为收其尸，卜葬葛山阴。封树立短碑，题曰白鹅坟。鹅坟与鹤冢，千古相对称。"①诗画充分表现了丰子恺作为佛教居士的慈悲怜悯之心，体现了《护生画集》之宗旨，也是"护生即护心"的主要内容。

与怜悯之心有直接关系的，是《护生画集》对于具有儒家色彩的仁爱之心的表现与宣扬，儒与释在"护生"问题上走向了统一，体现了佛教中国化之具体进程。《护生画集》第4集《天地好生》，画面呈现杨柳断枝发新芽，鸟雀翱翔，极富生机之情状。"释文"借南宋理学大师朱熹语，发挥道："天地别无勾当，只以生物为心。如此看来，天地全是一团生意，覆载万物。人若爱惜物命，也是替天行道的善事。"②《周易·易传》之"生生之谓易"，到朱熹发展为生生之谓仁，即所谓"天地别无勾当，只以生物为心"。而人"爱惜物命"，即是做"替天行道的善事"。儒家的"以生物为心"的仁爱精神已经与佛教的清净之心与怜悯之心相互融合，成为传统文化的宝贵财富，也成为《护生画集》的精髓所在。"护生即护心"，同样必须维护"仁爱之心"。第4集《和气致祥》，画一蛟龙纵游大海，岸边一麒麟口衔灵芝，上画双凤翱翔于天，一派祥和气象。配文却反其意，引刘向《说苑》所载孔子与子路关于赵简子的对话，"刳胎焚夭，则麒麟不至；干泽而渔，则蛟龙不游；覆巢毁卵，则凤

---

① 丰子恺：《护生画集》第3集，龙门书局2011年版，第56—57页。
② 丰子恺：《护生画集》第4集，龙门书局2011年版，第140页。

凰不翔。丘闻之,君子重伤其类者也。"①孔子向子路分析赵简子
执政后之所为,以"刳胎焚夭""干泽而渔""覆巢毁卵"等等灭种伤
类的行为批评赵简子杀戮同类,为君子所不取,体现了儒家的仁
爱精神。第 3 集《大丹一粒掷溪水,禽鱼草木皆生长》,画面草长
莺飞,树木繁茂,群鱼从容翔游,一派万物繁育、生机勃发景象。
配白居易《禽鱼》诗,云:"好生之德本乎天,物物贪生乐自全。我
要长年千岁祝,不教物命一朝延。"②诗与画都在发挥"天地之大
德曰生"的儒家仁爱精神。

　　《护生画集》还宣扬了佛教的众生平等观念,并由此弘扬"爱
生之心"。第 1 集第 1 篇《众生》,画前后两人驱赶猪猡。配诗曰:
"是亦众生,与我体同。应起悲心,怜彼昏蒙。普劝世人,放生戒
杀。不食其肉,乃谓爱物"③,表达了人与万物同为"众生",人对
万物应持怜悯心、"爱物"心,要"放生戒杀"。《平等》,画一人坐凳
持颐,前面有一犬坐地,仰头与人对面相望,表现两者平等相待的
关系。引黄庭坚诗曰:"我肉众生肉,名殊体不殊。原同一种性,
只是别形躯",④说明人与狗同为"众生",体殊而性同,没有尊卑
贵贱之分。《护生画集》还以万物平等之心发现并肯定了动物的
许多值得人类学习的长处,从而强调人类应该具有"爱生之心"。
第 2 集《襁负其子》,画一母鸡带领众雏觅食,母鸡背上负一鸡雏,
旁边一妇女带几个小孩在观看,妇女背上亦负一小孩。丰子恺题
诗:"母鸡有群儿,一儿最偏爱。娇痴不肯行,常伏母亲背",以母

①丰子恺:《护生画集》第 3 集,龙门书局 2011 年版,第 152 页。
②丰子恺:《护生画集》第 3 集,龙门书局 2011 年版,第 138 页。
③丰子恺:《护生画集》第 1 集,龙门书局 2011 年版,第 2 页。
④丰子恺:《护生画集》第 1 集,龙门书局 2011 年版,第 88 页。

鸡之爱雏与人类之爱幼儿相对比，表明人类与动物的慈爱并无分别高下。

具体而言，《护生画集》之"爱生之心"包含以下几个层面的内容。其一，对于动物的主动保护。第2集《自扫雪中归鹿迹，天明恐有猎人寻》，画深山雪地上一人持扫帚在扫除雪地上鹿的足迹，以防天明后猎人寻迹猎鹿。引唐代陆甫皇诗："万峰回绕一峰深，到此常修苦行心。自扫雪中归鹿迹，天明恐有猎人寻"①，赞扬人对动物的爱护。其二，对于动物的呵护与喂养。第2集《余粮及鸡犬》，画一家三口在农舍之前喂养鸡犬，录唐代丘为诗曰："一川草长绿，四时那得辨。短褐衣妻儿，余粮及鸡犬。"②在这里，作者已经将鸡犬视为家人，倡导和睦共处。其三，爱生即仁德。第2集《方长不折》，画春天柳树垂绿，树下两小儿在攀折柳枝，旁边一妇人在出声阻止。丰子恺以笔名婴行题诗曰："道旁杨柳枝，青青不可攀。回看攀折处，伤痕如泪潸。古人爱生物，仁德至今传。草木未摇落，斧斤不入山"，③将爱惜保护生物看作是古代传下来的仁德之心，主张继承传统，爱护植物，表达了爱生乃仁德的儒佛思想。其四，爱己及物。《护生画集》有意识地鼓励推己及物的、将心比心的"爱物"之情。第3集《耕烟犁雨几经年》，画一农夫正驱赶耕牛辛勤耕田，引蓉湖愚者诗曰："耕烟犁雨几经年，颈破皮穿未敢眠。老命自知无足惜，前功还望主人怜。"④此诗代耕牛立言，诉其多年耕作"颈破皮穿"之苦，以牛之望人怜呼唤人怜悯爱惜

---

① 丰子恺：《护生画集》第2集，龙门书局2011年版，第28页。
② 丰子恺：《护生画集》第2集，龙门书局2011年版，第46页。
③ 丰子恺：《护生画集》第2集，龙门书局2011年版，第62—63页。
④ 丰子恺：《护生画集》第3集，龙门书局2011年版，第4页。

耕牛。《窗前好鸟似娇儿》更进一步将飞鸟看作自家娇儿，画一人闲立窗前，以食物迎接飞来的鸟儿。引唐代司空图《喜山鹊初归》诗曰："翠衿红嘴便知机，久避重罗隐处飞。只为从来偏护惜，窗前今贺主人归。"①诗将鸟儿看作归来的主人，爱鸟之情溢于言表。其五，爱物即为爱人。第4集《㲉弱故反之》，画一人提篮登梯上树，篮中盛数只幼鸟，意欲将幼鸟放还鸟巢。此画取意于《说苑》所载齐景公事，"景公探雀㲉，㲉弱故反之。晏子闻之，不待请而入见。景公汗出惕然。晏子曰：'君胡为者也？'景公曰：'我探雀㲉，㲉弱故反之。'晏子逡巡北面，再拜而贺之：'吾君有圣王之道矣。'景公曰：'寡人入探雀㲉，㲉弱故反之。其当圣王之道者，何也？'晏子对曰：'君探雀㲉，㲉弱故反之，是长幼也。吾君仁爱，禽兽之加焉，而况于人乎！此圣王之道也'。"②齐景公登树取幼鸟以供玩赏，发现鸟雏过于幼小，于是又登树将幼鸟还巢。晏婴认为，齐景公顾惜幼鸟，有"长幼"之道，是"仁爱"之心的体现，若将此心加之于人，就是"圣王道"。这即说，爱生之心是一种"仁爱"的行为和素养。这种对于动物的爱护之举最终又会受益于人，成为佛教善得善报的一种具体诠释。《护生画集》描绘了诸多动物仁义的故事，其中包括所谓义犬、义鸽等动物救主之举。第6集《马救主》，画一人负伤卧于草丛，一战马引众多士兵来救。此画取自《三国志·吴志·孙坚传》："孙坚讨董卓失利，被创堕马，卧草中。军众分散，不知坚所在。坚所乘马驰还营，蹄地呼鸣。将士随马行，于草中得坚。"③这样的事例在《护生画集》中有颇多表现。

①丰子恺：《护生画集》第3集，龙门书局2011年版，第78页。
②丰子恺：《护生画集》第4集，龙门书局2011年版，第2—3页。
③丰子恺：《护生画集》第6集，龙门书局2011年版，第78页。

三、《护生画集》的重要内容:戒杀

　　《护生画集》所收诗画,戒杀是其最重要的内容。佛教十戒,首先是"戒杀",即"不杀生",不但禁止杀人,而且也不能伤害畜生、虫蚁等;不但戒直接杀害,而且也戒杀因和杀缘,如卖猎枪的人则是间接助杀者。《护生画集》第1集《众生》即为这一类型,是戒杀主题的宣示,前文已经提及,在此不再赘述。第1集的《刽子手》一图亦能很好地阐释这一内容。画面为一妇人用利刃屠宰活鱼,配明代陶周望诗曰:"一指纳沸汤,浑身惊欲烈。一针刺己肉,遍体如刀割。鱼死向人哀,鸡死临刀泣。哀泣各分明,听者自不识。"①该诗以感同身受之心态,活灵活现地描绘了鸡鱼被活剥与活煮及其垂死的惨状,既是对动物的同情,也是对"刽子手"的控诉,无声地宣示了戒杀的主题。《喜庆的代价》一图,缸内放有待烹的猪肉,外面挂着割下的猪头,已宰的鸡鸭尸陈遍地,画面惨烈,令人不忍直视,这就是"喜庆的代价",是残忍的杀戮屠场。弘一法师配诗写道:"喜气溢门楣,如何惨杀戮。唯欲家人欢,那管畜生哭"②,深刻描绘了人类以杀戮动物来度过所谓"喜庆之日"的残忍场景,是对佛教戒杀思想的极好诠释。第1集有《修罗》之诗画,所谓"修罗",原是古印度神话中的恶神,常与天神战斗,在佛教中,是护法神天龙八部之一,虽属天界,却有七情六欲,以善战著称,界乎神、鬼、人之间。丰子恺所绘的修罗是一个口含利刃的屠夫,手割烹好的猪身,身后还有两头待宰的猪猡。弘一法师

①丰子恺:《护生画集》第1集,龙门书局2011年版,第64—65页。
②丰子恺:《护生画集》第1集,龙门书局2011年版,第44页。

配诗道："千百年来碗里羹，冤深如海恨难平。欲知世上刀兵劫，但听屠门夜半声。"①弘一法师不仅将碗里羹肴与活生生的猪猡被宰之怨恨联系起来，还进一步将屠门之宰杀与世界之刀兵相联系，起到深刻的批判作用。

　　为了充分地揭示《护生画集》的主旨，丰子恺常用古典文献相关资料作为诗画之主题，寓意深刻，启人深省。第2集引用了明代刘宗周《人谱》中的多篇材料，以宣扬戒杀思想。《折竿主簿》引刘宗周《人谱》语："程明道为上元主簿。始至邑，见人持黏竿以伤宿鸟。公取竿折之，教使勿为。及任满，停舟郊外。闻数人共语曰：'此折竿主簿也。'乡民子弟自此不敢弋取宿鸟者数年矣。"②这与孔子的"弋不射宿"（《论语·述而》）一脉相乘，含保护动物，特别是幼崽之深意。《烹鳝》引《人谱》："学士周豫尝烹鳝，见有弯向上者，剖之，腹中皆有子。乃知曲身避汤者，护子故也。自后遂不复食鳝。"③学士周豫因见鳝"曲身护子"而顿生怜悯之心，从此不再食鳝，是由怜悯物命而戒杀之例。《母羊自杀》载《人谱》之言："宋真宗祀汾阴日，见一羊自触道左，怪问之。对曰：'今日尚食杀其羔，故而如此。'真宗闻之惨然，自是不杀羊羔。"④母羊因羊羔被杀而悲痛自杀，使得宋真宗顿生怜悯之心，不再杀羊羔。其他如《绿满窗前草不除》、《初生的小鹿》、《启蛰不杀》与《无声的感谢》等，均借《人谱》的相关文献提倡对杂草、小鹿、百虫与蟹蛤等的戒杀与保护。

---

①丰子恺：《护生画集》第1集，龙门书局2011年版，第42页。
②丰子恺：《护生画集》第2集，龙门书局2011年版，第72页。
③丰子恺：《护生画集》第2集，龙门书局2011年版，第78页。
④丰子恺：《护生画集》第2集，龙门书局2011年版，第80页。

　　《护生画集》还运用古代诗词阐释戒杀之主题,语句精练,感情深挚,深入人心。第3集《将人试比畜》,画为买菜人手提一只猪头,用苏轼《戒杀诗》:"每馔必烹鲜,未见长肌肉。今朝血溅地,明日仍枵腹。彼命纵微贱,痛苦不能哭。杀我待如何,将人试比畜。"①以"人畜相比"来批判杀生。《义狗救猪——闽南传说》,画一猪被捆缚待宰,旁边有狗将屠刀叼走,用陆游《示小厮》:"血肉淋漓味足珍,一般痛苦怨难伸。设身处地扪心想,谁肯将刀割自身。"②此诗画也表达了"将人比畜"之意。《喂鸡联想》画一人撒米喂鸡,鸡尾后一副硕大的面孔正闭口合目做深思联想状,暗示这只鸡之前途命运,形象点出喂鸡之别有它意,用清代赵翼《观喂鸡诗》曰:"簸春余粒撒篱间,唧唧呼鸡恣饱餐。只道主人恩意厚,谁知要汝肉登盘。"③这表明,人类饲养家禽之目的纯粹是为一己之食用,在佛家看来是不可取的,也在戒杀之列。

　　《护生画集》之戒杀范围非常广泛,由人到动物再到小蚁虫,凡为生命无不在其戒杀之列。第4集《间不容发》,画一妇人被赤身绑在树上,表情恐惧沮丧,旁边一持刀者面露凶相,正欲宰割妇人,画面正中用来烹煮的灶炉正火苗四溢,旨在说明该妇人之惨死只在一发之间,其残忍程度不言而喻。此事取自清纪昀《阅微草堂笔记》所载:"玛纳斯有遣犯之妇,入山采樵,为哈玛沁所执。哈马沁者,额鲁特之流民,出没深山中。遇禽食禽,遇兽食兽,遇人即食人。妇为所得,已褪衣缚树上,炽火于旁,甫割左股一脔,忽闻火器一震,人语喧阗,马蹄声殷动林谷。以为官军掩至,弃而

①丰子恺:《护生画集》第3集,龙门书局2011年版,第16—17页。
②丰子恺:《护生画集》第3集,龙门书局2011年版,第18页。
③丰子恺:《护生画集》第3集,龙门书局2011年版,第44页。

遁。盖营卒牧马，偶以鸟枪击雉子，误中马尾。一马跳踯，群马皆惊，相随逸入万山中，共噪而追之也。使少迟须臾，则此妇血肉狼藉矣。岂非或若使之哉！妇自此遂持长斋，尝谓人曰：'天下之痛苦，无过于脔割者。天下之恐怖，无过于束缚以待脔割者。吾每见屠宰，辄忆自受楚毒时。思彼众生，其痛苦恐怖，亦必如我，故不能下咽耳。'此言亦可告世之饕餮者也。"①《酷刑》绘了一驴四肢、头背被缚于木桩上，旁边有屠夫持刀站立。释文取《梅溪丛话》："山西省城外有晋祠地方，有酒馆。所烹驴肉最香美，远近闻名。群呼曰鲈香馆。盖借鲈为驴也。其法以草驴一头，养得极肥，先醉以酒，满身排打。欲割其肉，先钉四柱，将足捆住，而以木一根横于背，系其头尾，使不得动。初以百滚烫沃其身，将毛刮尽，再以快刀零割。要食前后腿，或肚当，或背脊，或头尾肉，各随客便。当客下箸时，其驴尚未死绝也。至乾隆辛丑年，长白巴公延三为山西方伯，将为首者论斩，其余俱边远充军，勒石永禁。"②这种活吃驴肉之法虽不多见，但的确惨不忍睹，若任由其发展，无疑会助长人的残忍冷漠之心。《逞艺伤生》画游于水中的双凫，为一箭贯穿头颈，引《玉壶清话》载："仁宗读五代史，至周高祖幸南庄，临水亭，见双凫戏于池，出没可爱。帝引弓射之，一发叠贯，从臣称贺。仁宗掩卷谓左右曰：'逞艺伤生，非朕所喜也。'内臣郑昭信，掌内饔十五年。尝面诫曰：'动活之物，不得擅烹。'深恶于杀也。"此诗画批判为了展示射技而残杀两命的恶行。《护生画集》第3集《尸积如米》，画日光灯罩下垂一囊，囊中半积飞虫，灯光中无数飞虫投光而至，旁画一放大镜，镜中现出活生生的飞鸟。丰

---

① 丰子恺：《护生画集》第4集，龙门书局2011年版，第146—147页。
② 丰子恺：《护生画集》第4集，龙门书局2011年版，第144—145页。

子恺自制小诗曰:"西湖七月夜,飞虫拥明灯。青青千万匹,蒙蒙如细尘。纷纷堕几案,点点如繁星。放大镜中看,一见使人惊。百体具完备,形似小蜻蜓。每夜灯下死,为数亿兆京。皇天不惮烦,滥造小生灵。巨细虽悬殊,受命亦犹人。"此诗画描绘夏季蒙蒙小虫在灯下的死亡,飞虫微细,但同人一样均为受命于天的生灵,也在戒杀之范围。

　　《护生画集》还将戒杀的范围从动物进一步扩大到生机盎然的植物,前所未有地抨击了人类通过所谓的"园艺"对于植物的伤害。《护生画集》第3集的后半部分,有3篇对"园艺"的批判绘画,将对于植物的修剪与束缚等培植手段上升到杀生或残生的高度。《盆栽联想》,画花盆中一小松被绳条捆缚,呈屈曲之状,旁边附一画,画中一幼童手脚被缚,表情扭曲,痛苦不堪。缘缘堂主诗云:"小松植广原,意思欲参天。移来小盆中,此志永弃捐。矫揉又造作,屈曲复摧残。此形甚丑恶,画成不忍看。"①这是对人为扭曲植物形态的批判,指出这既是一种矫揉造作的行为,也是一种暴力摧残的做法,应该予以否定。《剪冬青联想》,画一园丁正手持铁剪将蓬勃生长的冬青树修剪得整齐划一,画面上方又绘一排男女老少正被巨剪剪截头颅,巧妙地将修剪冬青比作如砍削人头一般的迫害行为,说明"园艺"其实是对植物的摧残。缘缘堂主诗云:"一排冬青树,参差剧可怜。低者才及胸,高者过人肩。月夜微风吹,倩影何翩翩。怪哉园中叟,持剪来裁修。玲珑自然姿,变作矮墙头。枝折叶破碎,白血处处流。"②《春的占有欲》,画为一枝折下的梅枝被插入梅瓶,旁画一人在自得地欣赏绽放的梅

①丰子恺:《护生画集》第2集,龙门书局2011年版,第128—129页。
②丰子恺:《护生画集》第3集,龙门书局2011年版,第130—131页。

花。配诗云："篱角梅初发，一枝轻折来。可怜心未死，犹向胆瓶开。"此即为春的占有欲，寓含了作者尖锐的讽刺之意。① 丰子恺对于园艺之批判与著名华裔人文地理学家段义孚所谓的"审美的剥夺"的现象非常接近，可见大智者所见相同也。

　　此外，《护生画集》在主张戒杀时，还提倡放生。作为佛教所倡导的重要佛事活动之一，放生亦是对于生命的爱惜与保护，与戒杀旨意相近。《护生画集》第 3 集《放生池畔忆前愆》，画一人静立于放生池边作沉思状，似是对于此前妄杀生物的忏悔。用元赵孟頫《放生》诗，云："同生今世亦同缘，同尽沧桑一梦间。往事不堪回首问，放生池畔忆前愆。"②这说明，所以放生，是因人与万物均为今世同生，人对生物应该爱养护佑，不可残杀。《放生池》，画一老人正将鱼放入池中。此画取意于宋代彭乘《续墨客挥犀》的相关记载，云："冯道性仁厚。家有一池，每得生鱼，必放池中，谓之'放生池'。其子为监丞者，每窃钓而食之。道闻之不怿。于是高其墙垣，钥其门户，为一诗，书于门曰：'高却墙垣钥却门，监丞从此罢垂纶。池中鱼鳖应相贺，从此方知有主人。'"诗寓含放生与戒子之双重意思。第 5 集有对人类的贪欲所造成的实际上的杀生的抨击。《一方丝罗巾，千万春蚕命》，画一妇人双手将一条丝巾垂展开来，上方画一只正辛勤吐丝结茧的春蚕，寓意为一方小小丝巾的织成会造成千万春蚕之死亡。画配玉鬘诗曰："仙家住处绝尘寰，也厌人间杀业添。自织藕丝衫子嫩，可怜辛苦赦春蚕。"③再就是批评人类为满足口腹之欲而滥杀生命。第 5 集《篮

①丰子恺：《护生画集》第 3 集，龙门书局 2011 年版，第 132 页。
②丰子恺：《护生画集》第 3 集，龙门书局 2011 年版，第 136 页。
③丰子恺：《护生画集》第 5 集，龙门书局 2011 年版，第 32 页。

中鱼蛤》,画一竹篮满盛着待烹的鱼与蛤。引苏东坡诗曰:"我哀篮中蛤,闭口护残汁。又哀网中鱼,开口吐微湿。刳肠彼交病,过分我何得。相逢未寒温,相劝此最急。不见卢怀慎,蒸壶似蒸鸭。坐客皆忍笑,髡然发其幂。不见王武子,每食刀儿赤。琉璃载蒸豚,中有人乳白。卢公信寒陋,衰发得满帻。武子虽豪华,未死神已泣。先生万金璧,护此一蚁缺。一年如一梦,百岁真过客。君无废此篇,严诗编杜集。"①此外,还批判人类对毛织物的贪欲而导致的对羊的宰杀。第5集《毛织物》画正用织针织物,旁画一织成的围巾,下画一匹羊毛毡,引董君诗:"人身之衣,羊身之毛。呢绒哔叽,到处畅销。比绵温暖,比绸坚牢。人人爱用,产量丰饶。羊之于人,可谓功高。何以报之,一把屠刀,"②批判人类既以羊毛织衣护身,又宰杀羊以食用,可谓"以怨报德"。《尸影》画一只被悬吊的鸭尸,灯光照射,墙壁上的尸影有似正在悬梁自缢的人。所轩端荻诗云:"娇娃忽惊呼,有人正悬梁。原来是鸭尸,映着电灯光。"此画以一白一黑两只鸭尸悬吊于画面之中,森然可怖,而鸭尸在灯光的照射下投于白墙之上的黑色阴影状如人之自缢,寓意深刻,发人深思。

四、《护生画集》对"生生之美"的体现:保护与爱惜万物生命

　　《护生画集》凡四百五十种诗画,以充分生动的事例阐明了"护生即护心"的基本观点。历时半个世纪,得到广泛认同。当

---

① 丰子恺:《护生画集》第5集,龙门书局2011年版,第38—39页。
② 丰子恺:《护生画集》第5集,龙门书局2011年版,第126—127页。

然，也不乏误解和非议。有人认为，按照"护生"的要求，"欲保护一切动植物，那么，你开水不得喝，饭也不得吃"，这样人就难以存活了，认为丰子恺《护生画集》所述思想有矛盾之处。其中，较为尖锐的是左翼作家柔石的批评，他在发表于1930年的《丰子恺君的飘然的态度》一文中指出："丰君自赞了他的自画的《护生画集》，我却在他的集里看出他的荒谬与浅薄。有一幅，他画着一个人提着火腿，旁边有一只猪跟着说话：'我的腿'。听说丰君除了吃素以外是吃鸡蛋的，那么丰君为什么不画一个人在吃鸡蛋，旁边有一只鸡在说话：'我的蛋'呢？这个例，就足够证明丰君的思想与行为的互骗与矛盾，并他的一切议论的价值了。"①对此，丰子恺强调"护生"主要是"护心"，在于戒除残忍心而发扬慈悲心，并非妨碍人的正常生存。他在《护生画集》的序言中辩护道："只要不觉得残忍，不伤慈悲，我们护生的主要目的便已达到了。故我在这画集中劝人素食，同时又劝人勿伤害植物，并不冲突，并不矛盾。"②再就是，抗战时期的1938年，曹聚仁曾说过在抗日烽火中，《护生画集》可以烧毁之类的话。对此，丰子恺在1938年发表多篇文章予以回应。他依然坚持并维护"护心"之立场，即要保护内心免受杀戮之气的影响，养护慈悲心，从而以此仁爱之心来待人处世，这便是他提倡"护生"的主要意图。他在1938年4月9日所写的《则勿毁之已》中说："《护生画集》之旨，是劝人爱惜生命，戒除残杀，由此而长养仁爱，鼓吹和平。惜生是手段，养生是目的。故序文中说'护生'就是'护心'。顽童一脚踏死数百蚂蚁，我

---

① 丰华瞻、殷琦编：《丰子恺研究资料》，宁夏人民出版社1988年版，第257页。

② 丰子恺：《护生画集》第1集"序言"，龙门书局2011年版，第3—4页。

劝他不要。并非爱惜蚂蚁，或者想供养蚂蚁，只恐这一点残忍心扩而充之，将来会变成侵略者……"①他在发表于 1938 年 5 月 5 日《少年先锋》第 6 期上的《一饭之恩》中，直接回应曹聚仁，他再次强调了《护生画集》的基本立场："他们都是但看皮毛，未加深思；因而拘泥小节，不知大体的。《护生画集》的序文中分明说着：'护生'就是'护心'。爱护生灵，劝戒残杀，可以涵养人心的'仁爱'，可以诱致世界的'和平'。故我们所爱护的，其实不是禽兽鱼虫的本身（小节），而是自己的心（大体）。换言之，救护禽兽鱼虫是手段，倡导仁爱和平是目的。"②这就再清楚不过了，对于残忍心的批判和对于慈悲心的养护其实是有广泛性的价值与意义的，它是对于人类生存的长远求索，而不单是对于眼前一花一草之一时前途命运的关注；它在于引导人们领会"护生"的"理"，而非执着于"护生"的"事"。在抗战时期，这种"护生"精神表现为对家园的守卫和对同胞的救护，同样可以在某种程度上起到抨击侵略和促进解放的作用，是值得肯定和传颂的。

至于《护生画集》的价值和深远意义，那是无须过多论述的。因为人类对于自然的破坏现在已经到了非常严重的时刻，关爱自然，关爱动植物就是关爱人类自己。环境保护的要害，主要不是科技与经济发展的问题，而是人的文化态度。"护生"首先是"护心"，已经成为千真万确的真理。

《护生画集》开创了佛教艺术保护自然环境的先河，其"护生即护心"之要旨，不仅在于宣示了保护自然环境主要是一种文化态度，而且还在于将保护自然环境，即"护生"提到"境界"的高度。

①陈星主编：《丰子恺全集·文学卷》4，海豚出版社 2016 年版，第 156 页。
②陈星主编：《丰子恺全集·文学卷》4，海豚出版社 2016 年版，第 160 页。

丰子恺实际上通过《护生画集》要求人们从生活境界上升到艺术境界，最后上升到宗教的境界。他提出过著名的"三层楼"理论："我以为人的生活，可以分作三层：一是物质生活，二是精神生活，三是灵魂生活。物质生活就是衣食。精神生活就是学术文艺。灵魂生活就是宗教。'人生'就是这样一个三层楼。"①又说："广义法师要我为养正院书联，我就集唐人诗句：'须知诸相皆非相，能使无情尽有情'，写了一副。这对联挂在弘一法师所创办的佛教养正院里，我觉得很适当。因为上联说佛经，下联说艺术，很可表明弘一法师由艺术升华到宗教的意义。艺术家看见花笑，听见鸟语，举杯邀明月，开门迎白云，能把自然当作人看，能化无情为有情，这便是'物我一体'的境界。更进一步，便是'万法从心'、'诸相非相'的佛教真谛了。故艺术的最高点与宗教相通。"②由此可见，只有提升境界才能真正做到"护生即护心"，自然生态的保护才能落到实处。

总之，《护生画集》对于保护与爱惜万物生命的宣扬和倡导，是"生生之美"的具体体现，具有永恒的价值。

①金雅选编：《中国现代美学名家文丛·丰子恺卷》，浙江大学出版社 2009年版，第 24 页。
②金雅选编：《中国现代美学名家文丛·丰子恺卷》，浙江大学出版社 2009年版，第 25 页。

结　语

　　长期以来,中国到底有没有美学,是什么样的美学,是一直缠绕着中国美学工作者的重大论题。生态的环境的美学出现后,又出现了中国到底有没有自己的生态美学,是否只有生态审美智慧这样的问题。其中的原因是,"美学"的概念是德国人鲍姆加登于1750年提出的,中国传统文献中没有"美学"这个词。"生态"的概念是德人海克尔于1866年提出的,中国引进该词是民国以后的事情了。中国古典文献中虽有"生态"一词,但与主要由西方传来的、现在广泛应用的"生态"或"生态学"等概念的意涵相距甚远。中国美学研究,即使是当前得到广泛研究的生态美学研究,最普遍、最流行的研究范式是"以西释中"。这就是长期以来人们热衷讨论的"失语症"的问题。目前看来,关于中国古代是否有美学,是否有生态美学等问题,尚没有得到真正的解决。应该看到,美学与美学学科、生态美学与生态美学学科是有差别的。学术概念的产生可以说是某种学科的产生,但绝非某种文化形态的产生。按照康德的看法,人类的精神领域分为知、情、意三个方面,知与科学之认识对应,意与意志和道德对应,情则与情感、艺术、审美对应。因此,康德有著名的三大批判:《纯粹理性批判》、《实践理性批判》与《判断力批判》。判断力批判被认为是情感判断力批判,着意于艺术与审美的特殊领域。由此可知,审美是人类的一种特有的情感生活,情感的经验。中国有着长达近五千年的文化历史,并且出土过 8000 年前的骨笛,有着极为丰富文化艺术传统,光辉灿烂。从这一点来说,中国必然有自己的美学与生态美学的理论。

中华民族诞育于黄土高原,以农业文明著称于世,"天人合一"是其基本的文化模式,因此,尽管"生态"一词 20 世纪初期才传入中国,但中国却很早就有了反映人与自然之和谐的审美关系的生态美学。中国历史上出现了大量反映人与自然和谐关系的文学艺术作品。就此而言,生态美学是中国原生性的美学形态,是内陆文化与农耕文明的必然产物。它是中国传统文化艺术的核心精神,可以说,中国的传统美学与传统艺术在某种意义上就是生态的自然的美学与艺术。

当然,由于具有自己的特殊的经济社会文化形态,所以,中国传统的哲学、美学与艺术思想是以不同于西方的形态表现出来的。如果以西方哲学、美学、文艺思想的形态为唯一判断的标准,那么中国传统的哲学、美学等似乎真的只能算是一种不成熟的"智慧"。但是,作为中华民族几千年情感生活反映的哲学、美学与艺术形态绝对不应被看作是不成熟的所谓"智慧"。中国传统文化无疑发展出了成熟的哲学、美学和文艺思想,我们的前辈将这种哲学、美学概括为"生生之美",即"生生美学"。"生生美学"没有西方形态的实体性的美,但却有着生存论、价值论的美。它的源头是作为中国文化源泉的《周易》,追求"与天地合其德"的符合德性的精神。中国美学与生态美学,按照前辈学者的总结,是一种"融合式"的审美与文化形态。这是一种全方位的"融合",是真善美的融合,人与自然的融合,礼乐与刑政的融合。中国没有独立的美与审美,美总是与真善交融;中国也没有所谓独立的美学,美的思考是与"穷天人之际"的哲学,甚至与科学相交融。中国的"生生美学"没有西方的理性逻辑,它与工具理性没有关系,也不是呈现什么"从感性到理性"的逻辑结构,它是一种意境式的审美的逻辑结构,是一种对于"言外之意""味外之旨""象外之象"的追求,是一种境界的美学。"生生美学"及其赖以产生的中国传统文化艺术,是中国人的精神归宿,是我们的乡愁之所在;没有了它们,我们无法找到自己的精神家园。在大幅度现代化与城市化的今天,传统文化与艺术遗产正在迅速消失,如果不加以保护,促使其发展,将会是难以弥补的巨大损失。时不我待,机不可失!

"生生美学"是一种传统的美学形态,尽管仍然通过传统文化艺术形式而存活至今,并在其发展过程中不断变化,但基本上还是一种传统的理论形态,需要现代的改造与转化。但到底是采取原有范畴之中的现代阐释呢?还是借助原有范畴吸收新的元素建设新的范畴呢?这些都需要探讨。本书对一些原有范畴进行了现代阐释,个别地方吸收新的元素,只是一种初步的探索,希望能得到有关学者批评指正。

中国传统的"生生美学"及有关艺术内容极其丰富多彩,本书只是一种新形势下的新的努力与出发,遗漏与错误难以避免。至于"生生美学"的国际交流,希望能够逐步得到国际学者同情的理解与适度的接受。

附录　建国 70 年来自然
生态美学的发展

　　今年,正值中华人民共和国建国 70 周年,总结回顾建国 70 年来我国美学事业的发展,有利于今后美学学科的进一步建设。应该说,建国 70 年来我国美学事业有了长足的发展,其影响之大,从业人数之多,广大群众的接受与喜爱程度等,都是举世无双。目前,国际美学呈自然生态美学、艺术哲学美学与日常生活美学三足鼎立发展之势。在生态文明新时代,我国当代生态美学也呈较好的发展态势。为了更好地建设自然生态美学,有必要总结回顾建国 70 年来的发展历程。

　　我把建国 70 年来我国自然生态美学的发展概括为建国后的前三十年、改革开放初期与生态文明新时代三个阶段。

一、建国后的前三十年美学大
讨论中马克思主义唯物主义
自然美论的崛起与发展

　　从 1956 年起,我国学术界开始了影响极为广泛的美学大讨论。这次美学大讨论是以批判朱光潜的唯心主义美学观为其开端的,而且也是以推行马克思主义唯物主义的教育为目的的。当然,这次美学大讨论还是在一定程度上贯彻了"双百"方针。这次大讨论以美的本质问题为指归,产生了著名的客观论、主观论、主客观统一论与社会论(后来称作实践论)四派美学理论。从传统的意义上,学术界总体上比较赞成李泽厚为代表的社会论及其"人化的自然"美学观,认为其他各派美学理论均有其局限。例如,将以蔡仪为代表的客观论视为机械唯物主义等。但历史的发展已经走过60多年,今天再来回顾这场大讨论,特别是从当代自然生态美学发展的眼光审视当年的那场大讨论,感到应该有一个重新的认识与评价。当然,这种当代的评价不应该代替当时历史语境中的评价,实践论美学及其"人化的自然"观仍然是那场美学大讨论的最重要的理论成果,具有历史的必然性与理论的合理性、自洽性。但在60年后的今天看来,实践论美学观的历史局限是十分明显的,尤其是其自然美论与"人化自然"的美学界定,显然具有明显的"人类中心论"的理论趋向。被学术界多有诟病的蔡仪的"客观论"美学,特别是其自然美论却显得有其独特的理论价值。特别在当时的历史语境下,即20世纪50年代,自然生态美学在国际上也还是处于萌芽的情况。众所周知,利奥波德在1948年提出著名的"大地伦理学"(蔡仪1947年出版《新美学》中提出了自然美论);1962年,莱切尔·卡逊出版了著名的《寂静的春天》;1966年,赫伯恩发表《当代美学及其对自然美的遗忘》。由此可见,蔡仪及其客观派自然美论在20世纪60年代提出及其影响,无论从国际还是国内美学领域都是一种重要的有学术价值的学术事件,值得我们重视,并在今天给予重新评价并吸取其营养。

　　今天回过头来看,蔡仪的马克思主义唯物主义自然美论有这样4个方面的学术贡献:第一,坚持自然美是不参与人力的纯自然产生的物的美。蔡仪指出:"作为自然的美却不是'从外部注入自然界'的,也不是人或神创造的。……自然现象和自然事物的美,在于它们本身所固有的性质,在于这些自然物本身所具有的美的规律。"①在当时"美学即艺术哲学"的观点占据统治地位的形势下,这一看法的唯物论的立场是特别坚定的。西方 20 世纪 60 年代产生的"环境美学",其要旨也是在于解决"自然美的遗忘"问题。蔡仪所坚持的自然美的客观性问题,对于我们今天的生态美学建设来说是一种提醒,那就是尽管美是一个关系性概念,但自然美的审美价值及其客观性因素却是不可忽视和遗忘的。

　　第二,坚持自然美是自然自身的价值所在。蔡仪指出:"自然界的事物是由客观的物质性所决定的,并不依赖于人的意识而存在,也不是由于有任何其他的原因而产生。当人类社会还未形成时候,就早已存在着自然世界。"又说:"自然事物或自然现象之所以美,首先在于它们本身所固有的特殊性质,在于这些自然事物或现象所具有的美的特性。"②这就坚持了自然美价值的自在性。我用"自在性"这个概念,而没有用目前生态伦理学通用的"内在价值"。我认为,"自在性"与"内在价值"是同格的,但"内在价值"包含着某种"意识性"内涵,比较复杂,但蔡仪并未涉及生态伦理学问题。但作为自然美的特性的"自在性"已经鲜明地提出了到自然美的固有的美学价值。这里仍然涉及"美"之界定,蔡仪无疑认为"自然美是一种客观的实体",但当前一般认为自然美是一种关系中的存在。荒野哲学家罗尔斯顿认为,"有两种审美品质:审美能力,仅仅存在于欣赏者的经验中;审美特性,它客观地存在于自然物体内。"只有两者的结合,才能产生自然的审美。但审美特

①《蔡仪文集》第 9 卷,中国文联出版社 2002 年版,第 24 页。
②《蔡仪文集》第 9 卷,中国文联出版社 2002 年版,第 187 页。

性"这些事件在人们到达以前就在那里，它们是创造性的进化和生态系统的本性的产物"。①　罗尔斯顿的《走向荒野的哲学》写于20世纪60—80年代，而蔡仪对自然美的自在性的论述始于1947年的《新美学》，更早于罗氏。

　　第三，提出自然美是一种认识之美、典型之美乃至生命之美。蔡仪主张审美是一种反映或认识，他说："美的本质是什么呢？我们认为美是客观的，不是主观的；美的事物之所以美，是在于这事物本身，不在于我们的意识作用。但是客观的美是可以为我们的意识所反映，是可以引起我们的美感。而正确的美感的根源正是在于客观事物的美。"②在此基础上，对于自然美，蔡仪认为是一种"典型之美"。他说："所谓美原来就是'个别里显现一般'的典型，也就是事物的本质真理的具体的体现。"又说："树木显现着树木种类的一般性的那枝树木，山峰显现着山峰种类的一般性的那座山峰，它们的当作树木或山峰是美的。这样的人体的美，树木的美，山峰的美，便是自然美。"③那么，具体说来，自然美中这种"个别里显现一般"的"一般"是什么呢？蔡仪将之归结为植物的"茁壮蓬勃，欣欣向荣"，动物的"活力充沛，生气勃勃"等等。显然，蔡仪是将生命活力看作自然美的基本条件的。对于缺乏生命活力的生物，蔡仪认为是"发展得不充分，没有典型特征的"，因而是不美的，例如跳蚤等等。④　这样就回答了质疑者们所提出有没

---

① [美]霍尔姆斯·罗尔斯顿：《从美到责任：自然美学和环境伦理学》，见[美]阿诺德·伯林特主编：《环境与艺术：环境美学的多维视角》，刘悦笛译，重庆出版社2007年版，第158页。

② 《蔡仪文集》第1卷，中国文联出版社2002年版，第235页。

③ 《蔡仪文集》第1卷，中国文联出版社2002年版，第330—331页。

④ 《蔡仪文集》第9卷，中国文联出版社2002年版，第202页。

有"典型的跳蚤"与"典型的苍蝇"的疑问。后来,蔡仪又将马克思《手稿》之中的有关人也按照"美的规律建造"的"两个尺度"作为与"典型"等同的美的内涵,当然,他将这两个尺度都理解为物种的尺度。这种将生命活力作为自然美的尺度的看法也是具有一定的价值与意义的。当前,我们从"人与自然的生命共同体"的角度来审视自然之美及自然的价值,应该是自然美生命论的进一步发展。

第四,坚定地批判了"人化的自然"的美学观点。蔡仪对于李泽厚的美是"人化的自然"观点进行了深刻的反思与批判。他说:"把客观世界中的任何事物、包括自然事物都看作经过人的活动而成为'自然的人化'和'人的对象化'的成果,无异于把主观的人当作宇宙万物至高无上的创造主。而用这样的观点去说明美的本质、包括自然美的本质,不但在理论上是根本错误的,而且在实践上也是非常荒唐的。存在于自然界中许许多多美的事物,并非都是经过'人化'的产物。崇山峻岭中葱郁的原始森林,汪洋大海中奇特的贝藻、鱼虾,茫茫草原上的奇兽珍禽,甚至还有云南附近尚待开发的大片石林,贵州安顺一带可能仍未发现的某些溶洞,皆属天然存在的纯自然事物。它们既然不同于社会事物,又怎么可能具有社会性并由这种社会性决定着它们的美呢?"[1]上述论断包含两个方面的重要内涵,首先是认为"人化的自然"的美学观点"把主观的人看作至高无上的创造主",这实际上是对这种观点的"人类中心论"立场的批判;其次是认为原始森林、奇珍异兽等人类没有涉及的自然事物是无所谓"自然的人化"。这可以说击中实践美学的软肋。尽管李泽厚以所谓"广义的人化"即"人类征

---

[1]《蔡仪文集》第 9 卷,中国文联出版社 2002 年版,第 193 页。

服自然的历史尺度"与共生、审美与相依等来阐释"广义的自然人化"，但未免走到"移情"之说，成为理论的自毁。再就是，对于李泽厚所说"人化的自然"的观点来自马克思《手稿》之说，蔡仪也给予较为有力的批判，他以充分的证据证明，《手稿》所论"人化的自然"是在"异化劳动"部分，而主要并非论述审美；《手稿》作为马克思的早期论著，并没有在马克思准备正式发表之列，保留了较为明显的德国古典哲学，特别是费尔巴哈人本主义哲学的足迹。

总之，蔡仪的自然美论，是迄今完全可以与国际同时的自然生态美学相比肩的自然美论，是我国美学大讨论的重要成果，在某些方面与加拿大环境美学家卡尔松的认知论环境美学有相同之处。特别要强调的是，蔡仪的自然美论是马克思主义唯物主义的自然美论。所以，有学者在研究蔡仪美学思想的学术研讨会上表示了对于蔡老的"迟到的敬意"。当然，李泽厚"美是人化的自然"之说仍然是美学大讨论最重具代表性的理论成果，适应那个工业革命时代人类改造自然、"人化自然"的时代需要，故而成为一种时代的美学标签。但蔡仪自然美论的立场坚定性与时代超前性也是毋庸置疑的，理应视为美学大讨论的另一重要学术成果，给予重新认识与评价。

二、改革开放以来自然生态美学的引进、研究与生态存在论美学的提出

1978年起，我国实行改革开放政策，执行"实事求是，解放思想"的思想路线，迎来了哲学社会科学的春天，极大地推动了哲学社会科学的发展，其中就包括自然生态美学的发展。由于我国属

于后发展国家,真正的工业革命实际上是从改革开放新时期开始的,但短时期的工业革命,在推动经济极大发展的同时却带来了严重的环境污染。因此,自然生态美学的发展是在环境污染较为凸显的 20 世纪 90 年代开始。大体分两个阶段,首先是 90 年代初期至 2001 年 10 月首届由中华美学学会青年美学会主办陕西师大文学院承办的"全国首届生态美学学术研讨会"。这一阶段属于引进为主的阶段。第二阶段在陕西会议之后,属于反思建设阶段。引进阶段陈望衡、王治和、刘蓓、李庆本、韦清琦、杨平等均做出重要贡献;反思建设阶段涌现一批独立自主的具有个人风格的中国学者的自然生态美学论著,他们是徐恒醇、鲁枢元、王诺、曾永成、陈望衡、袁鼎生、程相占、王晓华、彭锋、章海荣、胡志红、赵奎英等学者。对于这些成果,本人大都已经有过专文评价,此不赘述。下面我想着重介绍一下我本人的生态存在论美学的提出。首先需要说明的是,这只是我个人的一家之言,而且是因为我们有教育部人文社会科学重点研究基地山东大学文艺美学研究中心,以及生态美学与生态文学研究中心这样好的学术环境,还有中心为推动生态美学研究先后四次召开的国际性生态美学学术研讨会所营造的浓厚的学术氛围,才有可能使我和我们中心的学术团队近 20 年坚持不懈进行生态美学研究。因此,我要衷心地感谢这个伟大的时代。没有国家对人文学科发展的重视,将人文学科与自然学科视为失去社会文化发展的鸟之两翼的认识,对山东大学文艺美学研究中心开展生态美学研究的一系列重要措施的支持,就不会有我们中心和我个人生态存在论美学研究的成绩。

下面,我不揣浅陋,介绍一下我所主张的生态存在论美学。

第一,从"后现代"出发的时代意识与"改善人的生存"的人文立场。

生态存在论美学是与时代紧密联系的，我们认为，哲学是时代精神的精华，美学是时代精神的重要表征，每个时代都有反映自己时代精神的美学，生态存在论美学就是"后现代"即新的生态文明时代的美学。我们借用美国大卫·雷·格里芬的建设性后现代理论，认为生态存在论美学是一种以反思与超越现代性工业革命与理性主义为主的建设性后现代。我在参加 2001 年 10 月陕西会议时提交的论文就是《生态美学：后现代语境下崭新的生态存在论美学》，2005 年在《文学评论》发表了《当代生态文明视野中生态美学观》。"后现代"的反思与超越特性决定了生态存在论美学包含着一系列由经济社会转型带来的哲学与文化转型。"这一转化具体包括由认识论转化到存在论；由人类中心转化到生态整体；由主客二分转化到关系性的有机整体；由主体性转化到主体间性；由轻视自然转化到遵循美学与文学中的绿色原则；由自然的祛魅转化到自然的部分的复魅；由欧洲中心转化到中西平等对话。"①为了深入研讨新时代的这种转型，我们中心与首师大合作于 2007 年召开"转型期的中国美学学术研讨会"。

生态存在论美学提出的另一个重要出发点，就是它的"改善人的生存"的人文立场。为什么要提出生态存在论美学呢？为什么要将生态与存在紧密联系呢？主要是因为生态的破坏与环境的污染极大地影响到人的生存状态与生存质量，甚至必将影响到我们的后代。我在 2009 年吉林人民出版社增订再版的《生态存在论美学论稿》一书的封面上特地加印了一段话："生态美学问题归根结底是人的存在问题。因为，人类首先并且必须在自然环境

---

① 曾繁仁：《生态存在论美学论稿》"序"，吉林人民出版社 2009 年版，第 4 页。

中生存,自然环境是人类生命之源,也是人类健康并愉快生活之源,同时也是人类经济生活与社会生活之源。而由'人类中心主义'所导致的日渐严重的资源缺乏和环境污染直接威胁到的就是人类的生存,这是使人类生存状态出现非美化的重要原因之一。而从环境恶化的遏止与自然环境的改造来说,最重要的也不是技术问题与物质条件问题,而是文化态度问题。人类应该以一种'非人类中心'的普遍共生的态度对待自然环境,同自然环境处于一种中和协调、共同促进的关系。这其实就是一种对自然环境的审美的态度。"①这一段话是我对生态存在论美学之要旨的一种概括,突出强调了将生态与存在紧密联系的原因。

第二,马克思主义实践存在论与生态文明理论的指导

生态存在论美学是以马克思主义理论为指导的。首先,它的生态存在论借鉴了海德格尔的存在论"此在与世界"及"天地神人四方游戏"理论,但从根本上来说,它是以马克思的实践存在论为指导的。19 世纪后期,哲学领域发生了由对于工业革命反思而产生的传统认识论到存在论的哲学转型。这个转型首先为马克思所预见并论述,马克思在 1845 年的《关于费尔巴哈的提纲》中就对于费尔巴哈唯物主义之强调客体而忽视人类实践进行了批判,提出了包含人类自由解放的实践存在论。我在 2010 年商务印书馆出版的《生态美学导论》中曾列专章论述了这种唯物实践存在论世界观,认为"首先,马克思的唯物实践观,是以个人的自由解放与美好生存为出发点的;其次,以整个无产阶级与人类的解放与美好生存为其理想与目标;最后,以社会实践为最重要的途径,包括社会革命(就是要推翻资本主义制度)和生产实践。只

①曾繁仁:《生态存在论美学论稿》,吉林人民出版社 2009 年版,封面语。

有这样才能真正逐步克服人与自然的矛盾,人和自然的统一也只有在马克思主义实践存在论与社会实践的基础上才能实现"。①该书还论述了马克思在《手稿》与《资本论》以及恩格斯《自然辩证法》之中深刻而丰富的生态观与美学观。

当然,更为重要的是,生态存在论美学从根本上是立足于当代有中国特色社会主义创新理论之中的生态文明理论的基础之上的。党的十八大之后,这种指导作用就更加明显。对此,我们将在下面专门论述。

第三,"生态整体主义"哲学立场的建立。

生态存在论美学的基本哲学立场是对于人类中心主义的扬弃与生态整体主义哲学立场的建立。生态存在论美学认为,任何理论都是一种历史的形态,在历史中产生同时在历史中转型。人类中心主义实际上是工业革命的产物,是一种现代性的理论形态,随着"后现代"即"后工业社会"的到来,人类中心主义必将退出历史舞台。"'人类中心主义'的终结具有十分伟大的意义,标志着一个时代的结束。正如著名的'绿色和平哲学'所宣称的那样:'人类并非这一星球的中心。生态学告诉我们,整个地球也是我们人体的一部分,我们必须像尊重自己一样,加以尊重。'这个'绿色和平哲学'还将'人类中心主义'的瓦解说成是一场'哥白尼式的革命'。"②实践美学的"美是人化的自然"就是人类中心主义的典型体现。生态存在论美学明确提出当代中国美学领域需要实现"由实践美学到生态美学"的转型。指出:实践美学"它以'人化的自然'为其理论标志,包括'人类本体'、'工具本体'、'积淀

①曾繁仁:《生态美学导论》,商务印书馆2010年版,第121页。
②曾繁仁:《生态美学导论》,商务印书馆2010年版,第52页。

说'与'合规律与合目的的统一'等一系列观点,显然还是属于'人类中心论'的认识论美学。"①

与人类中心主义相对立的是生态中心主义,这种绝对的生态中心主义强调自然生物的绝对价值,必然导致对于人的需求与价值的彻底否定,从而走向对于人的否定,也是一条走不通的道路。既然人类中心主义与生态中心主义都是走不通的路,那就只剩下一条道路,那就是生态整体主义,也可以称作是新的生态人文主义。生态存在论美学认为,"正确的道路只有一条,那就是在生态人文主义的原则下只承认两方价值的相对性并将其加以统一,这才是一条'共生'的可行之路。"②生态存在论美学借鉴了利奥波德的"生态共同体"理论与莱切尔·卡逊的"生物环链"之中的相对平等理论,这些生态整体主义成为生态存在论美学的最基本的哲学立场。

第四,中西对话交流中生态存在论美学范畴的建设。

生态存在论美学相异于传统的艺术哲学,将其静观的对象性的形式美学以及以人为中心的移情的美学加以摒弃。那么如何建设自己的美学范畴呢? 在中西交流对话中,生态存在论美学根据当下中国生态美学建设的需要,对于欧陆现象学生态美学、英美环境美学、文学生态批评以及中国传统美学四者之中所包含的有关美学范畴加以选择梳理,初步提出并阐发了自己的美学范畴。包含:"生态存在之美";作为生态美学对象的生态系统的审美,以及生态审美本性论、诗意地栖居、四方游戏、家园意识、场所意识、参与美学、生态文艺学、阴柔与阳刚两种生态审美形态、生

---

① 曾繁仁:《生态美学基本问题研究》,人民出版社 2015 年版,第 21 页。
② 曾繁仁:《生态美学导论》,商务印书馆 2010 年版,第 65 页。

态审美教育等。① 这些范畴的内涵，主要突出了人在生命中显现的生命之美、人与自然的四方游戏的共生之美、人在自然家园中诗意栖居之美等，与传统的艺术美学，特别是实践美学具有不同的面貌与内涵。

第五，生态存在论美学的文学与艺术根基的探寻。

在近 20 年的研究中，我还基于生态存在论美学努力探讨了生态存在论美学的文学与艺术根基，力求证明这种理论形态的理论合理性。首先是从中国传统艺术开始。因为中国传统社会是农耕社会，中国传统艺术基本上是一种自然生态的艺术，所以，中国传统艺术与生态存在论美学最为切近。例如，作为中国古代最古老的诗歌总集的《诗经》体现了中国传统的"中和之美"，包括：具有浓郁家园意识的"归乡"之诗；反映了"饥者歌其食，劳者歌其事"与桑间濮上之爱情的风体诗；表现古典生态平等的"比兴"手法；追求环境"宜居"的"筑室"之诗；反映农业生产的"农事"诗；敬畏上天的"天保"诗，以及古代巫乐诗舞相统一的"乐诗"等等，无不反映了中国古代的生态审美意识。就西方文学来说，主要是以体现人类中心为主的人文主义传统，因而能够体现生态存在论美学观的作品较为少见，但也不乏自然的浪漫主义的作品。例如，著名的《查泰莱夫人的情人》就是"对于原始自然持肯定态度"的小说，对于工业革命所造成的生态病症进行了严厉的批判，对于大自然进行了热情的歌颂，对于符合人的生态本性的性爱进行了必要的歌颂，以及对于与机械生存相对立的田园的生存进行了热烈的追求等等。总之，我试图通过对有关文学作品和艺术的具体分析来证明生态存在论美学的理论阐释力。

---

① 曾繁仁：《生态美学导论》，商务印书馆 2010 年版，第 279—362 页。

当然，生态存在论美学目前还处于建设之中，需要进一步的完善，使之具有更好的理论自洽性。

三、生态文明新时代自然生态美学中国话语的自觉建设时期

2012 年党的十八大以来，我国逐步进入有中国特色社会主义建设新时代，生态美学在这个时期得到长足发展，进入生态美学中国话语自觉建设时期。首先是生态文明新时代的来临，意味着包括生态美学在内的生态文明理论成为反映时代精神的主流话语，也是反映主流价值取向的哲学与文化理论，得到更多的支持与发展空间。据统计，这段时间以来，发表生态文明方面的论文 17159 篇，比上个时期增加了 3 倍还多。其中，发表生态美学方面的学术论文 546 篇，相关的硕士与博士学位论文 1401 篇，也有明显增长。我们山东大学文艺美学研究中心的生态美学研究也得到前所未有的大力支持，目前已经争取到国家级社会科学重大攻关项目两项，团队力量也得到加强。其次，习近平生态文明理论与"美丽中国"建设目标给予生态美学建设以理论的支撑，并指明了发展方向。例如，"尊重自然，顺应自然，保护自然，保护优先"的生态文明基本理念；"美丽中国建设"的发展目标，以及"环境就是民生，青山就是美丽，蓝天也是幸福"的理念；"绿水青山就是金山银山"的"两山"理论；"建设人与自然生命共同体"与实现"人与自然和谐共生"等等重要论述。以上理论，给予生态美学建设以重要的理论根基与丰富的思想资源，成为当代生态美学发展的重要保证，也成为中国生态美学建设独特的优势所在。最后，习近平同志关于确立"文化自信"与"坚守中华文化立场"的论述，也给

当代中国生态美学研究者建设中国自己的生态美学话语以信心
与力量，也给予其未来发展建设指明了方向，即努力建设具有明
显中国作风、中国气派的生态美学话语。很多同行学者都在这方
面有许多新的探索，值得我们好好学习。

　　下面，简要介绍一下我本人近年在"生生美学"方面的一些
探索。

　　第一，"生生美学"既是中华文化传统也是当代生态美学研究
的重要探索。

　　"生生"一词来源于《周易·系辞上》，所谓"生生之谓易"。
《周易·系辞下》又说："天地之大德曰生。"后来成为中国传统文
化之关键词。诚如蒙培元所说，"中国哲学就是'生'的哲学。从
孔子、老子开始，直到宋明时期的哲学家，以致明清时期的主要哲
学家，都是在'生'的观念之中或者围绕'生'的问题建立其哲学体
系并展开其哲学论说的。"①儒家"生生"之学内涵极为丰富，包
括："万物化生"；"元亨利贞"四德之生；"日新其德"之生；"天地位
焉，万物育焉"的"中和"之生，以及"仁是造化生生不息之理"的仁
爱之生等。道家、佛家也有"生"的论述，例如，道家之"养生"与佛
家之"护生"等均包含"生生"之内涵。现代以来，不少前辈学者一
直在以"生生"为出发点，创建具有中国特色的哲学与美学。方东
美着重阐发"生生之德"与"生生之美"，认为《周易》将"生"字重言
为"生生"，揭示了中国哲学的"生之理"之义，他将中国哲学的
"生"概括为"五义"，突出了"生生"之学的生命创生之意。②"一

---

① 蒙培元：《人与自然——中国哲学生态观》"绪言"，人民出版社 2004 年版，
　　第 4 页。
② 方东美：《生生之美》，李溪编，北京大学出版社 2009 年版，第 47 页。

切艺术都是从体贴生命之伟大处得来的。"①宗白华从 20 世纪 30 年代就开始探讨中国传统美学的"气本论生命美学",他于改革开放后的 1979 年发表的《中国美学史中重要问题的初步探索》一文,再次论述了中国传统艺术特别是绘画的"生命之美"的特点。他说:"艺术家要进一步表达出形象内部的生命。这就是'气韵生动'的要求。'气韵生动'。这是绘画创作追求的最高目标,最高境界,也是绘画批评的主要目标。"②蒋孔阳则在"文革"尚未结束时所写的《先秦音乐美学思想论稿》中对中国孔子音乐思想的"生生之美"的特点进行了论述,他说:"孔丘在《易·系辞下》说'天地之大德曰生',又说'生生之谓易'。他用'生'来解释天地万物,又用'生'来作为他的音乐思想的哲学基础。凡是合乎'生'的,他都认为是好的;凡是与'生'相反的,也就是'杀',他就加以反对。南方合乎'生',所以他赞成南方的音乐,认为是美的;北方'杀',不合乎'生',他就反对北方的音乐,认为不美。"③刘纲纪于 1992 年出版《周易美学》,着重阐释了《周易》所代表的中国传统生生美学。他说:"如果说'无为'是道家认识天地的核心观点、'硬核'之所在,那么'生'则是《易传》认识天地的核心观点之所在。因此,从近现代哲学的观点来看,我认为《周易》哲学乃是中国古代的生命哲学,这是《周易》哲学最大的特点和贡献所在。"④朱良志在 1994 年出版的《中国艺术的生命精神》中,专题论述"生生美学"精

---

① 方东美:《中国人生哲学》,中华书局 2012 年版,第 57 页。

② 王德胜编选:《中国现代美学名家文丛·宗白华卷》,浙江大学出版社 2009 年版,第 183—184 页。

③《蒋孔阳全集》第 1 卷,安徽教育出版社 1999 年版,第 570—571 页。

④ 刘纲纪:《周易美学》,湖南教育出版社 1992 年版,第 42 页。

神。他说:"在中国人看来,生为万物之性,生也是艺术之性。艺术是人的艺术,表现的是人对宇宙的认识、感觉和体验,所以表现生命是中国艺术理论的最高原则。"又说:"中国哲学认为,这个世界是'活'的,无论是你看起来'活'的东西,还是看起来不'活'的东西。都有一种'活'的精神在。天地以'生'为精神。"①2009年,方东美有关"生生之美"的论述,在北京大学出版社结集出版。2013年,中华书局在出版"方东美作品系列"时,单列一卷收录方氏论"生生"之学的论文、讲稿。由此可见,对于"生生之美"的研究正式,是改革开放以来学术界的一种共同的努力。今天,在生态文明新时代,我们接着这个话语继续研究,正当其时。

第二,"生生美学"的中国文化根基。

"生生美学"是植根于中国深厚文化土壤之中的哲学与美学话语,具有非常明显的中国作风与中国气派。我曾经在《光明日报》2018年1月7日发表《解读中国传统"生生美学"》一文,将"生生美学"的文化根基概括为四个"基本特点":第一,"天人合一"的文化传统是"生生美学"的文化背景;第二,阴阳相生的古典生命美学是生生美学的基本内涵;第三,"太极图示"的文化模式是"生生美学"的思维模式;第四,线性的艺术特征是"生生美学"的艺术特性。同时,也概略地点出了"生生美学"与西方美学的重要区别。

第三,"生生之谓易"通过"保合太和,乃利贞"而成为"生生之美"。

"生生之谓易"只讲到"生生"乃《周易》的基本精神,还没有讲到"生生"即是美。诚如刘纲纪所说,《周易》"在没有'美'这个字

①朱良志:《中国艺术的生命精神》修订版,安徽教育出版社2006年版,第5页、"前言"页。

出现的许多地方,同样是与美相关的,而且常常更为重要。"①当
然,《周易》的《易传》还是多次讲到"生生"与"美"的关系的。首先
是乾卦的《文言》讲到"乾始能以美利利天下"。《周易》以乾坤象
天地阴阳,阴阳二气交感,创生、化育天地万物,《周易·彖》说乾
是"万物资始",坤是"万物资生",《系辞上》说乾"大生",坤"广
生"。因此,"乾始能以美利利天下",应该就是指乾在创生天地万
物过程的"资始""大生"之功德。如何能够做到这一点呢?《周
易》乾卦《彖》说:"保合太和,乃利贞。"朱熹释"太和"为"阴阳会合
冲和之气",②可见,"太和"可能来源于《老子·四十二章》的"道
生一,一生二,二生三,三生万物。万物负阴而抱阳,冲气以为
和"。阴阳二气的"会合冲和",就是天地万物的创生与化育。"太
和"也就是"中和",《礼记·中庸》篇云:"中也者,天下之大本也;
和也者,天下之达道也。致中和,天地位焉,万物育焉。""致中和"
的前提是"天地位",目的是"万物育"。所谓"天地位",即天地阴
阳各居其位。具体来说,就是乾"资始"坤"资生",乾"大生"坤"广
生"。如此,方能促进天地万物的生长繁育,风调雨顺,万物繁茂,
农业丰收。这种"天地各居其位",从而阴阳相生的状况,就是美。
《周易》坤卦《文言》解释坤卦六三爻辞"含章可贞",指出:"阴虽有
美,含之以从王事,弗敢成也。地道也,妻道也,臣道也。""含章"
即是有美。《文言》指出,"阴虽有美",但不敢自成其美,因为在乾
坤关系中,坤处于辅助地位,"从王事""弗敢成",正是坤居位得正
之象。坤卦《文言》释六五爻辞"黄裳元吉"云:"君子黄中通理,正
位居体,美在其中,而畅于四肢,发挥于事业,美之至也。"就是说,

---

① 刘纲纪:《周易美学》,湖南教育出版社 1992 年版,第 18 页。
② (宋)朱熹:《周易本义》,廖名春点校,中华书局 2009 年版,第 33 页。

阴阳各居其位，"正位居体"，即是"美"；"君子"能做到"黄中通理，正位居体"，再"发挥于事业"，就是"美之至"。这也就是《周易》泰卦《象》所说的"天地交而万物通，上下交而其志同"的美的境界。因此，"生生之美"，是一种天地各居其位的"中和之美"，是特有的中国古典形态之美。

第四，生生美学建立在坚实的中华传统艺术的基础之上。

中国传统美学相异于西方美学，宗白华认为，西方美学主要体现在各种理论著作之中，而中国传统美学则体现在各种传统艺术形态之中。即使在现代社会，很多中国传统艺术仍保持着强大的生机和活力，仍然活在中国人的文化、审美生活之中，因此，"生生美学"也仍然是活的，具有无限的生命活力。我们粗略地检点一下，就可以发现，中国诗歌之"意境"与"神韵"，国画之"气韵生动"，书法之"筋血骨肉"，园林之"因借体宜"，戏曲之"虚拟表演"，音乐之"历律相协"，年画之"吉祥安康"，建筑之"法天相地"等具有"生生美学"意涵的概念、范畴，至今仍然是我们理解、体会、阐说中国传统审美与艺术的话语。

第五，努力建设一种特有的"生生美学"的中国话语。

目前，国际美学界的自然生态美学领域，已经有欧陆现象学之生态美学与英美环境美学之环境美学两种自然生态美学模式。生态美学在中国传统农业社会是一种原生性的理论话语，并有着极为丰富的理论资源。习近平同志在论述生态文明理论之时已经运用了大量的中国传统文化中的有关话语，为我们做出了示范。中国学者早在20世纪90年代提出并发展"生态美学"之时，就努力运用中国传统文化中的生态审美智慧资源，致力于建立具有中国特色的生态美学话语。但由于缺乏必要的学术自信，以及理论建设本身的繁难，因而一直成效不甚显著。2012年以来，习近平同志倡导"文化自信"与"坚守中华文化立场",给我们以信心与勇气。而目前的生态文明建设时代,也给了我们一个极好的实现理论创新的机遇。我想,这种探索是有价值与意义的。当然,完全应该有更多其他的探索,事实上目前也确实存在多种探索。"生生美学"作为诸多探索途径之一,致力于在生态美学建设中传承、发扬中国传统美学的"生生"精神,建构新时代的"天人合一"的"中和论"的自然生态审美模式,并参与国际生态美学界的学术探讨,与欧陆现象学生态美学之"家园"模式、英美环境美学之"环境"模式交流对话,共存互补。

总之,建国 70 年来,特别是改革开放以来,自然生态美学经历了曲折的发展历程,取得初步成果,已经逐步走向世界。我们相信它在未来新的形势下会发展的更好,为我国美学事业增添更多色彩。